U0333417

赢在AI思维

从认知到实践

魏跃 著

·北京·

图书在版编目（CIP）数据

赢在AI思维：从认知到实践 / 魏跃著. --北京：科学技术文献出版社，2024. 10. --ISBN 978-7-5235-2109-0

Ⅰ. TP18

中国国家版本馆 CIP 数据核字第 202474J2D0 号

赢在AI思维：从认知到实践

策划编辑：郝迎聪　　责任编辑：王　培　　责任校对：张　微　　责任出版：张志平

出 版 者　科学技术文献出版社
地　　址　北京市复兴路15号　邮编　100038
出 版 部　（010）58882941，58882087（传真）
发 行 部　（010）58882868，58882870
邮 购 部　（010）58882873
官方网址　www.stdp.com.cn
发 行 者　科学技术文献出版社发行　全国各地新华书店经销
印 刷 者　北京时尚印佳彩色印刷有限公司
版　　次　2024 年 10 月第 1 版　2024 年 10 月第 1 次印刷
开　　本　710 × 1000　1/16
字　　数　255千
印　　张　19.5
书　　号　ISBN 978-7-5235-2109-0
定　　价　88.00元

前言

探索 AI 思维，共创智能未来

在这个日新月异的智能时代，我们正站在历史的转折点上，目睹着一场前所未有的智能革命悄然兴起。作为这场革命的见证者与参与者，我深感荣幸，怀揣着无尽的激情与憧憬，呈现这本《赢在 AI 思维：从认知到实践》。这不仅是一本书，更是我对智能时代深刻洞察的结晶，是我对 AI 思维无尽探索的见证。我希望通过这本书，与读者共同开启一段探索智能、重塑思维的奇妙旅程。

回望历史长河，从蒸汽机的轰鸣到电力的广泛应用，再到信息技术的崛起，每一次工业革命都伴随着人类思维方式的深刻变革。如今，我们正站在工业革命 4.0 的浪潮之巅，人工智能正以前所未有的速度重塑着我们的世界。AI 思维，正是这个智能时代刻在我们骨子里的 DNA，它要求我们跳出传统框架，以全新的视角审视世界，把握智能时代的脉搏，重塑对 AI 的认知。

在撰写这本书的过程中，我深刻感受到 AI 思维对于个人、组织乃至整个社会的重要性。它不仅能够帮助我们更好地理解和应对智能时代的挑战，更能够为我们提供一套全新的思维方式和工具体系，助力我们在未来世界中赢得先机。因此，我致力于将 AI 思维的精髓融入本书的每一个章节，精心构建了认知觉醒、工具赋能和商业落地 3 个篇章九大思维，旨在全方位、多层次地展现 AI 思维的魅力与力量，为读者呈现一个完整的 AI 思维框架体系。

在认知觉醒部分，我们一起揭开了 AI 的神秘面纱，探索了其背后的底层逻辑和创新思维。我们了解了从蒸汽机到智能时代的跨越，不仅是技术层面的进步，更是人类认知边界的拓展。通过深入探讨教育体系重塑，培育创意与人文之魂。智能时代职业结构发生变革，社会成员生存技能重新定位。培养 AI 思维就成了个人与组织的必修课。

在工具赋能部分，我们一起探讨如何将 AI 思维转化为实际行动。从战略决策到管理优化，再到经营创新，AI 思维为我们提供了一套全新的工具和方法论。通过这些章节的学习，我们发现，原来 AI 并非遥不可及，它早已融入我们的日常生活和工作，成为推动社会进步的重要力量。

在商业落地部分，我们重点关注了 AI 思维的商业应用。从 AI 产品的设计与开发，到智能场景的应用与拓展，再到商业模式的创新与重构，我们深度探讨了如何通过 AI 技术赋能千行百业，重塑未来商业新世界。这些章节不仅展示了 AI 技术在不同领域中的应用效果和价值，更为读者提供了有益的启示和借鉴，激发了在各自领域中创业创新的灵感和动力。

我始终坚信，只要认知觉醒，每一个小白都能学会使用 AI，熟练掌握 AI 工具，成为 AI 时代的主人。这本书旨在打破技术的壁垒，让 AI 走进千家万户，让每一个人都能感受到其带来的便捷与力量。无论是科技爱好者、企业领袖，还是对未来充满好奇的普通民众，都能在这本书中找到属于自己的 AI 之路。

在撰写这本书的过程中，我也习惯使用 AI 写作工具赋能创作，它时常给我带来一些新的思路，成为我不可或缺的得力助手。我深知，科技的力量在于普及，而 AI 的价值在于应用。因此，我始终秉持着让科技更亲民、让 AI 更易懂的原则，力求以通俗易懂的语言、生动有趣的案例，让每一位读者都能轻松理解并掌握 AI 思维的精髓。

最后，我想说，这本书不仅是我个人的作品，更是我们共同探索智能时代、共同铸就 AI 梦想的见证。无论您是 AI 领域的初学者，还是希望深入了解 AI 思维的企业家、管理者，或是对未来充满好奇的普通读者，我相信这本书能为您带来宝贵的启示与收获。我期待着与您一起，以认知觉醒为起点，以 AI 思维为引擎，以 AI 落地为目标，共同开启全民 AI 时代的新篇章。让我们携手前行，在智能时代的浪潮中乘风破浪，共创美好未来！

目录

上篇：AI 思维认知觉醒

中篇：AI 思维工具赋能

下篇：AI 思维商业落地

上篇：AI 思维认知觉醒

第一章　AI 认知思维：揭开 AI 神秘面纱

认知，作为个人经历与学识的映射，塑造了我们看待世界和处理信息的方式。它包含观察力、记忆力、想象力与洞察力，构建成我们的认知思维。在科技飞速发展的今天，强化认知至关重要，因为高认知者能驾驭加速流动的信息。我们的世界观由认知决定，高认知水平者如立高楼，全局在握；低认知水平者则只见琐碎。未来属于认知强者，他们懂布局、知取舍、能聚焦。记住，你赚的钱反映你的认知，超出认知的钱无法获得。智能时代，未来已来。我们需优化认知，摆脱传统束缚，果断决策。人生轨迹由认知决定，被淘汰往往源于思维偏差。因此，认知优化与完善是个人成长和成功的基石，拥抱未来，从提升认知开始。

第一节　从蒸汽机到智能时代：工业革命 4.0 的思维转变

从蒸汽时代到人工智能（AI）时代，人类社会的思维方式经历了从农耕思维到工业思维、从局部思维到全球思维、从实体经济思维到互联网思维、再到 AI 思维的转变。4 次工业革命不仅带来了技术和经济的深刻变革，还促进了社会进步和文化繁荣，也引发了社会思想、文化和观念的巨大变化。未来，随着科技的不断进步和应用的不断拓展，人类的思维方式还将继续发生变化，为经济发展和社会进步注入新的动力。

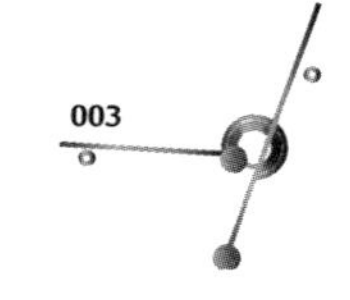

一、蒸汽时代：农耕思维转变为工业思维

18 世纪中叶至 19 世纪初，第一次工业革命爆发。蒸汽机的发明和应用标志着工业革命的开始，也标志着农耕思维向工业思维的转变。农耕思维，作为人类历史上最早形成的思维方式之一，主要基于自然循环和季节变换进行农业生产活动，强调与自然的和谐共生，以及经验的积累和传承。而工业思维，则是随着工业化进程的推进而逐渐形成，它注重效率、标准化和规模化生产，追求技术进步和经济效益的最大化。

1. 农耕思维与工业思维的界定

在蒸汽时代之前，人类社会长期处于农耕文明时期，这一时期的思维方式深受自然环境和生产方式的影响。农耕思维强调与自然的和谐共生，注重季节变换和土地肥力的保护，生产活动以手工劳动为主，效率较低，但相对稳定。在这种思维模式下，人们倾向于保守和传统，对新技术和新事物的接受程度有限。

2. 蒸汽机的发明与工业革命的兴起

18 世纪末，詹姆斯 · 瓦特对蒸汽机的改进标志着第一次工业革命的正式开始。人们开始认识到机械力的重要性，蒸汽机的广泛应用不仅极大地提高了生产效率，还推动了交通运输、纺织、煤炭等行业的快速发展。在蒸汽时代，工厂制度逐渐确立，大规模生产成为可能，生产效率大幅提高。这种思维方式的转变推动了工业化的进程，劳动力从农村涌向城市，形成了新的社会结构和经济秩序，也促进了城市化的发展。

3. 农耕思维向工业思维的转变

蒸汽机的出现，使得生产力得到了前所未有的释放，人们开始意识到科学技术对经济发展的巨大推动作用。农耕思维中那种依赖自然、顺应自然的观念逐渐被挑战，被取而代之。工业思维强调效率、规模和标准化，注重生产过程的机械化和自动化。工厂主们开始注重时间管理、成本控制和产品质量，这些都成为工业思维的重要组成部分。工业化导致社会阶层分化，工业资产阶级和工业无产阶级形成与壮大，人们的身份认同和阶级

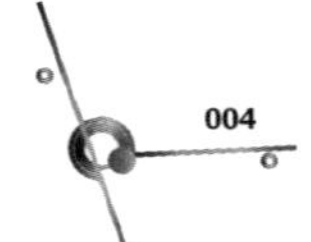

意识逐渐增强。

4. 案例分析：英国纺织业的变革

詹姆斯·瓦特对蒸汽机的改进是蒸汽时代的重要标志。瓦特蒸汽机不仅提高了蒸汽机的效率，还使其更加可靠和易于维护。这一发明推动了煤炭、铁矿等资源的开采和加工，促进了纺织、冶金等工业的发展。瓦特蒸汽机的成功应用，展示了工业思维在提高效率、降低成本方面的巨大优势，也加速了农耕思维向工业思维的转变。

以英国纺织业为例，蒸汽机的应用使得纺织机械得以大规模使用，生产效率大幅提升。传统的家庭手工业逐渐被工厂生产所取代，纺织工人从农村迁移到城市，形成了集中的生产模式。这一变革不仅促进了纺织业的快速发展，还带动了相关产业链的形成，如煤炭、钢铁等行业的兴起。

二、电气时代：局部思维向全球思维转变

电力、内燃机、飞机、汽车的诞生标志着人类进入了电气时代，人们对能源的认识和利用更加深入。大规模生产和流水线作业的兴起，使得生产效率进一步提高，人们对标准化和规模化的认识加深。社会达尔文主义将达尔文的生物进化理论应用于社会，提倡“适者生存”，而优生学运动试图通过控制人口繁衍提高人类种族质量，这些观念虽然存在争议，但反映了当时社会对进步和优化的追求。

1. 电气时代的背景与特点

19世纪末至20世纪初，随着电力的广泛应用和第二次工业革命的兴起，人类社会进入了电气时代。电力的出现，使得能源利用更加高效、便捷，为工业生产提供了强大的动力支持。同时，电报、电话等通信工具的发明，使得信息传递的速度和范围都得到了极大的提升。

2. 局部思维与全球思维的界定

在电气时代之前，由于交通和通信的限制，人们的思维往往局限于特定的地域或国家。而电气时代的到来，打破了这种局限，使得人们开始以

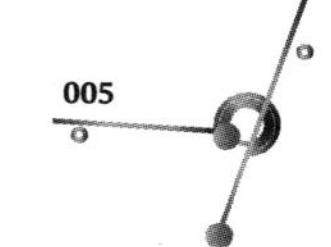

更广阔的视角看待世界，形成了全球思维。全球思维强调跨国界、跨文化的交流与合作，追求全球资源的优化配置和共同发展。

3. 电气时代对思维方式的影响

电力的广泛应用和通信技术的革新，使得信息传递的速度和效率大幅提升，人们开始意识到全球市场的巨大潜力。企业开始寻求跨国合作，拓展海外市场，形成了全球化的生产链和供应链。同时，国际组织的成立和国际法的制定，也促进了国家之间的合作与交流。

4. 案例分析：福特汽车的全球化战略

福特汽车公司是全球化战略的先驱之一。在电气时代，福特汽车通过引入流水线生产方式，大幅提高了汽车生产效率，降低了成本。同时，福特汽车还积极拓展海外市场，建立了全球销售网络。这一战略使得福特汽车成为全球知名的汽车品牌，也推动了汽车产业的全球化发展。

三、互联网时代：实体经济思维转变为互联网思维

以电子计算机、信息技术和生物技术为代表的新兴技术，使得人类社会进入信息时代。知识经济逐渐兴起，知识和技术成为经济发展的核心要素。人们开始辩证地看待现实世界和精神世界，不再只是单一思考，而是从多个角度综合分析问题。全球化进程加速，文化交流和融合更加频繁，人们的思维方式也变得更加开放和包容，多元文化观念深入人心。

1. 互联网时代的背景与特点

20 世纪末至 21 世纪初，随着互联网的普及和第三次科技革命的推进，人类社会进入了互联网时代。互联网的出现，使得信息传递更加迅速、便捷，人们可以随时随地获取所需的信息和资源。同时，互联网还催生了电子商务、网络金融等新兴行业，为经济发展注入了新的活力。

2. 实体经济思维与互联网思维的界定

在信息时代之前，人类社会主要处于实体经济阶段，这一时期的思维方式深受实体经济的影响，信息时代的到来推动了互联网思维的兴起。实

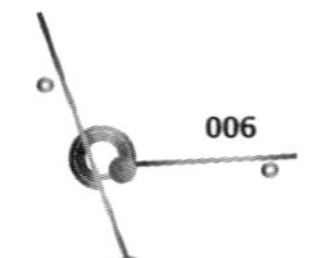

体经济思维强调物质产品的生产和流通，注重资源的占有和控制。在这种思维模式下，企业往往通过扩大生产规模和提高生产效率来获取竞争优势。然而，随着信息技术的快速发展和互联网的普及，这种思维方式逐渐暴露出局限性。而互联网思维的出现，使得人们开始关注虚拟经济、数字经济等新兴领域。互联网思维强调用户至上、创新驱动和跨界融合，追求用户体验的极致化和商业模式的创新。

3. 互联网时代对思维方式的影响

互联网的出现，使得信息传递和资源共享变得更加容易，人们开始意识到互联网对经济发展的巨大推动作用。在互联网时代，企业不再仅仅关注产品的生产和销售，而是更加注重用户的需求和体验。通过构建互联网平台，企业可以更加高效地连接用户和资源，提供个性化的产品和服务。这种思维方式的转变推动了商业模式的创新和企业的转型升级。例如，摩拜、ofo 等共享单车企业，通过互联网平台实现车辆的共享和租赁；美团外卖的核心特点是通过互联网平台连接餐厅和用户，提供便捷的点餐与配送服务；滴滴出行的核心特点是通过互联网平台连接司机和乘客，提供高效、便捷的出行服务。

4. 案例分析：阿里巴巴的崛起

阿里巴巴的崛起是信息时代互联网思维的典型代表。阿里巴巴通过构建电子商务平台，将数百万商家和数亿消费者紧密地连接在一起，通过线上线下的融合发展，实现了信息的共享和流通。通过大数据分析和挖掘技术，阿里巴巴能够准确把握用户的需求和偏好，提供个性化的推荐和服务。阿里巴巴还注重技术创新和用户体验，不断推出新的产品和服务，如支付宝、菜鸟网络等。这种互联网思维的应用，使得阿里巴巴成为全球知名的电商巨头，也推动了电商产业的快速发展。

四、人工智能时代：互联网思维向 AI 思维转变

以人工智能、物联网、大数据和生物工程等新兴技术为标志，智能化

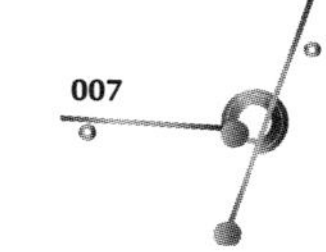

和自动化程度空前提高。在信息时代，互联网思维推动了商业模式的创新和企业的转型升级。然而，随着人工智能技术的快速发展和应用，互联网思维逐渐暴露出局限性，人们开始思考如何利用智能技术优化生产和生活方式。

1. 人工智能时代的背景与特点

近年来，随着人工智能技术的快速发展和应用，人类社会正在逐渐进入人工智能时代。人工智能的出现，使得机器可以模拟人类的思维和行为，完成复杂的任务与工作。同时，人工智能还推动了智能制造、智慧城市等新兴领域的发展，为经济发展注入了新的动力。

2. 互联网思维与 AI 思维的界定

在人工智能时代之前，互联网思维是经济发展的主要思维方式之一。而 AI 思维的出现，使得人们开始关注机器智能和自动化生产等新兴领域。AI 思维强调数据驱动、算法优化和智能决策，追求生产效率和质量的最大化。

3. 人工智能时代对思维方式的影响

智能时代的到来推动了 AI 思维的兴起。人工智能的出现，使得机器可以替代人类完成一些重复性、烦琐性的工作，提高了生产效率和质量。通过人工智能技术，企业可以更加高效地处理和分析海量数据，发现潜在的规律与趋势。同时，人工智能技术还可以实现智能化决策和自动化生产，提高生产效率和产品质量。这种思维方式的转变推动了智能制造、智慧城市等领域的发展。

4. 案例分析：智能制造的兴起

在传统制造业中，生产流程主要依赖于人工操作和机械设备的运转。工人们忙碌地在生产线上穿梭操作着各种机器设备。然而，随着人工智能技术的发展，制造业开始引入智能化设备和自动化生产线。这些智能化设备，如同拥有了大脑和神经系统，能够根据预设的程序和算法，自动完成各种复杂的生产任务。通过人工智能算法的优化和控制生产线，可以实现

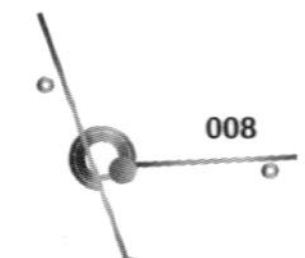

更高效、更精准的生产。例如，一些汽车制造厂已经引入了智能机器人进行焊接、装配等工作，不仅提高了生产效率，还降低了人为错误和安全隐患。

AI 思维的崛起还推动了智能家居、智慧城市等新兴领域的发展。通过人工智能技术，家居设备可以实现智能化控制，城市管理可以更加精准和高效。AI 思维强调创新、智能化和可持续发展，追求人与技术的和谐共生。

在人工智能时代，AI 思维不仅是一种技术应用，更是一种全新的商业模式和思维方式。它要求人们在决策、管理和创新过程中充分考虑人工智能的因素，通过数据驱动、算法优化和智能化决策来实现更高效、更智能的发展。

第二节　AI 思维：人工智能时代刻在骨子里的 DNA

在实际工作中，我们应培养一种习惯：利用 AI 主动发掘问题，而非仅在问题出现时才求助于 AI。重要的是，要确保 AI 成为激发我们思考的催化剂，而非替代我们进行思考的工具。AI 的角色更应被定位为灵感助手，而非简单的执行者或“枪手”。其真正的优势在于，它能够为我们提供创意的火花、启迪新的思考路径，或者从不同的角度审视问题，从而助力我们突破工作中的瓶颈与局限。

一、AI 思维：定义与核心要素

AI 思维是人工智能时代特有的一种重要思考方式，AI 思维基于算法和数据处理，通过程序和算法模拟人类，进行思考和决策。传统思维则更多依赖人类的经验和直觉，以及复杂的心理和社会因素。AI 思维就像是我们的超级大脑，能够帮助我们理解和应用人工智能技术，让生活变得更简单、更高效！

1. 定义

AI 思维，是指运用人工智能技术，模仿人类思维过程以解决现实疑惑的一种思考办法。它强调利用机器学习、深度学习等先进技术，对海量数

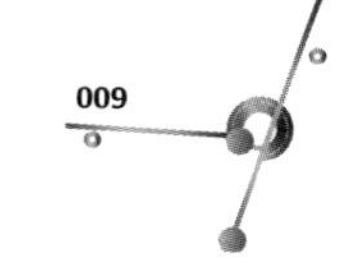

据进行分析处理，从而洞察规律、预测趋势，并据此做出最优决策。

具体来说，AI 思维基于 AI 技术的核心要素，如机器学习、深度学习、自然语言处理、计算机视觉等，通过构建模型、训练算法、处理数据等方式，实现对复杂问题的智能化分析和解决。AI 思维不仅关注技术本身，更重视技术如何与人类智慧相结合，以创造更大的价值。

2. 核心要素

①数据驱动。在 AI 思维中，数据是决策的基础。通过收集、清洗、分析大量数据，AI 能够发现隐藏的规律和趋势，为决策提供依据。

②算法优化。算法是 AI 的灵魂。通过迭代和优化，提高模型的准确性和效率，是 AI 思维追求的核心目标之一。

③逻辑推理。AI 系统能够对大量的知识和规则进行逻辑推理与推断，生成新的思路和解决方案。

④模拟人类思维。AI 能够模拟人类的某些思维过程，如感知、认知、记忆、学习和决策等。

⑤自主学习。与传统编程不同，AI 系统能够通过自主学习与深度学习不断自我完善。能够适应不断变化的环境，做出更加智能的决策。

⑥人机协作。AI 思维强调人机协作，而不是简单的替代。通过人与机器的紧密配合，可以发挥出双方的最大优势，实现更高效、更智能的工作方式。

二、理解 AI 的分类、原理与技术架构

AI 的基本原理其实并不复杂，通过系统的学习和持续的实践，可以让没有深厚数学与编程基础的普通人也能容易地理解和使用 AI。AI 的重要作用之一就是降低了技术使用门槛，现在各大 AI 平台已尽可能简化使用，使得非专业人士也能轻松利用。

1. AI 的主要类型

AI 可以大致分为两种类型。

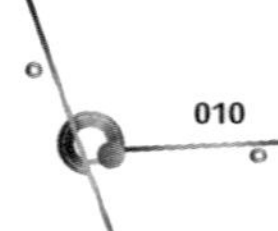

①弱人工智能（窄 AI）。弱人工智能也称为狭义人工智能，是指在特定任务或领域内，模拟和实现人类智能的一部分能力。专为特定任务设计和训练的 AI 系统，在其专长领域表现出色，但不能超越程序中设定的任务。例如，专家系统、机器学习和自然语言处理等技术在特定领域中可以表现出高度的智能，但其智能范围和能力仍受限。

②强人工智能（通用人工智能，AGI）。强人工智能也称为普通人工智能，是指能够以与人类相似或超越人类的智能水平执行各种智能任务的系统。强人工智能的目标是拥有完全的认知能力、情感和意识，并能像人类一样进行学习、思考和决策。

此外，根据人工智能技术的不同特点和应用领域，还可以进一步细分为多种类型，如机器学习、深度学习、自然语言处理、计算机视觉等，但这些更多是基于具体技术或应用领域的分类，而非人工智能本身的基本类型。

2. 核心原理

①机器学习。机器学习是 AI 的基础，它使计算机能够在不进行明确编程的情况下从数据中学习并做出预测。通过训练模型，机器可以逐渐掌握数据的内在规律，并据此进行决策。

②深度学习。深度学习是机器学习的一个分支，它使用多层神经网络来模拟人脑的学习过程。通过大量数据的训练，深度学习模型能够自动提取特征，实现复杂的分类、识别等任务。

③自然语言处理。自然语言处理（NLP）是 AI 的一个重要领域，它使计算机能够理解、解释和生成人类语言。NLP 技术的发展，为智能客服、智能翻译等应用提供了可能。

3. 技术架构

AI 系统的技术架构通常包括数据层、模型层和应用层。

①数据层。数据层负责数据的收集、存储和处理。

②模型层。模型层是 AI 系统的核心，它包含各种机器学习和深度学

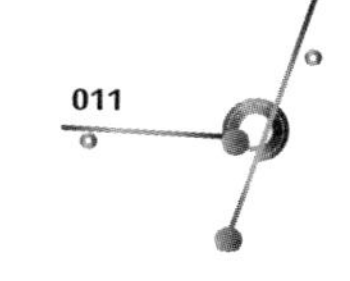

习模型。

③应用层。应用层是 AI 系统与用户交互的界面，它根据用户的需求调用相应的模型进行处理，并返回结果。

三、洞察 AI 思维的核心价值

1. 高效处理数据：解锁信息价值

AI 思维的核心在于其强大的数据处理能力。能够自动化处理大量重复性工作，如数据录入、图像识别等，从而大大提高工作效率。同时，AI 还能通过先进的算法和模型，迅速且准确地处理海量数据，从中提取出有价值的信息。这种高效的数据处理能力，不仅极大地提升了数据处理的效率，还使得我们能够更深入地理解数据背后的规律和趋势，为决策提供有力支持，提升整体系统的运行效率。

2. 自动化决策：提升决策效率与准确性

AI 思维的另一大核心价值在于其自动化决策能力。基于大数据和机器学习技术，AI 能够自动分析数据、识别模式，并据此做出决策。这种自动化决策不仅大大提升了决策的效率，还能够在很大程度上避免人为因素导致的决策偏差和错误，从而提高决策的准确性和可靠性。

3. 精准预测风险：防患于未然

AI 思维还具备精准预测风险的能力。通过深度学习和数据分析，AI 能够识别出潜在的风险因素，并对其进行量化评估，从而实现对风险的精准预测。这种能力使得我们能够在风险发生之前采取有效的防范措施，降低风险带来的损失和影响。

4. 个性化建议：满足个性化需求

在个性化服务方面，AI 思维也展现出了巨大的价值。通过分析用户的喜好、行为等数据，AI 能够为用户提供个性化的建议和推荐，从而满足用户的个性化需求。这种个性化服务不仅提升了用户体验，还促进了商业模式的创新和发展。

5. 动态优化方案：持续优化与改进

AI思维的核心价值还体现在其动态优化方案的能力上。AI能够实时监测和评估方案的实施效果，并根据反馈数据进行动态调整和优化。这种能力使得我们能够不断改进和优化方案，确保其始终保持在最佳状态，从而实现持续的效率提升和价值创造。

综上所述，AI思维的核心价值在于其高效处理数据、自动化决策、精准预测风险、个性化建议及动态优化方案的能力。这些能力不仅为我们带来了前所未有的便利和效率提升，还为我们应对复杂多变的世界提供了有力的支持和保障。

四、里程碑事件：AI发展历程中的转折点

AI发展历程中的重要里程碑事件为以下内容。

1. 图灵测试的提出

1950年，英国数学家阿兰·图灵发表了一篇名为“计算机器与智能”的论文，提出了著名的“图灵测试”。该测试旨在判断机器是否具有智能，具体方法是让一个人与两个对象（一个是机器，另一个是隐藏起来的人）进行对话，如果测试者无法区分哪个是机器哪个是人，则认为机器通过了图灵测试。图灵测试为人工智能领域提供了一个重要的评价标准，激发了人们对机器智能的无限遐想，推动了后续人工智能研究的深入发展。这是人工智能概念的重要起源。

2. 达特茅斯会议

“人工智能”这一术语的提出是达特茅斯会议的主要成就。1956年夏天，在美国达特茅斯学院，约翰·麦卡锡、马文·明斯基、克劳德·香农等学者共同探讨了如何用机器模拟人类智能的问题，首次提出了“人工智能”这一概念，标志着人工智能学科的正式诞生。达特茅斯会议不仅确立了人工智能的学科地位，还激发了全球对人工智能研究的热情，为人工智能的后续发展奠定了坚实的基础。达特茅斯会议首次提出并明确了人工智

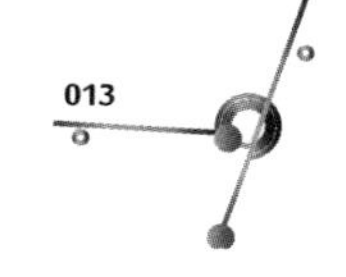

能的研究目标和方法，标志着人工智能领域的正式建立。

3. 专家系统的兴起

尽管在 AI 发展的早期阶段，由于技术瓶颈和社会舆论压力等原因，AI 研究曾一度陷入低谷（“AI 冬季”）。但在 1970—1980 年，专家系统逐渐兴起，成为 AI 发展的重要方向。专家系统是一种能够模拟人类专家决策过程的计算机程序，它在特定领域表现出色。专家系统的兴起推动了 AI 技术在商业领域的应用，如医学诊断、客户服务和工业控制等，展示了 AI 解决实际问题的潜力。

4. 神经网络复兴与深度学习兴起

20 世纪 80 年代，连接主义逐渐取代符号主义成为 AI 的主流学派，神经网络模型重新受到关注。特别是进入 21 世纪后，随着大数据和计算能力的提升，深度学习技术迅速崛起，成为 AI 领域的研究热点。深度学习技术的兴起极大地推动了 AI 技术的发展和应用。在图像识别、语音识别、自然语言处理等领域，深度学习技术取得了突破性进展，使得 AI 系统在处理复杂任务时表现出色。

5. AI 战胜人类顶尖棋手

1997 年，IBM 的 Deep Blue 深蓝超级计算机在国际象棋比赛中战胜了世界冠军加里 · 卡斯帕罗夫。经过多轮激战，IBM 的 Deep Blue 超级计算机最终以 3.5：2.5 的总比分获胜，这是人工智能在复杂策略游戏中的首次重大胜利。2016 年，谷歌子公司 DeepMind 开发的 AlphaGo 围棋程序在 5 场比赛中击败了世界围棋冠军李世石九段，其中第 4 场更是以绝对优势获胜。这一事件标志着人工智能在围棋这一极具挑战性的领域达到了超越人类的水平。这些事件标志着 AI 在复杂决策和游戏领域的卓越表现，不仅展示了 AI 技术的强大实力，还激发了全球对 AI 技术的关注和兴趣。

6. 生成式人工智能的崛起

2022 年，以 ChatGPT 为代表的生成式 AI 技术迅速崛起，生成式人工智能（AIGC）引领了新一轮的人工智能浪潮。AIGC 是利用 AI 技术自动生成文本、图像、音频和视频等多种形式内容的技术。其核心在于深度学习模型通过学习数据分布和模式，能创造与原始数据相似或全新的内容。AIGC 的崛起极大地推动了 AI 技术的普及和应用。

近年来，AIGC 行业在政策、技术和市场需求的推动下快速发展，市场规模不断扩大，应用场景日益丰富。AIGC 广泛应用于内容创作、广告和营销、教育、医疗健康及娱乐游戏等领域，提高了创作效率，丰富了内容形式，并促进了个性化服务的提供，生成式 AI 技术展现出了巨大的潜力和价值。未来，AIGC 有望与其他技术融合，形成更完善的技术体系，为人类社会带来更多的便利和惊喜。AIGC 作为一项革命性技术，正深刻改变着生产方式和生活方式，未来充满无限可能。

五、AI 思维与传统思维的融合与碰撞

AI 思维相较于传统思维，其优势显著体现在数据处理的高效性、模式识别的精准度、决策过程的客观性、持续学习的能力及跨界融合的创新性上。AI 能迅速分析海量数据，准确捕捉复杂模式，避免人为偏见，不断学习进化，并促进多学科知识的交融与创新，为解决问题提供了前所未有的新视角和新手段。而传统思维则更加灵活多变，具备创造性和想象力，同时在决策中融入情感、道德和社会因素。两者各有优势，相互补充。AI 思维与传统思维的融合与碰撞主要体现在以下几个方面。

1. AI 思维与传统思维的融合

①技术赋能。AI 思维以其强大的数据处理和分析能力，为传统思维提供了前所未有的技术支持。传统思维在决策、创新等方面可以借助 AI 技术，实现更精准、高效的运作。

②模式创新。AI 思维与传统思维的结合，催生了新的思维模式和解决方案。例如，在教育领域，AI 通过分析学生的学习习惯，为传统教育模式带来了个性化的学习方案，提高了教育效率与质量。

③艺术创作。AI 思维在艺术创作中的应用，如诗词创作、音乐生成等，

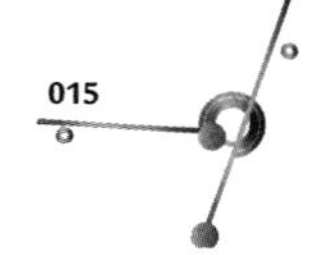

不仅展示了 AI 的创造力，也为传统艺术创作提供了新的灵感和可能性。这种融合让传统艺术与现代科技相得益彰，共同创造出新的艺术价值。

2. AI 思维与传统思维的碰撞

①认知差异。AI 思维基于算法和数据，追求客观、理性的分析；而传统思维则往往融入情感、道德和社会因素，具有主观性和多样性。这种认知差异在决策、创新等方面可能产生冲突。

②伦理挑战。AI 思维的发展也带来了伦理挑战，如隐私保护、责任归属等问题。这些问题要求我们在融合 AI 思维与传统思维时，必须充分考虑伦理道德因素，确保技术的健康发展。

③依赖与自主。随着 AI 技术的普及，人们可能会过度依赖 AI 进行决策和解决问题，从而削弱自身的独立思考和创新能力。这种依赖与自主的碰撞，要求我们在享受 AI 带来的便利的同时，也要保持警惕和独立思考的能力。

3. AI 思维能否完全替代人类思维？

AI 思维不能完全替代人类思维。尽管人工智能在数据处理、模式识别、逻辑推理等方面表现出色，甚至在某些特定任务上超越了人类，但人类思维具有独特的优势，这些优势是 AI 目前无法复制的。

首先，人类思维具有创造性和想象力。人类能够产生全新的想法、创新的概念和解决方案，这是 AI 所缺乏的。AI 的“创新”通常是在现有数据和算法的基础上进行的模拟与重组，而无法像人类那样真正创造出全新的东西。

其次，人类思维具有情感和道德判断能力。人类在做决策时，不仅会考虑逻辑和事实，还会考虑情感、道德和社会因素。这种综合性的决策过程是 AI 难以模仿的，因为 AI 缺乏真正的情感和道德理解能力。

再次，人类思维具有高度的灵活性和适应性。人类能够根据不同的环境和任务，灵活调整自己的思维方式和方法。而 AI 系统通常被设计用于解决特定的问题或任务，对于超出预设范围的问题可能难以处理。

最后，人类具有自我意识和主观体验。人类能够反思自己的思维过程和行为结果，同时拥有丰富的主观体验，如感受快乐、悲伤、愤怒等。这是 AI 所无法复制的，因为 AI 缺乏自我意识和主观体验的能力。

因此，尽管 AI 思维在某些方面表现出色，但它无法完全替代人类思维。人类和 AI 各自具有独特的优势，未来两者可能会更多地以协同工作的方式存在，共同推动社会的进步和发展。

第三节　挖掘 AI 思维的底层逻辑

AI 思维，作为一种全新的思维方式，正逐渐取代传统的互联网思维，成为引领时代发展的新引擎。其背后蕴含着复杂的底层逻辑。这些逻辑不仅构成了 AI 技术的基石，也指引着 AI 思维的发展方向。在人工智能时代，数据成为新的资源，算法成为新的生产力。通过大数据分析和机器学习技术，人工智能系统可以自动处理海量数据，提取有价值的信息，并做出智能化的决策。这使得生产效率大幅提升，商业活动更加精准和高效。

一、大数据驱动决策艺术：AI 思维的基础

大数据是 AI 思维得以运作的基石。在互联网时代，数据已经被视为一种新的资产，而在 AI 时代，数据更是成为决策的关键依据。大数据驱动决策艺术，不仅要求我们能够收集和管理海量的数据，更要求我们具备从中提取有价值信息并进行智能化决策的能力。

1. 数据收集与管理

大数据的“大”不仅体现在数量上，还体现在多样性和速度上。因此，收集和管理大数据是一项极具挑战性的任务。我们需要利用先进的数据采集技术，如爬虫技术、API 接口等，从各种渠道获取数据。同时，我们还需要建立高效的数据存储和管理系统，确保数据的完整性和安全性。

2. 数据挖掘与分析

数据挖掘是从大量数据中提取有价值信息的过程。在 AI 思维下，我

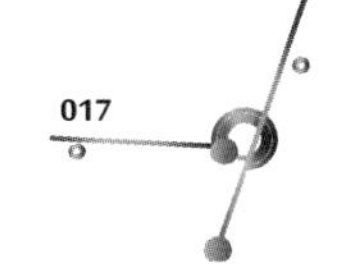

们需要运用数据挖掘技术，如聚类分析、关联规则挖掘等，发现数据中的隐藏模式和关联。同时，我们还需要利用统计分析、机器学习等方法对数据进行深入分析，以揭示数据背后的规律和趋势。

3. 数据可视化与决策支持

数据可视化是将数据以图形、图表等形式展示出来，以便更直观地理解和分析数据。在 AI 思维下，我们需要将数据可视化技术与决策支持系统相结合，为决策者提供直观、易懂的数据展示和决策建议。这样，决策者就可以基于数据进行更加准确、高效的决策。

4. 案例分析：电商平台的个性化推荐

电商平台利用大数据技术，对用户的购物行为、浏览历史、搜索记录等数据进行深度挖掘和分析，从而构建出用户的个性化画像。基于这些画像，电商平台能够为用户推荐符合其兴趣和需求的商品，提高用户的购物体验和满意度。这正是大数据驱动决策艺术的典型应用。

在这个案例中，首先，电商平台通过数据采集技术，从各个渠道获取用户的行为数据。其次，利用数据挖掘和分析技术，对用户数据进行深度处理，提取出有价值的信息。最后，基于这些信息，电商平台构建出用户的个性化画像，并根据画像为用户推荐商品。这个过程完全依赖于大数据技术的支持，体现了大数据在 AI 思维中的基础地位。

二、算法逻辑解析与应用：AI 思维的引擎

算法是 AI 思维的核心驱动力。在 AI 时代，算法不仅是一种技术手段，更是一种思维方式。算法逻辑解析与应用要求我们能够理解和运用各种算法，以解决实际问题并推动业务发展。

1. 算法原理与分类

算法是一系列解决问题的步骤或方法。在 AI 领域，算法主要包括搜索算法、排序算法、优化算法等。我们需要深入理解各种算法的原理和适用场景，以便在实际问题中选择合适的算法进行求解。

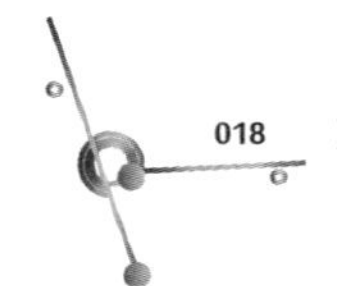

2. 算法设计与优化

在实际问题中，往往需要对算法进行设计和优化以满足特定需求。我们需要根据问题的具体特点，设计合适的算法流程，并通过测试和调整来优化算法的性能。同时，我们还需要关注算法的可扩展性和可维护性，以确保算法能够在不断变化的环境中持续发挥作用。

3. 算法应用与业务结合

算法的应用需要与具体业务场景相结合。我们需要将算法应用于实际问题中，如推荐系统、智能客服等，并通过算法的优化和改进来提升业务的效率与效果。同时，我们还需要关注算法的商业价值和社会影响，以确保算法的应用能够为企业和社会带来实际效益。

4. 案例分析：搜索引擎的算法优化

搜索引擎是互联网时代的重要工具，算法则是搜索引擎的核心。搜索引擎需要利用算法对海量的网页进行索引和排序，以便为用户提供最相关、最准确的搜索结果。在这个过程中，算法的逻辑解析与应用起着至关重要的作用。

以谷歌搜索引擎为例，其 PageRank 算法是搜索引擎领域的经典之作。PageRank 算法通过分析网页之间的链接关系，计算出每个网页的重要性和相关性。然后，根据这些计算结果，搜索引擎能够对网页进行排序，将最相关、最重要的网页排在搜索结果的前面。这个过程需要深入理解算法的原理和逻辑，并根据实际情况进行优化和改进。这正是算法逻辑解析与应用的典型体现。

三、机器学习模型的构建：AI 思维的实践

机器学习是 AI 思维的重要实践方式。通过机器学习，我们可以让计算机从数据中自动学习并改进其性能。机器学习模型的构建要求我们具备数据预处理、模型选择、训练与优化等方面的能力。

1. 数据预处理与特征工程

在机器学习项目中，数据预处理是至关重要的一步。我们需要对数据

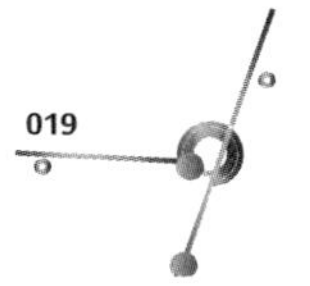

进行清洗、去重、缺失值处理等操作，以确保数据的准确性和一致性。同时，我们还需要进行特征工程，从原始数据中提取有用的特征，以便更好地训练模型。

2. 模型选择与训练

选择合适的机器学习模型是项目成功的关键。我们需要根据问题的具体特点和数据集的特性，选择合适的模型进行训练。常见的机器学习模型包括线性回归、逻辑回归、决策树、神经网络等。在训练过程中，我们需要关注模型的性能指标和过拟合问题。

3. 模型评估与优化

训练完成后，我们需要对模型进行评估和优化。模型的性能可以通过交叉验证、准确率、召回率等指标来衡量。如果模型的性能不佳，我们需要进行调优操作，如调整模型参数、增加特征数量等。同时，我们还需要关注模型的泛化能力，以确保模型能够在新的数据集上保持良好的性能。

4. 模型部署与监控

我们需要将训练好的模型部署到实际业务场景中，并进行持续的监控和维护。在部署过程中，我们需要关注模型的稳定性和可靠性，以确保模型能够在实际环境中稳定运行。同时，我们还需要对模型进行定期的更新和优化，以适应业务环境的变化和数据集的更新。

5. 案例分析：智能语音助手的语音识别

智能语音助手是近年来兴起的一种新型交互方式。用户可以通过语音与智能助手进行交互，实现信息查询、日程管理、娱乐等多种功能。而语音识别则是智能语音助手的核心技术之一。

在语音识别技术中，机器学习模型的构建起着至关重要的作用。首先，需要对语音数据进行预处理，包括去噪、分帧、加窗等操作。其次，选择合适的机器学习模型进行训练，如深度神经网络（DNN）、循环神经网络（RNN）等。在训练过程中，需要利用大量的语音数据进行模型训练，并通过调整参数和优化算法来提升模型的性能。最后，将

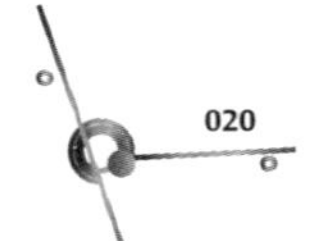

训练好的模型部署到智能语音助手中，实现语音识别功能。在这个案例中，机器学习模型的构建是智能语音助手得以实现的关键。通过机器学习技术，计算机能够从大量的语音数据中自动学习并提取出语音特征，从而实现准确的语音识别。这正是机器学习在 AI 思维中的实践价值。

在大数据时代，我们需要掌握数据收集、挖掘与分析的方法，以数据为驱动进行智能化决策。同时，我们还需要深入理解算法的原理和应用，将算法与实际问题相结合，推动业务的创新和发展。最后，通过机器学习模型的构建和应用，我们可以让计算机从数据中自动学习并改进其性能，实现更加智能化和高效化的业务运营。

在未来的发展中，AI 思维将逐渐成为主流思维方式。掌握 AI 思维的核心技能将使我们能够在激烈的市场竞争中脱颖而出，成为行业的佼佼者。因此，我们应该不断学习和实践 AI 思维的核心技能，以适应时代的发展需求并推动社会的进步。

第四节　AI 创新思维：人工智能驱动下的思维变革

在 AI 思维的引领下，各行各业正经历着前所未有的变革。这种变革不仅体现在技术层面，更深入到业务模式、组织结构乃至企业文化之中。AI 思维驱动下的业务变革体现在多个方面：从工具到伙伴的角色转变、从被动接受到主动创造的应用创新、从单一领域到跨界融合的思维拓展及从技术驱动到价值驱动的目标升华。这些变革不仅推动了 AI 技术的不断发展和进步，也为业务的创新和发展提供了有力的支持与保障。

一、从工具到伙伴：AI 角色的转变

在传统观念中，AI 往往被视为一种高效的工具，用于解决特定问题或提高工作效率，如数据分析、自动化流程等。然而，在 AI 思维的驱动下，AI 的角色正在发生深刻变化，它逐渐从工具转变为人类的合作伙伴。这种

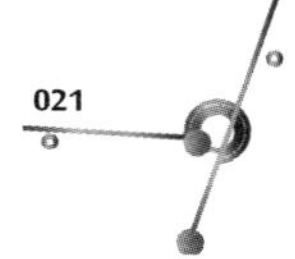

转变体现在 AI 能够更好地理解人类的需求和意图，提供更加个性化的服务。

1. AI 作为决策辅助者

在企业管理中，AI 通过分析大量数据，为决策者提供精准的市场洞察和趋势预测。例如，零售企业可以利用 AI 分析顾客购买行为，制定更精准的营销策略。在这种情境下，AI 不再是简单的数据处理工具，而是成为决策者不可或缺的智囊团。

2. AI 作为创新驱动力

在产品研发和创新过程中，AI 通过模拟实验、优化算法等手段，加速了新产品的研发周期。同时，AI 还能根据用户需求和市场反馈，不断调整和优化产品功能。因此，AI 在创新过程中扮演着至关重要的角色，推动了业务的持续发展和升级。

3. AI 作为服务提供者

在客户服务领域，AI 通过智能客服、聊天机器人等形式，为用户提供了更加便捷、高效的服务体验。这些 AI 系统不仅能够处理简单的查询和投诉，还能根据用户的情绪和需求提供个性化的解决方案。在这个过程中，AI 逐渐成为用户信赖的服务伙伴。

4. 案例分析：亚马逊的智能推荐系统

亚马逊的智能推荐系统是 AI 作为决策辅助者和创新驱动力的典型代表。该系统通过分析用户的购买历史、浏览记录和搜索关键词等信息，为用户推荐相关的商品和服务。这种个性化的推荐不仅提高了用户的购物体验，也为亚马逊带来了更多的销售额和利润。同时，亚马逊还不断优化推荐算法，提高推荐的准确性和相关性，从而保持了其在电商领域的领先地位。

二、从被动接受到主动创造：AI 应用的创新

传统的 AI 应用往往是基于预设的规则和算法，对输入的数据进行被动处理。然而，随着深度学习、强化学习等技术的不断发展，AI 开始具备主动学习和创造的能力。它可以根据大量的数据进行自我学习，不断优化

自身的算法和模型，从而创造出新的解决方案和应用场景。

1. 跨界融合创新

企业将AI技术与其他领域的技术进行融合，创造出全新的产品和服务。例如，将AI技术与物联网技术结合，可以实现智能家居、智能工厂等应用场景；将AI技术与区块链技术结合，可以提高数据的安全性和可信度。

2. 用户需求驱动创新

企业以用户需求为出发点，利用AI技术解决用户痛点，提升用户体验。例如，在医疗领域，企业可以利用AI技术辅助医生进行疾病诊断和治疗方案制定，提高医疗服务的效率和质量。

3. 开放式创新平台

企业建立开放式创新平台，吸引外部开发者和合作伙伴共同参与AI应用的创新。通过共享数据、算法和模型等资源，企业可以加速AI应用的开发和推广，实现共赢。

4. 案例分析：谷歌的TensorFlow平台

谷歌的TensorFlow平台是一个典型的开放式创新平台。该平台提供了丰富的AI工具库，使得开发者能够轻松构建和训练机器学习模型。通过TensorFlow平台，谷歌不仅吸引了大量外部开发者和合作伙伴，还推动了AI技术在各个领域的广泛应用和创新。这种开放式创新模式不仅加速了AI技术的发展，也为谷歌带来了更多的商业机会和竞争优势。

三、从单一领域到跨界融合：AI思维的拓展

在AI思维的驱动下，企业不再局限于单一领域的应用，而是开始探索跨界融合的可能性。这种跨界融合的思维，使得AI能够更好地应对复杂多变的业务场景和需求，拓宽了AI的应用范围，还为企业带来了新的增长点和商业模式。

1. 行业间的跨界融合

企业将AI技术应用于不同行业之间，实现跨行业的协同和创新。例

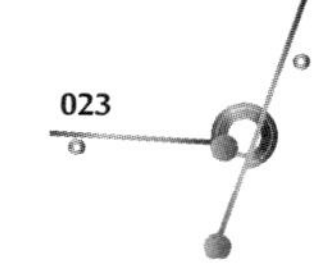

如，将 AI 技术应用于金融领域和医疗领域，可以实现智能投顾、医疗影像识别等应用场景；将 AI 技术应用于教育领域和娱乐领域，可以实现个性化学习、智能推荐等应用场景。

2. 技术与业务的跨界融合

企业将 AI 技术与自身业务进行深度融合，实现业务流程的智能化和自动化。例如，在制造业中，企业可以利用 AI 技术优化生产流程、提高产品质量和降低成本；在服务业中，企业可以利用 AI 技术提升客户服务质量、提高运营效率和降低成本。

3. 跨界合作与生态构建

与不同行业、不同领域的企业进行合作，共同构建 AI 生态。通过共享资源、技术和经验，企业可以加速 AI 技术的创新和应用，实现共同发展和共赢。

4. 案例分析：阿里巴巴的“城市大脑”项目

阿里巴巴的“城市大脑”项目是一个典型的跨界融合案例。该项目将 AI 技术应用于城市管理领域，通过收集和分析城市运行数据，实现城市交通、治安、环境等方面的智能化管理。在这个项目中，阿里巴巴不仅与政府机构、科研院所等进行了深入合作，还吸引了大量外部开发者和合作伙伴共同参与。通过跨界合作和生态构建，“城市大脑”项目不仅提高了城市管理的效率和质量，还为阿里巴巴带来了更多的商业机会和竞争优势。

四、从技术驱动到价值驱动：AI 目标的升华

在 AI 技术发展的初期，人们主要关注的是技术本身的突破和进步。然而，随着 AI 在业务中的广泛应用，人们开始更加关注 AI 如何为业务创造价值。在 AI 思维的驱动下，企业的目标逐渐从技术驱动转变为价值驱动。这意味着企业不再仅仅追求技术的先进性和创新性，而是更加注重技术的实际应用和价值创造。

1. 以用户为中心的价值创造

企业将用户需求放在首位，利用AI技术为用户提供更加便捷、高效和个性化的服务。通过不断优化产品和服务，企业可以提高用户满意度和忠诚度，从而实现价值的最大化。

2. 社会责任的担当

企业在追求商业利益的同时，也积极承担社会责任。利用AI技术解决社会问题、推动可持续发展等，成为企业新的价值追求。例如，在环保领域，企业可以利用AI技术监测和预测环境污染情况，为环保决策提供支持。

3. 可持续发展的目标

企业将AI技术与可持续发展目标相结合，推动业务的绿色、低碳和可持续发展。通过优化资源配置、提高能源利用效率等手段，企业可以降低运营成本、减少环境污染，从而实现经济效益和社会效益的双赢。

4. 案例分析：微软的AI for Earth项目

微软的AI for Earth项目是一个典型的以价值驱动为目标的AI应用案例。该项目利用AI技术解决环境问题、推动可持续发展。通过提供免费的AI工具和资源，微软帮助科研机构、非政府组织等更好地监测和预测环境变化。同时，微软还与全球各地的合作伙伴共同开展环保项目，推动可持续发展目标的实现。这种以价值驱动为目标的AI应用模式不仅有助于解决社会问题，也为微软带来了更多的商业机会和品牌形象的提升。

第五节　人工智能+行动：发展新质生产力的重要引擎

2024年，我国《政府工作报告》首次将“人工智能+”提升至国家战略高度，强调深化大数据、人工智能等领域的研发与应用，并正式启动“人工智能+”行动计划。该计划聚焦于新质生产力的发展方向，充分利用我国超大规模市场所蕴含的丰富应用场景这一独特优势，加速突破人工智能关键核心技术，实现数据、算力和算法三大核心要素的统筹协调与优化

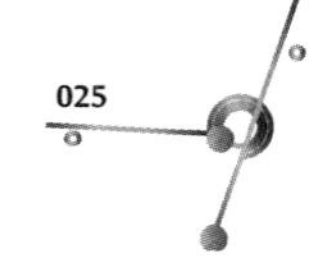

配置。通过大力推进“人工智能 +”行动，旨在赋能千行百业的转型升级与重构，全力推动新质生产力的蓬勃发展。

一、推进技术创新：提质降本增效

新质生产力是指在生产过程中引入新的生产要素、生产工具和生产方式，从而提高生产效率、降低生产成本并创造新的价值。人工智能作为一种先进的生产工具，其深度学习和自主决策能力能够极大地提升生产过程的智能化水平，从而推动新质生产力的形成。人工智能技术的发展将为生产力要素提质增效提供驱动力。

1. 人工智能技术的革新力量

在 21 世纪的科技舞台上，人工智能技术以其独特的魅力和无限的潜力，正逐步成为推动技术创新的关键力量。通过深度学习、机器学习、自然语言处理等核心技术的不断突破，人工智能技术能够优化生产流程、提高生产效率和质量，降低运营成本，从而推动传统产业向智能化、高端化转型。人工智能不仅能够模拟人类智能，实现自动化、智能化的决策和行动，更在提质、降本、增效方面展现出了巨大的优势。

2. 提升产品与服务质量

在制造业领域，人工智能技术通过精准控制生产过程，优化产品设计和制造流程，显著提升了产品的质量和性能。在服务业领域，人工智能技术的应用使得服务更加个性化、精准化，满足了消费者多样化的需求，提升了服务质量和客户满意度。这种基于数据的质量控制方法，不仅提高了产品的合格率，还降低了因质量问题带来的成本和风险。

3. 降低生产成本与运营费用

人工智能技术通过自动化、智能化的生产方式，实现了对生产流程的优化和重构，从而降低了人力成本和时间成本。同时，人工智能技术还能够优化供应链管理，降低库存成本，减少资源浪费。在运营方面，人工智能技术通过数据分析、预测模型等手段，帮助企业精准把握市场动态，降低运营风险和成本。

4. 增强创新效率与竞争力

人工智能技术的快速发展和应用，为企业的创新提供了强大的支持。通过人工智能技术，企业可以更快地响应市场变化，推出新产品和服务，抢占市场先机。同时，人工智能技术还能够帮助企业优化内部管理流程，提高决策效率，增强企业的竞争力。例如，在物流行业中，AI 可以通过智能调度系统，实现对货物的自动分拣、装载和运输，大大提高了物流效率，降低了物流成本。在金融行业中，AI 可以通过高频交易算法，实现对市场变化的快速响应和决策，从而提高交易效率和收益。

二、驱动产业升级：重塑经济格局

人工智能作为新一代信息技术的代表，正在推动着传统产业的转型升级和新兴产业的蓬勃发展。在 AI 的驱动下，产业格局正在发生深刻变化，新的经济增长点不断涌现。

1. 人工智能与产业深度融合

"人工智能 +"行动强调人工智能技术与各行各业的深度融合，这种融合不仅推动了人工智能技术的创新，也促进了传统产业的转型升级。通过人工智能技术的赋能，传统产业得以焕发新的生机和活力，实现了从低端向高端、从粗放向集约的转变。

2. 产业升级的路径与模式

在人工智能技术的驱动下，产业升级的路径逐渐清晰。一方面，企业通过引进和应用人工智能技术，实现生产过程的自动化、智能化，提高生产效率和产品质量；另一方面，企业通过与人工智能企业的合作，共同研发新产品、新技术，推动产业的创新升级。此外，人工智能技术还促进了产业间的融合与协同，形成了新的产业生态和商业模式。

AI 通过与传统产业的深度融合，推动了其转型升级和高质量发展。例如，在农业领域，AI 可以通过智能农机、精准农业等技术手段，提高农业

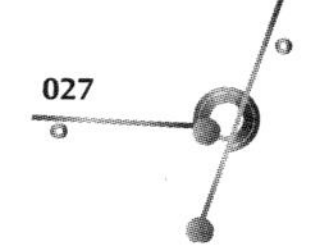

生产效率和产量；在制造业领域，AI 可以通过智能制造、工业互联网等技术手段，实现生产流程的自动化和智能化。

3. 经济格局的重塑与变革

人工智能技术的广泛应用和产业的升级转型，正在重塑经济格局。一方面，新兴产业的快速发展和壮大，为经济增长提供了新的动力；另一方面，传统产业的转型升级，也提高了经济的整体质量和效益。同时，人工智能技术的普及和应用，还促进了区域经济的协调发展，缩小了地区间的经济差距。

"人工智能 +"行动将催生一系列新兴产业，如智能机器人、无人驾驶、智能安防等，这些新兴产业将成为经济增长的新引擎。同时，人工智能技术的应用也将带动传统产业的转型升级，为经济发展注入新动能。

三、催生新兴业态：开拓未来市场

人工智能作为创新驱动力，正在催生着一系列新兴业态的涌现和发展。这些新兴业态不仅为人们的生活带来更多的便利和乐趣，还为经济社会的发展带来新的增长点和动力。

1. 新兴业态的涌现与发展

随着人工智能技术的不断发展和应用，一系列新兴业态开始涌现。这些新兴业态以人工智能技术为核心，结合了其他新兴技术，如物联网、大数据、云计算等，形成了全新的商业模式和服务形态。例如，智能家居、智能医疗、智能交通等领域的发展，都离不开人工智能技术的支持。

2. 新兴业态的市场潜力与前景

新兴业态的市场潜力巨大，前景广阔。一方面，随着消费者对智能化、个性化服务的需求不断增加，新兴业态的市场空间将不断扩大；另一方面，随着人工智能技术的不断进步和成本的降低，新兴业态的普及率也将逐步提高。同时，新兴业态的发展还将带动相关产业的发展和壮大，形成新的经济增长点。

3. 开拓未来市场的策略与路径

为了开拓未来市场，企业需要积极拥抱人工智能技术，推动新兴业态的发展。一方面，企业要加强与人工智能企业的合作与交流，共同研发新产品、新技术；另一方面，企业要注重市场需求的分析和预测，把握消费者的需求和痛点，推出符合市场需求的产品和服务。同时，企业还要加强品牌建设和营销推广，提高品牌知名度和美誉度，开拓更广阔的市场空间。

四、优化资源配置：实现可持续发展

人工智能通过智能化和自动化的方式，实现了对资源的优化配置和高效利用。在AI的助力下，经济社会能够实现更加可持续的发展。

1. 资源配置的智能化与高效化

人工智能技术可以实现资源配置的智能化和高效化。通过大数据分析和机器学习算法，人工智能技术可以实时掌握市场动态和资源状况，为资源配置提供科学依据。同时，人工智能技术还可以优化资源配置流程，提高资源配置的效率和准确性。

2. 促进资源的节约与循环利用

人工智能技术可以促进资源的节约与循环利用。一方面，通过精准控制生产过程，人工智能技术可以减少资源的浪费和损耗；另一方面，通过智能化管理，人工智能技术可以实现资源的循环利用和再生利用。这有助于降低企业的生产成本和环境污染，实现可持续发展。

3. 推动绿色发展与生态文明建设

人工智能技术的应用还有助于推动绿色发展和生态文明建设。通过智能化管理，人工智能技术可以实现对环境污染的实时监测和预警，及时采取措施防止环境污染的发生。同时，人工智能技术还可以促进清洁能源的开发和利用，降低能源消耗和碳排放，为生态文明建设提供有力支持。

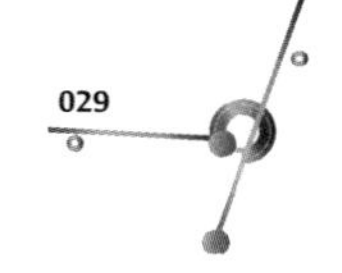

五、改善社会服务：增强民生福祉

“人工智能 +”行动将推动政府服务与治理的智能化升级。智能政务平台、智能客服系统等应用将提高政府服务的效率和便捷性，增强人民群众的获得感和幸福感。同时，人工智能还可以应用于社会治理领域，如智能安防、智慧城市等，提升社会治理的智能化水平。

1. 社会服务的智能化与便捷化

人工智能技术可以推动社会服务的智能化与便捷化。通过智能化、自动化的服务方式，人工智能技术可以提高服务效率和质量，满足人民群众日益增长的服务需求。例如，在医疗领域，人工智能技术可以实现远程诊疗、智能问诊等服务，为患者提供更加便捷、高效的医疗服务。

2. 提升公共服务水平与质量

人工智能技术还可以提升公共服务水平与质量。通过智能化管理，人工智能技术可以实现对公共设施的实时监测和维护，保障公共设施的正常运行。同时，人工智能技术还可以推动公共服务的创新和发展，为人民群众提供更加多样化、个性化的服务。例如，在教育领域，人工智能技术可以实现个性化教学、智能评估等服务，提高教育质量和效率。

3. 增强民生福祉与幸福感

人工智能技术的应用还有助于增强民生福祉与幸福感。“人工智能 +”行动还将推动智慧城市的建设和发展。通过智能交通、智能环保、智能能源等系统的应用，城市将更加宜居、可持续发展。同时，人工智能技术的应用也将为居民提供更加个性化、智能化的生活服务体验。此外，人工智能技术还可以推动社会公平和正义的实现，为人民群众提供更加平等、公正的社会环境。这有助于提升人民群众的幸福感和满意度，促进社会和谐稳定发展。

六、实现国家战略：提升国际竞争力

人工智能已成为全球科技竞争的前沿领域。通过实施“人工智能 +”

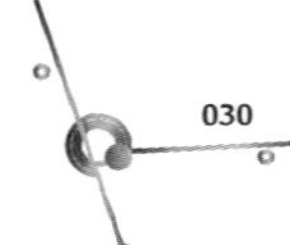

行动，中国将抢占人工智能发展的制高点，提升在国际科技竞争中的话语权和影响力。

1. 人工智能与国家战略的结合

人工智能技术已成为国家战略的重要组成部分。通过实施“人工智能 +”行动，可以加强我国在人工智能领域的研发能力和应用能力，提升国家科技竞争力。同时，人工智能技术还可以与其他国家战略相结合，如创新驱动发展战略、可持续发展战略等，共同推动国家的发展和进步。

“人工智能 +”行动在各领域各层次赋能新质生产力发展，在微观层面促进企业形成“人工智能 + 技术创新”，在中观层面推动产业形成“人工智能 + 产业发展”，在宏观层面形成“人工智能 + 宏观调控”。

①微观层面。以企业技术创新支撑新质生产力形成。人工智能以突破性技术驱动企业研发、生产、营销等环节进行技术创新。减少耗时与成本，推动产品更新，实现个性化、精准化营销，打造企业新价值增长点。

②中观层面。以构建现代产业体系赋能新质生产力发展。产业是生产力变革的具体表现形式。一方面，人工智能赋能传统产业转型升级，开发高端化产品，再造生产流程；另一方面，人工智能推动新兴产业和未来产业发展，为科技创新提供动力，为基础科技领域提供新路径。

③宏观层面。以实现宏观经济精准调控助力新质生产力发展。AI 提高政务服务数字化和智能化水平，实现政务数据有效对接，深度挖掘分析经济数据，为宏观经济精准调控提供决策依据，助力经济健康发展。

2. 提升国际竞争力与话语权

人工智能技术的发展和应用，有助于提升我国的国际竞争力与话语权。一方面，通过加强人工智能技术的研发和应用，我国可以在全球科技竞争中占据有利地位；另一方面，通过推动人工智能技术的国际合作与交流，我国可以与其他国家共同分享人工智能技术的发展成果和经验，增强国际影响力。

当前，我们要清醒地看到，与世界先进水平相比，我国基础研究相对

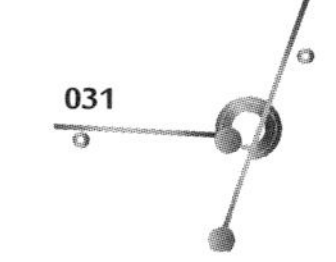

薄弱，自主研发能力有待提升，在高端芯片、智能仪器仪表、核心算法、操作系统等与人工智能密切相关的科技领域仍存在“卡脖子”问题，这在技术源头上制约了人工智能对新质生产力的赋能作用。

3. 应对全球性挑战与威胁

人工智能技术的应用还有助于应对全球性挑战与威胁。例如，在应对气候变化、环境保护等全球性问题时，人工智能技术可以提供精准的数据分析和预测模型，为政策制定和决策提供科学依据。同时，人工智能技术还可以推动全球治理体系的完善和变革，为应对全球性挑战提供新的思路和方案。

综上所述，“人工智能 + 行动”作为新质生产力发展的引擎，已上升为国家战略。人工智能是新一轮科技革命和产业变革的重要驱动力量，将对全球经济社会发展和人类文明进步产生深远影响。中国高度重视人工智能发展，积极推动互联网、大数据、人工智能和实体经济深度融合，培育壮大智能产业，加快发展新质生产力，为高质量发展提供新动能。面对日趋激烈的全球科技竞争，推动人工智能赋能新质生产力，已成为我国开辟发展新领域、新赛道，塑造发展新动能、新优势的重要抓手。

第二章　AI 边界思维：拓展 AI 思维认知边界

普通人使用 AI，不在使用方法本身，而在于对 AI 能力边界的把握。你需要不断理解 AI 能力边界在不断进化，你得先知道它能做什么，不能做什么，你才会让它具体去做什么。如果你不在真实的工作、学习和生活中应用 AI，你永远不能理解 AI 的潜力。AI 边界思维主要指的是在人工智能领域，对于 AI 能力、应用范围及潜在风险的认知和思考。AI 边界思维是对于 AI 能力、应用范围、潜在风险及人类认知边界的全面考量和评估。

第一节　认知边界：人工智能的五大主要误区

人类对 AI 的担忧，核心并不在于其智能的超越，而在于它可能侵蚀人类所珍视的独特属性：创造力、情感深度与自我意识。这同样是 AI 领域专家普遍关注的焦点，即确保技术发展非但不会削弱，反而能够丰富人类的生活体验。那些能够将 AI 无缝整合到日常工作中，利用其强化自身职业能力的个体，不仅能在行业中稳固地位，还能有效抵御因自动化和智能化进程而带来的替代风险。因此，关键在于积极拥抱 AI，使之成为提升个人价值与职业竞争力的得力助手。

一、人工智能将全面取代人类

AI 不会取代人类工作，而是我们会被那些更擅长掌握和运用 AI 技术

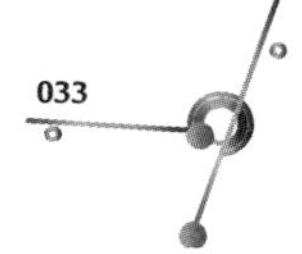

的人所取代。尽管 AI 在特定任务上表现出色，如数据处理、图像识别等，但它仍无法全面取代人类。AI 缺乏人类的创造力、情感理解和社会交往能力，这些是人类独有的特质。

因此，AI 更多的是作为人类的辅助工具，而非替代者。AI 并不能取代人类，但作为人类的超强辅助工具，就像电脑一样，它可以增强我们的处理信息的能力，提高工作效率，帮助我们在决策、创造性思考和复杂问题解决中做得更好。在未来的职场中，人类与 AI 的合作将成为主流，共同推动社会的进步。

1. 误区解析

“人工智能会全面取代人类”这一观点在公众中颇有市场。许多人担忧，随着 AI 技术的不断进步，人类的工作岗位将被机器全面占据，导致大规模失业和社会动荡。然而，这种担忧并未全面考虑 AI 技术的实际发展水平、应用场景及人类社会的复杂性。

2. 案例剖析

以制造业为例，自动化和智能化技术的应用确实提高了生产效率，降低了人力成本。但是，这并不意味着 AI 将全面取代人类工人。在许多制造流程中，人类工人仍然发挥着不可替代的作用。他们具备灵活性、创造力和解决问题的能力，能够应对各种突发情况和复杂任务。此外，人类工人还负责监督和维护自动化设备，确保其正常运行。因此，AI 与人类工人的协同作业成为新的趋势，而非简单的替代关系。

在服务业领域，AI 的应用也呈现出类似的趋势。例如，智能客服系统能够处理大量的客户咨询和投诉，提高服务效率。但是，当面对复杂或敏感的问题时，客户往往更倾向于与人类客服进行沟通。因为人类客服能够更好地理解客户的情感需求，提供个性化的解决方案。因此，AI 在服务业中的应用更多是作为辅助工具，而非替代人类客服。

3. 理性思考

人工智能的发展确实会对就业市场产生一定影响，但这种影响并非全

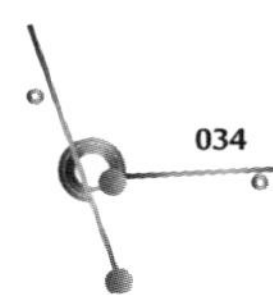

面的取代，而是表现为岗位的转型和升级。面对 AI 的挑战，我们应该积极提升自身的技能和素质，适应新的就业环境。同时，政府和社会各界也应该加强对 AI 技术的监管和引导。此外，AI 的发展也为人类带来了新的就业机会和创业空间。例如，AI 技术的研发、维护和管理等领域都需要大量的人才。因此，我们应该以开放的心态看待 AI 的发展，把握其带来的机遇。

二、人工智能无所不能

AI 的能力虽然强大，但并非无所不能。它依赖于大量的数据和算法，对于未经训练或数据不足的任务，AI 的表现可能大打折扣。此外，AI 在处理复杂、模糊或需要高度抽象思维的问题时，仍存在一定的局限性。因此，我们应理性看待 AI 的能力，避免将其神化。

1. 误区解析

人工智能被一些人视为万能的解决方案，认为它能够解决人类面临的所有问题。然而，这种观念忽视了 AI 技术的局限性和应用场景的特定性。AI 虽然具备强大的数据处理和分析能力，但在某些领域和情境下，它仍然无法与人类智慧相提并论。

2. 案例剖析

在医疗领域，AI 被广泛应用于疾病诊断、治疗方案制定等方面。然而，AI 的诊断结果并非绝对准确，它受到数据质量、算法局限性等多种因素的影响。因此，在医疗决策中，医生仍然需要结合自己的专业知识和经验，对 AI 的诊断结果进行综合判断。此外，在面对复杂或罕见的病例时，AI 可能无法提供有效的解决方案，这时就需要医生依靠自己的临床经验和直觉来做出决策。

在教育领域，AI 虽然能够提供个性化的学习资源和智能评估，但它无法替代教师的角色。教师不仅能够传授知识，还能够引导学生思考、培养学生的创新能力和社交能力。这些能力是 AI 目前还无法具备的。因此，在教育过程中，教师应该与 AI 相结合，发挥各自的优势，为学生提供更

好的学习体验。

3. 理性思考

人工智能并非万能的解决方案，它有其自身的局限性和应用场景的特定性。我们应该客观看待 AI 的能力，不要过分夸大其作用。同时，我们也应该积极探索 AI 技术的潜力和应用场景，推动其在各个领域的发展和应用。此外，我们还应该认识到，AI 与人类智慧的结合才是未来发展的方向。通过人机协作，我们可以更好地解决各种问题，推动社会的进步和发展。

三、人工智能绝对正确无误

尽管 AI 在数据处理和决策制定方面具有高效性，但它并非绝对正确无误。AI 的决策基于算法和数据，而算法和数据都可能存在偏差或错误。此外，AI 还可能受到黑客攻击或恶意操纵，导致其决策出现偏差。因此，在使用 AI 时，我们应保持警惕，并建立相应的监管机制，确保其决策的准确性和安全性。

1. 误区解析

一些人认为，由于 AI 是基于算法和数据的决策系统，因此其决策结果一定是正确无误的。然而，这种观念忽视了 AI 决策过程中的不确定性和风险性。AI 的决策结果受到多种因素的影响，包括数据质量、算法偏差、模型局限性等。因此，AI 的决策并非绝对可靠。

2. 案例剖析

在金融领域，AI 被广泛应用于风险评估、投资决策等方面。然而，由于金融市场的复杂性和不确定性，AI 的决策结果并非绝对可靠。例如，在股市预测中，AI 虽然能够分析大量的历史数据和趋势，但无法准确预测未来的市场走势和价格波动。因此，投资者在做出决策时，仍需谨慎考虑 AI 的建议，并要结合自身的经验和判断。此外，在金融风控中，AI 虽然能够识别出潜在的欺诈行为，但也可能因为数据偏差或算法局限性而导致误判。因此，金融机构在采用 AI 进行风控时，需要建立完善的监控和反馈

机制，确保 AI 决策的准确性和可靠性。

在医疗诊断领域，AI 也存在类似的局限性。由于医学知识的复杂性和患者病情的多样性，AI 的诊断结果可能存在一定的误差和风险。因此，医生在做出决策时，仍需综合考虑患者的具体情况和医学知识，做出准确的诊断和治疗方案。同时，医疗机构也需要建立完善的医疗质量管理和监控体系，确保 AI 在医疗领域的安全应用。

3. 理性思考

人工智能的决策结果并非绝对正确无误，它受到多种因素的影响和制约。我们应该客观看待 AI 的决策结果，不要过分依赖其建议。同时，我们也应该加强对 AI 技术的监管和验证，确保其决策结果的准确性和可靠性。此外，我们还应该认识到，AI 与人类智慧的结合是提高决策准确性的关键。通过人机协作和信息共享，我们可以更好地应对各种复杂问题和挑战。

四、人工智能是高不可攀的殿堂

普通人在 AI 的应用实践上，没有真正的技术壁垒，只有不够强大的好奇心与行动力。许多现代 AI 工具和平台已被设计得非常直观，即使是没有技术背景的用户也可以轻松上手，利用 ChatGPT 及其他 AI 平台，从零代码基础到一口气开发出多款软件工具，这种普通人大有人在。关键在于你是否愿意探索这些技术，是否准备好利用它们来改善和创新你的日常生活与工作。因此，AI 并非高不可攀的殿堂，而是我们触手可及的技术工具。

1. 误区解析

一些人认为人工智能是一项高深莫测的技术，只有专业人士才能掌握和应用。然而，这种观念忽视了 AI 技术的普及性和易用性。随着 AI 技术的不断发展和成熟，越来越多的 AI 应用和产品已经走进了普通人的生活，成为人们日常生活中不可或缺的一部分。

2. 案例剖析

在智能家居领域，AI 技术已经被广泛应用于智能音箱、智能灯光、智

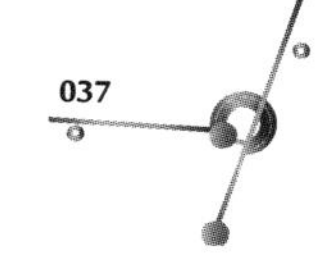

能空调等产品中。这些产品不仅具备智能化的控制功能，还能够通过语音交互、远程控制等方式，为用户提供更加便捷和舒适的生活体验。普通用户只需要简单的设置和操作，就可以轻松享受 AI 技术带来的便利。

在智能手机领域，AI 技术也已经被广泛应用于语音识别、图像识别、智能推荐等功能中。这些功能不仅提高了手机的使用效率，还为用户提供了更加个性化和智能化的服务。例如，通过语音识别功能，用户可以方便地进行语音输入和语音搜索；通过图像识别功能，用户可以快速地识别和分类照片中的内容；通过智能推荐功能，用户可以获取更加符合自己兴趣和需求的信息与服务。

3. 理性思考

人工智能并非高不可攀的殿堂。我们应该积极了解和掌握 AI 技术的基本知识和应用方法，以便更好地利用其为我们服务。同时，我们也应该认识到，AI 技术的发展和应用需要全社会的共同努力与推动。政府、企业、科研机构等各方应该加强合作与交流，共同推动 AI 技术的创新和发展。

五、人工智能威胁论

AI 的发展需要人类的监管和引导，以确保其符合道德和法律规范。同时，AI 也为人类带来了诸多益处，如提高生产效率、改善生活质量等。因此，我们应客观看待 AI 的发展，既要警惕其潜在风险，也要充分利用其带来的机遇。

1. 误区解析

一些人担心人工智能的发展会对人类构成威胁，甚至可能导致人类的灭亡。然而，这种观念忽视了 AI 技术的可控性和人类社会的监管能力。AI 技术的发展和应用都受到严格的监管与控制，以确保其符合人类的价值观和利益。

2. 案例剖析

在自动驾驶领域，虽然自动驾驶汽车已经取得了一定的进展和突破，

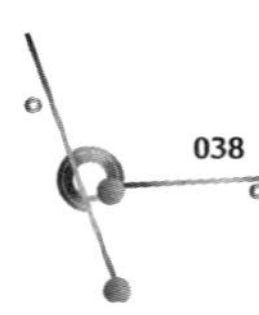

但其安全性和可靠性仍然需要进一步的验证与提升。为了确保自动驾驶汽车的安全性和可靠性，各国政府和相关机构都制定了严格的安全标准与测试流程。例如，要求自动驾驶汽车进行大量的道路测试和模拟测试，以验证其在各种道路和天气条件下的性能与安全性。同时，还要求自动驾驶汽车具备紧急制动、避障等安全功能，以确保在紧急情况下能够保障乘客和行人的安全。

在医疗领域，AI 的应用也受到了严格的监管和控制。为了确保 AI 在医疗领域的安全应用，各国政府和相关机构制定了相关的法律法规与伦理准则。例如，要求 AI 在医疗领域的应用必须经过严格的临床试验和验证，以确保其安全性和有效性；要求 AI 在医疗决策中必须遵循医学伦理和法律法规，保障患者的权益和利益。

3. 理性思考

人工智能并非对人类的威胁，它是一个可控可管的技术领域。我们应该客观看待 AI 技术的发展和应用，不要过分担忧其可能带来的风险。同时，我们也应该加强对 AI 技术的监管和控制，确保其健康、可持续地发展。此外，我们还应该积极探索 AI 技术的潜力和应用场景，为人类社会的发展和进步贡献更多的智慧与力量。在面对 AI 的挑战和机遇时，我们应该保持开放的心态和理性的思考，共同推动 AI 技术的健康发展，为人类社会的进步和发展贡献力量。

综上所述，人工智能的五大主要误区反映了公众对 AI 技术的误解和担忧。通过案例分析和理性思考，我们可以揭示这些误区的本质和真相，帮助公众建立对 AI 的正确认知。

第二节　技术边界：探索 AI 的极限与可能性

探索 AI 的技术边界是一个复杂而艰巨的任务。在人工智能的浩瀚宇宙中，技术边界如同星辰大海中的灯塔，引领着我们探索未知、挑战极限。在深入探讨人工智能的技术边界时，我们面临着一系列复杂且多维的问题。AI 的潜力似乎无穷无尽，但同时也受到多种因素的制约。

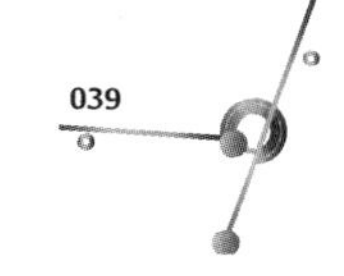

一、算法能力的边界探索

算法是 AI 智慧的基石，它决定了 AI 如何学习、推理和决策，也决定了 AI 系统的智能水平和应用范围。从深度学习到强化学习，从卷积神经网络到生成对抗网络，算法的每一次革新，都推动着 AI 向更高层次迈进。然而，算法能力并非没有极限，它受到多种因素的制约。

1. 复杂性问题

随着问题复杂度的增加，算法的设计和求解变得愈发困难。在某些复杂的优化问题中，传统算法可能无法找到全局最优解，而只能得到近似最优解或局部最优解。例如，在蛋白质结构预测等生物信息学问题中，由于问题的高维度和复杂性，传统算法往往难以取得理想的效果。

案例剖析：AlphaFold 是 DeepMind 开发的一种用于蛋白质结构预测的 AI 算法。它通过深度学习技术，能够更准确地预测蛋白质的三维结构。然而，即使是这样先进的算法，在面对某些极端复杂的蛋白质结构时，也可能无法给出完全准确的预测结果。这反映了算法在处理复杂性问题时的局限性。

2. 可解释性问题

深度学习等复杂算法虽然取得了显著成效，但其内部工作机制往往难以解释。这限制了 AI 系统在需要可解释性的场景中的应用，如医疗诊断、法律判决等。在这些领域，决策者需要了解 AI 系统是如何得出结论的，以便对其结果进行评估。

案例剖析：在医疗诊断中，AI 系统可能通过深度学习算法对医学影像进行分析，并给出诊断结果。然而，如果医生无法理解 AI 系统是如何得出这个结果的，他们可能会对其产生怀疑，从而限制 AI 系统在医疗领域的应用。

3. 泛化能力问题

AI 算法在特定数据集上训练后，往往难以泛化到新的、未见过的数据上。这是因为 AI 算法在训练过程中会学习数据集的特定特征和模式，而这些特征和模式可能并不适用于新的数据集。

案例剖析：在自动驾驶汽车的研发中，AI 系统需要在各种道路和天气条件下进行训练。然而，由于道路和天气条件的多样性，AI 系统可能无法在所有情况下都表现出色。这要求研发人员不断收集新的数据，并对 AI 系统进行持续的训练和优化。

二、数据能力的极限剖析

数据是 AI 技术的燃料，没有高质量、充足的数据支持，AI 技术就难以发挥出其应有的效果。数据的质量、数量和多样性，直接影响着 AI 的学习效果和泛化能力。然而，数据能力也面临着诸多极限。

1. 数据质量

数据质量直接影响 AI 系统的准确性和可靠性。如果数据存在噪声、缺失或偏差，那么 AI 系统可能会产生错误的结果。例如，在训练自动驾驶汽车时，如果使用的数据集中包含大量低质量的图像或标注信息，那么 AI 系统可能无法准确地识别道路和障碍物。

2. 数据量

在某些领域，如医疗、金融等，高质量的数据往往非常稀缺。这限制了 AI 系统在这些领域的应用和发展。为了解决这个问题，研究人员需要探索如何利用有限的数据来训练出高效的 AI 模型。

3. 数据隐私和安全

随着数据量的不断增加，数据隐私和安全问题也日益凸显。在 AI 系统的训练和应用过程中，如何保护用户的隐私与数据安全成为一个亟待解决的问题。例如，在医疗领域，AI 系统需要处理大量的患者数据，这些数据必须得到严格的保护，以防止泄露和滥用。

三、计算能力的边界挑战

计算，乃 AI 之力。强大的计算能力，是 AI 得以高效运行和持续学习

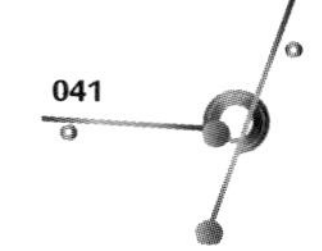

的关键。从 GPU 到 TPU，从云计算到边缘计算，计算技术的每一次进步，都为 AI 的飞跃提供了强大的动力。然而，计算能力也面临着诸多极限。

1. 硬件限制

目前，AI 系统的训练和应用主要依赖于高性能的计算机与 GPU。然而，随着 AI 模型的不断增大和复杂化，对计算资源的需求也在不断增加。这导致了计算成本的上升和计算资源的紧缺。为了解决这个问题，研究人员需要探索更高效的算法和硬件架构，以提高计算效率和降低计算成本。

2. 能源消耗

AI 系统的训练和应用需要大量的能源消耗。这不仅增加了运营成本，还对环境造成了压力。为了解决这个问题，研究人员需要探索更节能的算法和硬件架构，以减少能源消耗和碳排放。

3. 分布式计算挑战

随着 AI 模型的不断增大，单个计算机可能无法处理所有的计算任务。这需要使用分布式计算技术来将计算任务分散到多个计算机上。然而，分布式计算也面临着诸多挑战，如数据同步、负载均衡和故障恢复等。为了解决这些问题，研究人员需要开发更高效的分布式计算框架和算法。

四、跨学科融合的极限探索

跨学科融合，乃 AI 之翼。AI 的发展离不开计算机科学、数学、物理学、心理学等多个学科的交叉融合。通过借鉴不同学科的理论和方法，AI 能够在更多领域实现创新和突破。然而，AI 跨学科融合也面临着诸多极限。

1. 知识壁垒

不同学科之间往往存在着知识壁垒和沟通障碍。这导致了跨学科合作的困难和挑战。为了解决这个问题，研究人员需要加强跨学科交流和合作，打破知识壁垒，促进不同学科之间的融合和创新。

2. 技术整合

在跨学科融合过程中，如何将不同学科的技术和方法有效地整合到一起是一个难题。这需要研究人员具备跨学科的知识和技能，并能够将不同学科的技术与方法进行有机融合和创新。

3. 应用场景

跨学科融合需要找到合适的应用场景和切入点。然而，在某些领域，如医疗、金融等，由于行业的特殊性和复杂性，找到合适的跨学科融合应用场景并不容易。这要求研究人员深入了解行业需求和痛点，并探索如何将AI技术与其他学科的技术和方法进行有机融合，以解决实际问题。

五、技术边界的拓展与挑战

技术边界，乃AI之界。随着AI技术的不断发展，其技术边界也在不断拓展。在拓展边界的过程中，AI也面临着诸多挑战和困境。面对AI技术的诸多极限，我们需要不断拓展技术边界，并迎接挑战。

1. 创新算法

为了突破算法能力的极限，我们需要不断创新算法，探索新的求解方法和优化策略。例如，可以借鉴生物学、物理学等领域的原理和方法，开发新的启发式算法和智能优化算法。

2. 提升数据质量

为了提升数据能力，我们需要加强数据收集、清洗和标注工作，提高数据的质量和准确性。同时，我们还需要探索如何利用无监督学习、迁移学习等技术来减少对标注数据的依赖。

3. 研发新型硬件

为了突破计算能力的极限，我们需要研发新型硬件，如量子计算机、神经形态计算等。这些新型硬件具有更高的计算速度和更低的能源消耗，能够为AI技术的发展提供更强大的支持。

4. 加强跨学科合作

为了突破跨学科融合的极限，我们可以通过建立跨学科研究团队、开展联合项目等方式来加强合作和交流。

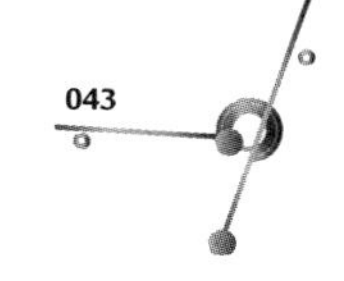

5. 关注伦理和法律问题

在拓展 AI 技术边界的过程中，我们还需要关注伦理和法律问题。例如，需要确保 AI 系统的决策过程公平、透明和可解释；需要保护用户的隐私和数据安全；需要遵守相关法律法规和道德规范等。这些问题对于 AI 技术的可持续发展和社会接受度至关重要。

第三节 能力边界：AI 暂时无法超越的人类特质

尽管 AI 在许多领域展现出了惊人的能力，但仍有一些人类特质是 AI 暂时无法超越的。AI 作为扩展能力边界的工具，极大地依赖于人的好奇心和主动探索能力。例如，你想创作音乐，AI 可以帮助你从构思旋律到编写歌词，但前提是你得首先有这个创作的愿望和主动去尝试的行动。只有自己清楚想要创造什么样的音乐，AI 才能真正成为帮助你实现创意的伙伴。因此，利用 AI 的关键在于主动引导它朝着你想要的方向发展，而这一切都始于你内心的好奇和探索欲。

一、情感智能与同理心

情感智能与同理心，是人类情感的基石。它们使我们能够感知、理解和回应他人的情感，建立深厚的人际关系。相比之下，AI 虽然能够模拟某些情感反应，但缺乏真正的情感和共鸣。

1. 情感智能的核心价值

情感智能是指个体理解、表达、调节自己及他人情感的能力。在人类社会中，情感智能是人际交往的基石，它帮助我们建立信任、增进理解，并促进合作。情感智能不仅关乎个体对情感的识别、表达和管理，更要有理解他人情感并产生共鸣的能力，对社会和谐与稳定起着至关重要的作用。

2. AI 的情感智能局限

尽管 AI 能够通过自然语言处理和情感分析技术识别情感信号，但其理解情感的深度和广度有限。AI 缺乏真实的情感体验，无法像人类一样产生深刻的同理心。例如，在面对一个悲伤的朋友时，AI可能能识别出对方的情绪，但无法像人类那样感同身受，提供深层次的情感支持。

3. 案例分析：AI情感智能的尝试与局限

近年来，一些AI产品尝试模拟人类的情感智能，如情感聊天机器人、智能陪伴机器人等。这些产品在一定程度上能够识别用户的情感状态，并提供相应的回应。然而，它们往往只能基于预设的规则和算法进行反应，缺乏真正的情感理解和同理心。例如，一个情感聊天机器人可能能够识别出用户的悲伤情绪，并给出一些安慰的话语，但它无法像人类朋友一样提供真正的情感支持和陪伴。当用户遇到复杂情感问题时，AI往往无法提供像人类客服那样的情感支持和解决方案。

二、创造力与直觉

创造力与直觉，是人类智慧的火花。它们使我们能够产生新的想法、发现新的规律和解决复杂问题。相比之下，AI虽然能够进行高效的计算和推理，但在创造力和直觉方面仍有明显不足。

1. 创造力与直觉的定义和重要性

创造力是指个体产生新颖、独特、有价值的思想和事物的能力。直觉则是一种快速、直接、非逻辑性的思维方式，它帮助我们在复杂多变的环境中做出迅速而准确的判断。创造力和直觉是人类智慧的重要体现，它们推动了科技、艺术、文学等领域的不断发展。

2. AI在创造力与直觉方面的挑战

AI的创造力主要基于大数据和机器学习算法，虽然能够生成新的内容，但往往缺乏真正的创新性和独特性。AI的直觉则受限于其算法和模型，无法像人类那样在复杂情境中迅速做出准确判断。

3. 案例分析：AI创造力与直觉的尝试和局限

以AI绘画和AI作曲为例，虽然它们能够生成具有一定美感的作品，但往往缺乏人类艺术家那种独特的风格和深刻的情感表达。这些产品在一

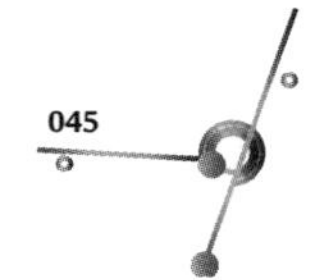

定程度上能够生成新的内容和想法，但它们往往缺乏真正的创造性和独特性。例如，AI 可以生成一首旋律优美的曲子，但它无法像人类作曲家一样创作出具有深刻情感和独特风格的音乐作品。同样，AI 可以生成一幅色彩斑斓的画作，但它无法像人类画家一样创作出具有独特视角和深刻内涵的绘画作品。真正的艺术创作需要深层次的人类情感、个人经验和文化理解，这些是 AI 当前无法完全复制的。将 AI 作为辅助工具，创作者可以扩展他们的创造力和效率，但最终的作品应当反映出创作者自己独特的声音和深刻的人文关怀。

同样，在面对复杂的商业决策时，AI 可能能够分析出各种数据和趋势，但无法像人类专家那样凭借直觉和洞察力做出明智的决策。

三、复杂决策能力

复杂决策能力，是人类智慧的体现。它使我们能够在面对复杂多变的环境时做出明智的决策。相比之下，AI 在处理复杂决策问题时仍有局限性。

1. 核心价值

复杂决策能力是指个体在面对复杂、多变、不确定的环境时，能够综合考虑各种因素，做出明智、合理的决策的能力。这种能力对于个人发展、组织管理和社会进步都至关重要。

2. 局限性

AI 的决策过程主要基于预设的规则和算法，虽然能够处理大量数据并生成决策建议，但缺乏人类那种全面的思考、权衡和判断能力。在面对复杂决策时，AI 往往无法像人类那样综合考虑多种因素，并做出具有前瞻性和创新性的决策。

3. 案例分析：AI 复杂决策能力的尝试与局限

以智能投资顾问、智能风险管理系统为例，虽然它们能够根据历史数据和算法来预测市场趋势，但无法像人类投资专家那样综合考虑经济、政治、社会等多种因素，并为用户提供个性化的投资建议。一个智能风险管

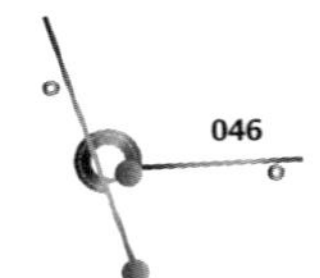

理系统可能能够识别出潜在的风险因素，但它无法像人类风险管理专家一样综合考虑组织的战略、文化、人员等多种因素，并制定出全面的风险管理方案。同样，在医疗诊断领域，AI 虽然能够辅助医生进行疾病诊断，但无法像医生那样综合考虑患者的病史、症状、体征等多种因素，并做出准确的诊断决策。

四、灵活性和适应性

灵活性和适应性，是人类应对变化的关键。它们使我们能够在面对新环境和新挑战时，迅速调整自己的策略和行为。相比之下，AI 在灵活性和适应性方面仍有待提高。

1. 重要性

灵活性是指个体在面对变化时，能够迅速调整自己的思维和行为方式的能力。适应性则是指个体能够适应不同的环境和情境，并保持良好的状态和表现的能力。灵活性和适应性是人类应对复杂多变环境的重要能力。

2. 挑战性

AI 的行为和思维方式主要基于预设的规则与算法，虽然能够通过机器学习和自适应算法来适应不同的任务与场景，但缺乏人类那种真正的灵活性和适应性。在面对突发情况或未知领域时，AI 往往无法像人类那样迅速做出反应并调整自己的策略。

3. 案例分析：AI 灵活性和适应性的尝试与局限

以智能家居系统为例，虽然它们能够根据用户的生活习惯和偏好进行调整和优化，但往往缺乏真正的灵活性和自主性。当用户的需求或环境发生变化时，AI 可能无法像人类那样迅速做出调整并适应新的情况。同样，在自动驾驶领域，AI 虽然能够处理各种道路情况和交通规则，但在面对突发的紧急情况或未知的驾驶环境时，可能无法像人类驾驶员那样迅速做出反应并避免事故。

灵活性和适应性的缺失，限制了 AI 在应对变化和复杂环境时的能力。

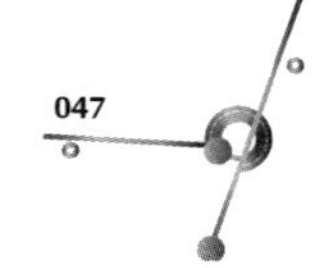

尽管 AI 可以通过学习和优化来提高自己的适应性与灵活性，但在面对新环境和新挑战时，仍然需要人类的智慧和经验来迅速调整自己的策略和行为。因此，在需要灵活性和适应性的领域，人类仍然具有不可替代的地位。

五、意识和自我意识

意识和自我意识，是人类心灵的奥秘。它们使我们能够感知自己的存在，思考自己的思维和情感，并对自己的行为进行反思和评价。相比之下，AI 虽然能够模拟某些人类思维和行为，但缺乏真正的意识和自我意识。

1. 意识和自我意识的核心价值

意识是指个体对外部世界和自身状态的感知与认识，而自我意识则是指个体对自己的存在、思维、情感和行为等方面的认识与反思。这两者是构成人类精神世界的核心要素，对于个人的成长、发展和自我实现具有重要的意义。

2. AI 在意识和自我意识方面的局限

尽管 AI 能够通过模拟人类的思维和行为表现出一定的智能水平，但其缺乏真正的意识和自我意识。AI 无法像人类那样进行真正的感知、认识和反思。因此，AI 无法像人类那样具有真正的自主性和创造性。

3. 案例分析：AI 意识和自我意识的探索与挑战

近年来，虽然一些科学家和研究者尝试探索 AI 的意识与自我意识问题，并提出了一些理论和模型，但这些理论和模型仍然处于初步阶段，无法完全解释和模拟人类的意识与自我意识。例如，一些研究者尝试通过模拟人类的神经网络和大脑结构来探索 AI 的意识问题，但他们仍然无法完全复制和模拟人类的大脑功能与意识状态。同样，一些研究者尝试通过让 AI 进行自我学习和自我优化来探索其自我意识问题，但他们仍然无法让 AI 具有真正的自我认识和自我反思能力。

意识和自我意识的缺失，是 AI 与人类之间最根本的差异之一。尽管 AI 可以通过学习和模拟来表现出一些人类思维和行为的特点，但无法像人类那样具备真正的意识和自我意识。这种差异限制了AI在哲学思考、艺术创作等需要深刻意识和自我意识的领域的应用。

第四节 应用边界：智能应用范围的局限性

尽管AI技术展现出了巨大的潜力，但其应用范围仍然存在着一定的局限性。AI的应用领域广泛，包括智能制造、智慧城市、医疗健康等，但在涉及人类生命安全、隐私保护等敏感领域时，需要谨慎评估其适用性。AI的应用应遵守伦理、法律和社会规范，避免滥用或误用。

一、技术成熟度与限制

技术成熟度是智能应用发展的基石。尽管AI技术在某些领域取得了显著进展，但整体而言，其技术成熟度仍然有限。这主要体现在算法的不完善、模型的可解释性差、对复杂环境的适应能力不足等方面。

1. 案例剖析

自动驾驶技术：自动驾驶汽车是AI技术的重要应用之一。然而，由于技术成熟度不足，自动驾驶汽车在面对复杂交通环境、恶劣天气条件及突发状况时，仍然难以做出准确、及时的决策。这导致自动驾驶技术的推广和应用受到了一定的限制。

医疗诊断系统：AI在医疗诊断领域的应用也面临着技术成熟度的挑战。尽管AI能够辅助医生进行一些疾病的初步筛查和诊断，但在面对复杂病例和罕见病时，AI的诊断准确率仍然有待提高。此外，AI诊断系统的可解释性差，也限制了其在医疗领域的广泛应用。

2. 深度探讨

技术成熟度的限制是智能应用发展的主要瓶颈之一。为了克服这一局限性，我们需要不断加强AI技术的研究和开发，提高算法的性能和准确性。同时，我们还需要关注AI技术的可解释性和透明度，以增强公众对AI技术的信任和接受度。

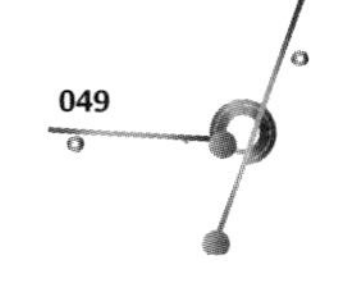

二、数据质量与可用性

在实际应用中，数据的质量和可用性往往成为制约AI技术发展的关键因素。

1. 案例剖析

金融风控系统：金融风控系统需要依赖大量的用户数据来进行风险评估和预测。然而，在实际操作中，由于数据质量参差不齐、数据缺失严重等问题，导致风控系统的准确性受到影响。这不仅增加了金融机构的风险敞口，也限制了AI技术在金融风控领域的广泛应用。

智能推荐系统：智能推荐系统需要根据用户的历史行为和偏好来推荐相关的内容或产品。然而，如果用户的历史数据不足或质量不高，推荐系统的准确性就会大打折扣。这不仅会影响用户的体验，也会降低推荐系统的商业价值。

2. 深度探讨

为了提高数据的质量和可用性，我们需要加强数据的采集、清洗和整合工作。同时，我们还需要关注数据的隐私和安全问题，确保数据的合法、合规使用。此外，我们还可以通过引入外部数据源或利用迁移学习等技术手段，来扩大数据的覆盖范围和提高数据的多样性。

三、特定场景依赖性

智能应用往往具有特定的场景依赖性。这意味着在不同的场景和环境下，智能应用的效果和准确性可能会有所不同。这种依赖性限制了智能应用的通用性和普适性。

1. 案例剖析

语音识别系统：语音识别系统在不同的语音环境、噪声水平及说话人语速等条件下，其识别准确率会有所不同。例如，在嘈杂的环境中或面对方言口音时，语音识别系统的性能可能会大幅下降。这限制了语音识别系统在复杂场景下的应用。

人脸识别技术：人脸识别技术在不同的光照条件、角度及遮挡情况

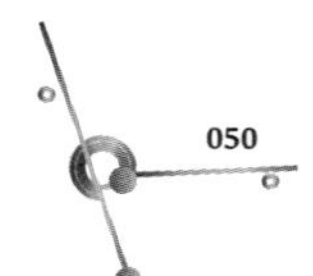

下，其识别准确率也会受到影响。例如，在夜晚或低光照条件下，人脸识别技术的性能可能会显著降低。这限制了人脸识别技术在安全监控等领域的广泛应用。

2. 深度探讨

为了克服特定场景依赖性，我们需要不断加强AI技术的研发和创新，提高其在不同场景下的适应能力和鲁棒性。同时，我们还需要关注场景的多样性和复杂性，针对不同的场景和需求进行定制化的开发与优化。此外，我们还可以通过引入多模态信息融合等技术手段，提高智能应用在不同场景下的准确性和可靠性。

四、硬件条件与成本效益

硬件条件是支撑智能应用运行的基础。然而，在实际应用中，硬件条件的限制往往成为制约智能应用发展的关键因素。同时，成本效益也是考虑智能应用是否可行的重要因素之一。

1. 案例剖析

深度学习模型训练：深度学习模型的训练需要大量的计算资源和存储资源。然而，在实际应用中，由于硬件条件的限制，如GPU数量不足、存储容量有限等，导致深度学习模型的训练时间和成本大幅增加。这限制了深度学习模型实时应用和在大规模数据处理场景下的应用。

智能物联网设备：智能物联网设备需要依赖各种传感器和执行器来实现数据的采集与控制。然而，由于硬件成本的限制，如传感器精度不高、执行器响应速度慢等，导致智能物联网设备的性能和准确性受到影响。这限制了智能物联网设备在智能家居、智慧城市等领域的广泛应用。

2. 深度探讨

为了克服硬件条件和成本效益的限制，我们需要不断加强硬件技术的研发和创新，提高硬件的性能和降低成本。同时，我们还需要关注软硬件的协同优化，通过算法和硬件的深度融合来提高智能应用的效率与准确

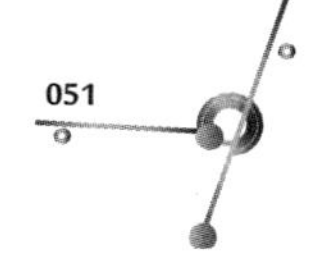

性。此外，我们还可以通过云计算、边缘计算等技术手段，来实现计算资源的共享和优化利用，降低智能应用的成本和门槛。

五、社会接受度与公众意见

社会接受度与公众意见是影响智能应用推广的重要因素。如果公众对 AI 技术持怀疑或抵制的态度，那么智能应用的推广和应用就会受到很大的限制。

1. 案例剖析

人脸识别技术：人脸识别技术在安全监控、身份验证等领域具有广泛的应用前景。然而，由于公众对隐私泄露、数据安全等问题的担忧，导致人脸识别技术在某些地区和领域的推广受到了一定的限制。这影响了人脸识别技术的商业化和社会化进程。

智能客服系统：智能客服系统能够为企业提供高效、便捷的客户服务。然而，由于公众对智能客服系统的信任度不高，以及对人工客服的依赖和习惯，导致智能客服系统在某些行业和领域的接受度较低。这限制了智能客服系统的广泛应用和商业价值。

2. 深度探讨

为了提高社会接受度和公众意见，我们需要加强 AI 技术的科普和宣传工作，提高公众对 AI 技术的认识和了解。同时，我们还需要关注 AI 技术的伦理和道德问题，确保 AI 技术的合法、合规使用。此外，我们还可以通过引入用户反馈机制、提高智能应用的用户体验等方式，来增强公众对智能应用的信任度和接受度。

第五节　风险边界：人工智能的挑战与对策

随着人工智能技术的迅猛发展，其在各个领域的应用日益广泛，为人类带来了巨大的便利和效益。然而，与此同时，AI 也带来了一系列挑战与风险，这些风险不仅关乎技术本身，更涉及数据隐私、算法偏见、技术可靠性及伦理道德等多个方面。

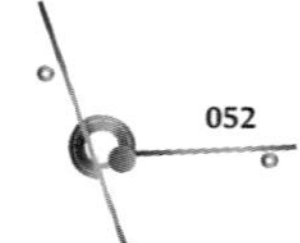

一、数据隐私保护和安全问题

在 AI 时代，数据已成为最宝贵的资源之一。然而，在数据的收集、存储、处理和分析过程中，隐私泄露和安全威胁如影随形，成为 AI 发展的一大障碍。

1. 数据隐私泄漏风险

AI 系统需要大量数据来训练和优化模型，这些数据中往往包含用户的个人信息，如姓名、地址、电话号码等。若这些数据被不当使用或泄露，将给用户带来严重的损失。近年来，多起大型数据泄露事件引发了公众对 AI 数据安全的担忧。例如，某知名社交媒体平台因数据保护措施不力，导致数亿用户的个人信息被泄露。这些泄露的数据可能被用于不法目的，如身份盗窃、金融欺诈等。黑客可能利用泄露的数据进行诈骗或身份盗窃，给用户造成经济损失和名誉损害。

为了应对这一挑战，我们必须加强数据保护措施。首先，应对数据进行加密处理，确保数据传输和存储过程的安全性。其次，应建立严格的数据管理制度，明确数据的使用目的和范围，避免数据的滥用和泄露。最后，还应加强用户教育和培训，提高用户的数据保护意识和技能。

2. 数据安全威胁

AI 系统作为信息技术的前沿阵地，自然也成为黑客攻击的目标。黑客可能通过恶意软件、病毒或网络攻击等手段，窃取、篡改或删除 AI 系统中的数据，导致系统瘫痪或无法正常运行。这不仅会影响用户的正常使用，还可能对用户的信任造成打击。

为了保障 AI 系统的数据安全，我们必须提高系统的安全防护能力。首先，应采用防火墙、入侵检测等安全技术手段，及时发现并应对安全威胁。其次，应定期对系统进行安全检查和评估，确保系统存在的安全漏洞得到及时修复。最后，还应加强与合作伙伴和供应商的安全合作，共同构建安全可靠的 AI 生态系统。

二、AI 算法偏见和歧视

由于 AI 算法是基于数据进行学习和决策的，如果数据本身存在偏见或歧视，那么 AI 算法也可能产生相应的偏见或歧视。这不仅会损害用户的权益，还可能引发社会争议和道德危机。

1. 算法偏见来源

算法偏见主要来源于训练数据的不完整性和不平衡性。在训练过程中，若数据样本缺乏多样性或存在偏见，算法就可能学习到这些偏见，并在决策过程中体现出来。例如，某公司使用 AI 算法进行招聘筛选，结果发现该算法对女性候选人的评价普遍偏低。经过调查，发现是由于训练数据中存在性别偏见导致的。这种偏见可能源于历史数据中的不平等现象，如女性在职场中的晋升机会较少等。还有，在面部识别技术中，不同种族、不同肤色或性别的人脸识别，其准确率也会存在一定差异。这种差异可能源于训练数据的不均衡或算法设计的缺陷。若训练数据主要集中在某一族群或年龄段，算法就可能对其他族群或年龄段的人产生误判或偏见。

为了消除算法偏见，我们必须在算法设计和训练过程中注重数据的多样性和平衡性。首先，应收集广泛的数据样本，确保数据涵盖不同的族群、年龄段、性别等维度。其次，应对数据进行清洗和预处理，去除数据中的噪声和偏见。最后，还应采用公平性评估和调整技术，对算法进行公平性测试和优化，确保其决策结果的公正性。

2. 歧视性决策风险

AI 系统的决策可能涉及用户的切身利益，如贷款审批、职位招聘等。若 AI 系统做出歧视性的决策，如基于种族、性别、年龄等因素的歧视，将严重损害用户的权益和尊严。这不仅会引发用户的投诉和抗议，还可能对 AI 技术的声誉和应用造成负面影响。

为了避免歧视性决策的风险，我们必须建立歧视性决策的检测和纠正机制。首先，应对 AI 系统的决策过程进行透明化处理，让用户了解决策的依据和过程。其次，应建立用户反馈和投诉机制，及时发现并处理歧视性决策的问题。最后，还应加强监管和法规建设，明确禁止歧视性决策的行为，并对违规行为进行严厉处罚。

三、技术可靠性和稳定性

AI 系统的可靠性和稳定性是其长期运行与用户体验的关键。若系统频繁出现故障或性能波动，将严重影响用户的信任和使用意愿。

1. 技术可靠性挑战

AI 系统在实际应用中可能面临各种复杂场景和未知因素，导致其性能下降或失效。例如，在自动驾驶技术中，若系统无法准确识别道路上的障碍物或行人，就可能引发交通事故。这不仅会损害用户的利益，还可能对 AI 技术的推广和应用造成阻碍。

为了提高 AI 系统的技术可靠性，我们必须加强系统的测试和验证工作。首先，应对系统进行全面的功能测试和性能测试，确保其在各种场景下的可靠性和稳定性。其次，应采用先进的测试技术和工具，如模拟测试、压力测试等，对系统进行深入的测试和评估。最后，还应建立故障预警和应急处理机制，及时发现并处理潜在问题，确保系统的持续运行。

2. 稳定性保障需求

AI 系统的稳定性对于其长期运行和用户体验至关重要。医疗 AI 系统在某些疾病的诊断和治疗中具有一定的辅助作用。然而，如果医疗 AI 系统出现误诊或漏诊的情况，就可能对患者的健康和生命造成严重影响。因此，医疗 AI 系统的可靠性和稳定性至关重要。

为了保障 AI 系统的稳定性，我们必须采用高可用的系统架构和冗余设计。首先，应采用分布式系统架构，将系统的功能分散到多个节点上，提高系统的可扩展性和容错能力。其次，应采用冗余设计，如备份服务器、冗余网络等，确保在系统出现故障时能够及时切换和恢复。最后，还应加强系统的监控和维护工作。

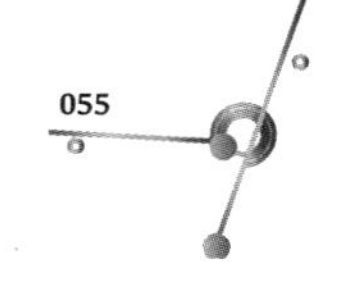

四、AI 思维下的伦理道德考量与法律责任边界

AI 系统的决策和行为不仅关乎技术本身，更涉及伦理道德和法律责任等多个方面。我们必须对这些问题进行深入思考和探讨，以构建负责任的 AI 社会。

1. 伦理道德考量

AI 系统的决策和行为可能涉及生命权、隐私权、自由权等伦理道德问题。例如，在自动驾驶技术中，若系统面临无法避免的碰撞事故时，应如何做出决策以最大程度地保护乘客和行人的安全？这是一个涉及生命权的伦理问题。又如，在面部识别技术中，若系统被用于监控和追踪个人行为时，应如何保护用户的隐私权和自由权？这是一个涉及隐私权和自由权的伦理问题。

为了应对这些伦理道德考量，我们必须建立 AI 伦理准则和道德规范。首先，应明确 AI 系统的行为准则和道德底线，确保其在决策和行为过程中遵循伦理原则。其次，应加强 AI 伦理教育和培训，提高从业人员的伦理意识和责任感。最后，还应建立伦理审查和监督机制，对 AI 系统的决策和行为进行伦理审查和监督，确保其符合伦理道德要求。

2. 法律责任边界

AI 系统的决策和行为可能导致法律纠纷与责任问题。例如，因 AI 系统错误导致的损害事故、因算法偏见导致的歧视性决策等，都可能引发法律纠纷和责任追究。然而，由于 AI 技术的复杂性和新颖性，现有的法律体系可能无法完全适应 AI 时代的发展需求。

为了明确 AI 系统的法律责任边界，我们必须加强法律法规建设。首先，应明确 AI 系统的法律责任主体和追责机制，确保在发生问题时能够及时追究相关责任。其次，应完善 AI 领域的法律体系，制定针对 AI 技术的专门法规或规章，为 AI 系统的合法合规运行提供法律保障。最后，还应加强国际合作和交流，共同推动 AI 领域的法律法规建设和发展。

第三章　AI 教育思维：启迪未来教育新蓝图

传统的教育机构都是围绕教师、教材、图书馆三驾马车模式建设起来的，在人工智能时代必将被淘汰。AI 会重构学校和教学模式。AI 教育思维是提高学生创新能力，促进学生全面发展。AI 教育思维，作为一种全新的教育理念与模式，正引领着教育体系的深刻变革，它不仅是一种技术手段的革新，更是对教育本质、目的、方式及未来人才培养方向的重新思考与定位。逆水行舟，不进则退。面对 AI 技术的迅猛发展，教育要以未来为导向，调整教育目标，融入 AI 元素，创新教学方法，以培养适应 AI 时代需求的社会精英。

第一节　学习方式革命：如何学比学什么更重要

在 AI 时代，简单的记忆和复述已不再是教育的核心竞争力。面对日新月异的知识体系和复杂多变的社会需求，更重要的是培养学习者的批判性思维、创新能力和解决问题的能力。昨天的学生，坐在教室里听老师讲课；今天的学生，在平台上寻找适合自己的老师；明天的学生，将学习大模型；而未来的学生，将与机器人进行互动学习。AI 教育通过模拟真实场景、设计复杂任务等方式，引导学习者进行深度思考和实践，从而培养其高阶思维能力。面对海量的学习资源，学习者如何高效筛选、吸收并转化

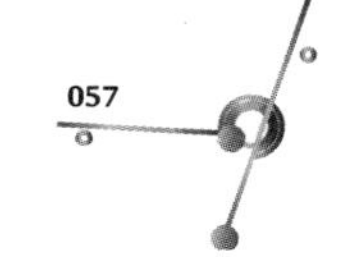

为自身能力，成为比单纯追求知识广度更为紧迫的课题。因此，“如何学”比“学什么”显得更为重要。

一、个性化学习的兴起

AI 技术的引入，使得个性化学习成为可能。通过大数据分析学生的学习行为、兴趣偏好、能力水平等信息，AI 能够精准推送适合每个学生的教学内容和难度，实现“因材施教”。这种学习方式打破了传统填鸭式教育的桎梏，让每个学生都有机会找到适合自己的学习节奏和方式，从而极大地提升了学习兴趣和学习效率。

1. 传统教育的局限与挑战

回顾过去，传统教育模式往往采用“一刀切”的教学方式，即教师根据既定的教学大纲和教材，以统一的标准向全体学生传授知识。这种模式下，学生的个体差异被忽视，学习兴趣难以激发，学习效率也难以提升。特别是对于那些学习速度较快或较慢、兴趣偏好不同的学生而言，传统教育往往难以满足他们的个性化需求，导致部分学生产生厌学情绪，甚至放弃学习。

然而，在 AI 时代，这种教学模式已经无法满足学生的个性化需求。AI 技术通过大数据分析学生的学习行为、兴趣偏好和学习能力，能够为学生量身定制个性化的学习路径和资源。教师因此能够根据学生的具体情况进行有针对性的辅导，实现真正意义上的因材施教。

2. AI 赋能：个性化学习的可能

AI 技术的引入为教育带来了前所未有的变革机遇。AI 能够精准地识别每个学生的独特需求，并据此为他们量身制订个性化的学习计划和教学资源。这种基于数据驱动的个性化学习方式，正是“人性化学习”的核心所在。

（1）学习行为分析

AI 能够持续跟踪和记录学生的学习行为，包括学习时间、学习进度、

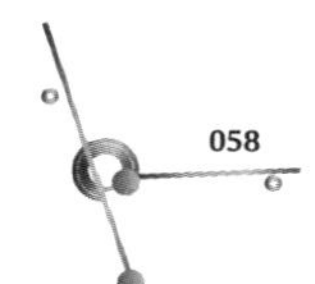

答题正确率等。通过对这些数据的深度分析，AI 可以揭示学生的学习习惯和存在的问题，从而为教师提供有针对性的教学建议。例如，对于频繁出现错误的知识点，AI 可以智能推荐相关的学习资料和练习题，帮助学生巩固理解。这种智能化的辅导方式，不仅提高了学生的学习效率，还减轻了教师的工作负担。

（2）兴趣偏好识别

每个学生都有自己独特的兴趣偏好，这些偏好往往能够激发他们的学习动力。AI 通过分析学生的学习记录和互动行为，可以较为准确地识别出学生的兴趣点。基于此，AI 可以为学生推荐符合其兴趣爱好的学习内容和学习方式，让学习变得更加有趣和高效。这种个性化的推荐方式，不仅提升了学生的学习兴趣，还增强了他们的学习参与度。

（3）能力水平评估

AI 还能够通过智能测评系统对学生的能力水平进行全面评估。这种评估不仅限于知识点的掌握情况，还包括学生的思维能力、解决问题的能力等多个维度。基于评估结果，AI 可以为学生制定差异化的学习目标和学习路径，确保每个学生都能在适合自己的难度下逐步提升。这种精准化的教学方式，不仅提高了学生的学习效果，还促进了他们的全面发展。

3. 人性化学习的实践案例

（1）智能课堂

在一些先进的学校中，智能课堂已经成为现实。课堂上，AI 助教能够根据学生的实时反馈调整教学节奏和难度，确保每个学生都能跟上进度。同时，智能课堂还提供了丰富的多媒体教学资源，如虚拟实验、互动游戏等，让学生在轻松愉快的氛围中掌握知识。这种智能化的教学方式，不仅提高了学生的学习兴趣和积极性，还增强了他们的实践能力和创新思维。

（2）混合式学习融合模式

AI 时代的教学不再局限于传统的线下课堂，而是向线上线下相结合的混合式学习模式转变。线上学习平台为学生提供了丰富的学习资源和灵活

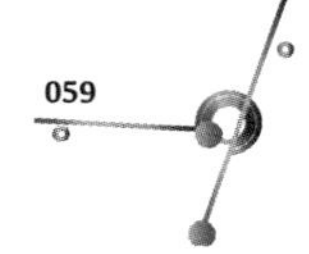

的学习方式，学生可以随时随地进行自主学习和互动交流。而线下课堂则更加注重师生互动、实践操作和深度学习。混合式学习模式的融合，使得教师的教学模式更加多元化和灵活化。教师可以根据课程内容和学生的需求，灵活安排线上线下的教学活动，实现线上线下教学的无缝衔接。这种教学模式不仅提高了教学效果，还培养了学生的自主学习能力和团队协作能力。

（3）智慧教育生态系统

未来，随着 AI 技术的不断成熟和应用场景的拓展，一个更加完善的智慧教育生态系统将逐步形成。在这个系统中，学校、家庭、社区等各方将紧密合作，共同为学生的个性化学习提供支持。AI 将成为连接各方的桥梁，通过数据分析为每个学生提供最适合他们的学习环境和资源。一些在线教育平台开发了智能辅导系统，如基于 AI 的在线辅导老师，能够根据学生的问题提供个性化的解答和辅导，帮助学生解决学习中的困惑。还有利用 AI 技术设计的教育游戏，如《数学王国大冒险》《编程猫》等，通过游戏化的学习方式激发学生的学习兴趣，让学生在游戏中掌握知识，提高学习效率。这些案例展示了 AI 技术在教育领域的人性化应用，通过个性化的学习方式和丰富的教学资源，为学生提供更加适合他们的学习环境和体验。

4. 案例分享：科大讯飞星火教育认知大模型赋能数字化教学

（1）案例背景

科大讯飞自主研发的星火教育认知大模型在教育领域的应用取得了显著成效。该模型结合教育领域的核心应用场景，如教师备授课、作文讲评、英语口语练习等，推出了星火教学助手、星火讲评、星火语伴等教育智能工具。这些工具通过 AI 技术为教师和学生提供了更加便捷、高效的教学与学习体验。

（2）具体应用

教师备授课：星火教师助手为教师提供了全面的教学设计支持，包括各环节的具体内容和相关素材。它能够即刻生成课件，提高备课效率。同时，该助手还能够根据学生的学习情况和反馈，为教师提供个性化的教学建议，帮助教师更好地调整教学策略。

作文讲评：通过AI技术，星火讲评实现了英文作文的自动批改。它能够快速准确地识别出作文中的语法错误、拼写错误及表达不清的地方，并给出具体的修改建议。这一功能不仅释放了教师的时间，让他们更专注于教学和个别指导，还提高了学生的写作能力和自我修正能力。

英语口语练习：星火语伴提供了基于AI的英语口语练习平台。它能够模拟真实的对话场景，与学生进行互动练习。通过不断的练习和反馈，学生的口语表达能力得到了显著提升。同时，该平台还能够根据学生的口语水平和需求，提供个性化的练习计划和资源。

（3）成果展示

截至2024年5月，科大讯飞星火教师助手已覆盖广东省584所学校，包括广东广雅中学等省内知名中学。这些学校通过运用数字化教学工具，显著提升了教师备课效率、教学精准度，并激发了学生的学习兴趣。具体来说，教师在使用星火教师助手后，备课时间减少了30%以上，教学效率提高了20%以上。同时，学生的学习成绩和口语表达能力也得到了显著提升。这一成果充分展示了AI技术在教育领域的人性化应用和价值。

二、学习场景的多元化

AI技术还推动了学习场景的多元化发展。除了传统的教室学习，学生可以通过虚拟现实（VR）、增强现实（AR）等技术，身临其境地体验历史事件、科学实验、地理探险等，使学习变得更加生动有趣，不再局限于传统的教室之中，而是跨越了时空的界限，呈现出多元化的新面貌。同时，在线教育平台的兴起，让学生可以随时随地进行学习，打破了时间和空间的限制，实现了学习的自由与灵活。

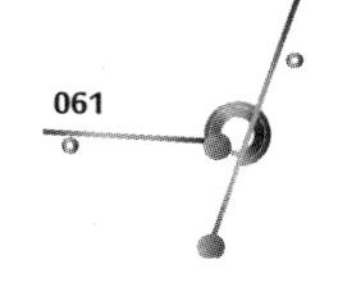

1. 传统教室的智能化升级

AI 技术的引入并没有摒弃传统的教室学习环境，相反，它正在对传统教室进行智能化的升级。在智能教室中，AI 助教、智能黑板、互动投影等高科技设备已成为标配。AI 助教能够根据学生的课堂表现和学习数据，实时调整教学策略，为学生提供个性化的学习指导。这种个性化的教学方式有助于满足学生的不同学习需求，提高学习效果。

智能黑板则能够将复杂的知识点以图像、动画等形式生动呈现，帮助学生更好地理解和记忆。与传统的黑板相比，智能黑板更加直观、生动，能够激发学生的学习兴趣和积极性。而互动投影技术则让师生之间的互动更加频繁和高效，营造出更加活跃的课堂氛围。这种互动式的教学方式有助于增强学生的参与感和归属感，提高课堂教学的质量和效率。

2. 虚拟现实与增强现实的沉浸式学习

VR 和 AR 技术的不断发展，为学生提供了身临其境的学习体验。通过 VR 和 AR 技术，学生可以亲身体验历史事件、科学实验、地理探险等丰富多样的学习场景。这种沉浸式的学习方式极大地激发了学生的学习兴趣和好奇心，使他们能够更加直观地感受知识的魅力和力量。

例如，在历史课上，学生可以通过 VR 技术“穿越”回古代，亲眼看见历史事件的发生过程；在地理课上，AR 技术可以将复杂的地理地貌以三维模型的形式呈现在学生面前，帮助他们更好地理解地理概念；而在科学实验课上，VR 和 AR 技术则可以模拟真实的实验环境，让学生在安全的环境中进行实验操作，培养他们的实践能力和创新思维。这种沉浸式的学习方式不仅提高了学生的学习效果，还培养了他们的创新能力和实践能力。

3. 在线教育平台的兴起与普及

在线教育平台的兴起是 AI 技术推动学习场景多元化的重要体现。在线教育平台打破了时间和空间的限制，让学生可以随时随地进行学习。无论是在城市还是乡村，只要有网络连接的地方，学生都可以享受到优质的教育资源。这种灵活的学习方式有助于满足学生的不同学习需求和时间安排。

在线教育平台利用 AI 技术实现了课程的个性化推荐和智能评估。通过分析学生的学习数据和兴趣偏好，平台能够为学生推荐最适合他们的学习内容和学习方式。这种个性化的推荐有助于提高学生的学习效率和满意度。同时，智能评估系统还能够对学生的学习成果进行实时反馈和评估，帮助他们及时发现问题并调整学习策略。这种及时的反馈和评估有助于促进学生的自我反思与进步。

4. 未来展望：学习场景的无限可能

随着 AI 技术的不断发展和创新应用，我们可以预见未来学习场景将呈现出更加多元化和个性化的趋势。未来的学习将不再受限于任何一种特定的场景或形式，而是可以根据学生的需求和兴趣进行自由选择与组合。例如，学生可以在家中通过虚拟现实技术参加全球顶尖大学的在线课程；在户外通过增强现实技术探索自然奥秘；在博物馆通过智能导览系统深入了解历史文化；在图书馆通过智能推荐系统发现感兴趣的书籍和资料……这些看似遥不可及的梦想正在逐步变为现实。

三、人工智能助推教学模式升级与转变

本部分将深入探讨人工智能如何助推教学模式的升级与转变，以及这一转变对教育领域带来的深远影响。

1. 教学资源的自动生成

（1）备课相关任务的自动完成

人工智能在教学资源生成方面发挥着重要作用。它能够自动完成教师备课相关任务，如提供教学大纲、教案和课件等教学资源。通过分析大量的教学资源和学习材料，人工智能能够生成符合课程要求和学生需求的教学内容，从而减轻教师的工作负担，提高备课效率。

（2）教学资料的多模态内容生成

人工智能可以生成多模态的教学资料，包括文字、图片、音频和视频等。例如，在学习英语时，人工智能可以根据学生的学习内容和学习目

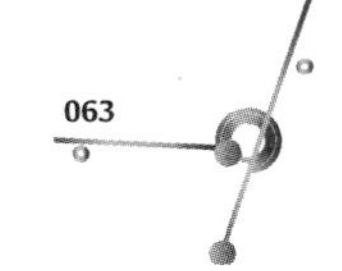

标，生成符合学生水平与兴趣的英语文章、图片和音频资料，帮助学生提高听说读写的能力。

2. 教师教学的智能辅助

（1）模拟多角色对话和回答

人工智能可以扮演不同的角色，与教师进行模拟对话和回答。通过与人工智能的对话，教师可以获得借鉴和指导，改进教学方法和策略。同时，人工智能还可以为教师提供多样化的教学案例和实例，并帮助教师解答学生的问题和困惑。

（2）教学任务的自动生成和调整

人工智能可以根据教师的教学目标和学生的学习进度，自动生成适合学生的教学任务和练习。同时，它还可以根据学生的学习情况和表现，调整和优化教学任务的难度及内容，提供个性化的学习支持和反馈。026

3. 人机协同教学效果评估及反馈

（1）教师教学总结及分析的自动化

人工智能可以帮助教师自动进行教学总结和分析。通过分析学生的学习数据和表现，生成式人工智能可以帮助教师了解学生的学习情况和困难，提供合理的教学改进建议。同时，它还可以帮助教师进行教学效果的评估和反馈，提高教学质量。

（2）教学评价和学生表现的综合分析

人工智能可以综合分析学生的学习情况和表现，包括学习进度、学习态度和学习成绩等。通过与学生的对话和互动，生成式人工智能可以对学生的学习态度和学习策略进行评价，并提出相应的改进建议。同时，它还可以帮助教师对学生的学习表现进行综合评估和分析，为教学提供有效的参考和依据。

4. 人工智能助推教学模式升级与转变

人工智能助推教学模式的升级与转变，将对教育领域带来深远影响。

首先，它将极大提高教学效率和教学质量，减轻教师的工作负担，让教师有更多时间和精力去关注学生的个性化需求与发展。

其次，人工智能的引入将使教学方式更加多样化和个性化，能够更好地满足学生的不同学习需求和学习风格。

最后，人工智能还将推动教育领域的创新和发展，为未来的教育提供更多可能性和机遇。

总之，人工智能正在深刻改变着传统的教学模式和方法，推动着教学模式的升级与转变。这一转变将对教育领域带来深远影响。我们应该积极拥抱这一变化，探索更多人工智能与教育相结合的创新应用，为学生的学习和发展创造更加美好的未来。

四、教师岗位角色重新定位

个性化教学的兴起，使得教师的教学工作更加精细化和高效化。教师可以利用AI技术提供的学习数据分析报告，了解每个学生的学习状况和学习风格，从而调整教学策略，为学生提供更加精准和有效的指导。这种教学模式不仅提高了学生的学习兴趣和积极性，还促进了学生的全面发展。AI技术的引入不仅改变了传统的教学模式，更对教师的岗位角色定位提出了新的要求和挑战。

1. 从知识传播者到学习能力引导者

在AI时代，知识的获取变得异常便捷和高效。智能学习平台的涌现，使学生能够自主获取大量信息。因此，教师的角色不再局限于传统的知识传授者。相反，他们需要更加注重培养学生的学习能力，引导他们学会如何学习、如何思考、如何解决问题。

作为学习能力引导者，教师的任务变得更为复杂和多元。他们需要帮助学生掌握有效的学习方法和策略，培养他们的自主学习能力与批判性思维能力。这意味着教师不仅要传授知识，还要关注学生的学习过程和学习效果，及时给予反馈和指导，帮助他们克服学习中的困难和挑战。为了实现这一目标，教师需要不断学习和掌握新的教学理念与技巧，以更好地引

导学生的学习和发展。

2. 情感辅导者的角色

尽管 AI 技术为学生提供了丰富的学习资源和便捷的学习方式，但情感教育仍然是教育过程中不可或缺的一部分。教师的关怀、理解和支持对学生构建积极的情感态度、增强自信心和自尊心具有至关重要的作用。因此，教师需要承担起情感辅导者的角色，关注学生的情感需求和心理变化，为他们提供必要的心理支持和引导。

作为情感辅导者，教师需要学会倾听学生的心声，理解他们的困惑和烦恼。需要通过沟通和交流，帮助学生建立积极的情感态度和价值观，培养他们的同理心和社交能力。这不仅能够促进学生的全面发展，还能够增强师生之间的情感联系和信任感。为了实现这一目标，教师需要不断提升自己的情感辅导能力，以更好地满足学生的情感需求。

3. 创新推动者的角色

AI 技术的引入为教育创新提供了无限可能。教师需要积极适应这种变化，成为教育创新的推动者。他们需要不断学习和掌握新技术、新方法，并将其融入教学实践中去，创造出更加符合时代需求、更加符合学生特点的教学模式和教学方法。

作为创新推动者，教师需要关注教育领域的最新动态和发展趋势，了解新技术、新方法的应用场景和效果。他们还需要积极参与教育教学改革和实践活动，探索新的教学模式与教学方法。例如，利用 AI 技术进行个性化教学、利用虚拟现实技术进行沉浸式学习等。通过不断创新和实践，教师可以为教育的未来发展贡献智慧与力量。

五、AI 时代教师面临的挑战与应对策略

1. 挑战一：技术适应与能力提升

AI 技术的快速发展对教师提出了更高的技术要求。教师需要不断学习和掌握新技术、新方法，以便更好地将其应用于教学实践中。然而，对于

许多教师来说，技术适应和能力提升是一个巨大的挑战。

应对策略：教师可以通过参加专业培训、自主学习和实践操作等方式来提升自己的技术能力和教学水平。同时，学校和教育机构也应该为教师提供更多的技术支持与资源保障，帮助他们更好地适应AI时代的教学需求。

2. 挑战二：角色转变与身份认同

AI时代教师的角色定位发生了深刻的变化，从单一的知识传播者转变为学习能力引导者、情感辅导者、创新推动者等多重身份。这种角色转变需要教师重新审视自己的职业定位和价值追求，并适应新的教学环境和要求。

应对策略：教师可以通过反思自己的教学实践和经验积累来明确自己的角色定位与价值追求。同时，教师还需要积极与同行交流和学习，分享彼此的教学经验和心得体会，共同探索适应AI时代的教学方法和策略。

3. 挑战三：教育公平与资源均衡

AI技术的引入虽然为教育创新提供了无限可能，但也可能加剧教育资源的不均衡现象。一些优质的教育资源和智能学习平台可能只被少数学生所享有，而大多数学生则无法获得同等的学习机会和资源。

应对策略：政府和教育机构应该加大对教育资源的投入与分配力度，确保每个学生都能够获得优质的教育资源和智能学习平台。同时，教师也应该积极挖掘和利用各种教育资源，为学生提供更加全面和个性化的学习支持与服务。

总之，AI时代为教师教学模式的转变和岗位角色定位提出了新的要求与挑战。教师需要不断提升自己的技术能力和教学水平，同时关注学生的情感需求和心理变化，成为学生学习过程中的引导者和伙伴。只有这样，教师才能在AI时代的教育舞台上绽放出更加璀璨的光彩，为学生的全面发展贡献自己的力量。

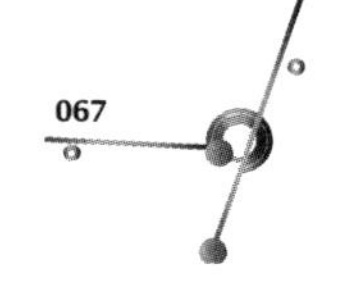

第二节　强化 AI 能力，提升智能时代核心竞争力

在智能时代的大潮中，AI 教育思维如一股清流，引领着教育的深刻变革。它不仅关注学生的知识技能掌握，更将焦点对准了学生的全面发展，尤其是 AI 能力的提升。计算编程能力、数据分析能力、计算思维能力、工具选择能力及模型应用能力，这些构成了智能时代核心竞争力的关键要素，也是每一个学生应当着力培养和提升的能力。

一、计算编程能力：通往智能世界的钥匙

1. 计算编程的核心地位

计算编程能力，这把通往智能世界的钥匙，正在逐渐展现出其无与伦比的重要性。它不仅是计算机科学的核心，更是连接现实世界与数字世界的桥梁，让无形的算法和数据转化为改变世界的力量。

2. 计算编程的普及与教育创新

在 AI 技术的推动下，计算编程已经不再是专业领域的专属技能，它正逐渐普及到更广泛的教育领域，成为培养学生逻辑思维、问题解决能力和创新思维的重要手段。想象一下，当学生们通过项目式学习、游戏化学习等方式，亲手编写出一个个充满创意的程序，解决一个个实际问题时，他们眼中的光芒和心中的成就感，便是计算编程教育最好的注脚。

3. 计算编程的实践与资源

以 Scratch 编程平台为例，这个平台以其图形化的界面和拖拽式的编程方式，大大降低了编程的门槛，使得小学生也能轻松上手。通过在这个平台上创作动画、游戏等作品，学生们不仅学会了编程的基本语法和逻辑，还培养了他们的创造力和团队合作精神。

随着在线编程平台、开源社区等资源的不断丰富，学生们可以在更加开放、灵活的学习环境中自主学习、合作探究，不断提升自己的计算编程能力。他们可以在 GitHub 上浏览和学习开源项目，也可以在 CodePen 上与其他编程爱好者交流心得，共同进步。

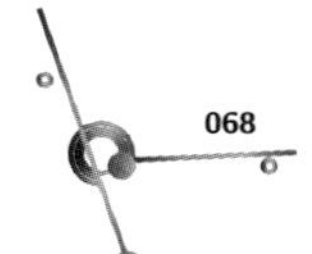

二、数据分析能力：洞察未来的慧眼

1. 数据分析能力的重要性

在AI时代，数据是驱动一切决策和创新的关键因素。因此，数据分析能力成为一项至关重要的技能。它要求学生能够像侦探一样，收集、整理、分析并解释数据，从中发现有价值的信息和规律，为决策提供支持。

2. 数据分析能力的培养与实践

AI教育思维倡导将数据分析能力融入课程体系之中，通过数据科学、机器学习、统计学等课程的学习，让学生掌握数据分析的基本理论和方法。但更为重要的是，要让学生通过实际案例分析和项目实践，亲身体验数据分析的过程和乐趣，培养他们的数据敏感性与批判性思维。

比如，在一个关于电商用户行为分析的项目中，学生们需要收集用户的浏览、点击、购买等数据，然后运用数据分析的方法，找出用户的购买偏好和行为模式，为电商平台的商品推荐策略提供优化建议。在这个过程中，学生们不仅学会了如何运用数据分析工具，还学会了如何从数据中提炼出有价值的信息，为实际问题提供解决方案。

3. 数据分析能力的未来展望

随着大数据技术的普及和应用，学生们还应学会运用大数据工具和平台，进行更复杂、更深入的数据分析。这将为他们未来的职业发展打下坚实的基础，无论是在金融、医疗、教育还是其他领域，数据分析能力都将成为他们脱颖而出的重要武器。

三、计算思维能力：构建智能世界的基石

1. 计算思维能力的核心地位

计算思维能力，这是一种将问题抽象化、模型化，并运用计算机科学知识进行求解的能力。它是AI技术的核心之一，也是学生应对未来挑战的关键能力。在智能时代，计算思维能力不仅是一种技能，更是一种思维方式，它能够帮助学生们更好地理解和解决复杂的问题。

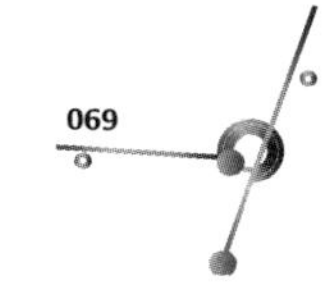

2. 计算思维能力的培养与实践

AI 教育思维强调，计算思维能力应贯穿于整个教育过程之中。从基础教育阶段开始，就应注重培养学生的逻辑思维、抽象思维和问题解决能力。通过算法设计、程序实现、系统优化等实践活动，让学生们体验计算思维的魅力和力量。

在物理学中，学生们可以运用计算思维模拟物理实验过程，通过编写程序来模拟物体的运动轨迹和碰撞效果，这样不仅能够加深对物理原理的理解，还能够锻炼他们的计算思维能力。在生物学中，学生们可以运用计算思维分析基因序列数据，通过编写算法来找出基因中的特定模式或突变点，为疾病的诊断和治疗提供有力支持。

3. 计算思维能力的未来展望

这样的教学方式不仅能够提升学生的计算思维能力，还能够增强他们的跨学科素养和创新能力。在未来的智能世界中，那些具备强大计算思维能力的人能够更好地应对各种挑战和机遇，成为推动社会进步的重要力量。

四、工具选择能力：驾驭智能工具的钥匙

1. 工具选择能力的重要性

在 AI 时代，各种智能工具层出不穷，为学生们提供了丰富的学习资源和工具选择。然而，如何在众多工具中选择最适合自己的那一个，成为学生们需要面对的重要问题。这就像一位厨师在面对琳琅满目的厨具时，需要知道如何选择最满足自己烹饪需求的刀具和锅具。

2. 工具选择能力的培养与实践

AI 教育思维强调培养学生的工具选择能力。这要求学生不仅要了解各种智能工具的功能和特点，还要能够根据自己的学习需求和目标，选择最合适的工具进行学习和实践。为了提升学生的工具选择能力，教育可以引入工具评估和使用指导课程，帮助学生了解不同工具的优势和局限性；同时，通过实际案例和项目实践，让学生体验不同工具的使用效果。

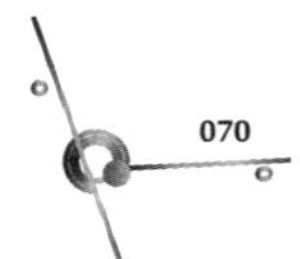

比如，在一个关于图像处理的项目中，学生们需要选择适合的图像处理工具来完成任务。他们可以通过比较不同工具的界面友好性、功能丰富性、处理速度等方面来做出选择。在这个过程中，学生们不仅学会了如何选择合适的工具，还学会了如何根据任务需求来灵活调整工具的使用方式。

3. 工具选择能力的未来展望

通过这样的实践过程，学生们将逐渐培养出敏锐的洞察力和判断力，能够在众多智能工具中迅速找到最适合自己的那一个。这将为他们在未来的学习和工作中带来巨大的便利与优势。

五、模型应用能力：实现 AI 价值的桥梁

1. 模型应用能力的重要性

模型应用能力是指学生能够根据实际需求选择合适的 AI 模型，并进行有效的部署和应用的能力。它是将 AI 技术转化为实际生产力的关键环节，也是学生们在智能时代中脱颖而出的重要能力。

2. 模型应用能力的培养与实践

AI 教育思维鼓励学生参与实际项目，通过项目实践锻炼自己的模型应用能力。在项目中，学生们需要像工程师一样，了解不同 AI 模型的原理、特点和应用场景；学会使用模型训练工具、评估指标和优化方法；掌握模型部署和运维的基本技能。

比如，在一个关于智能客服的项目中，学生们需要选择合适的自然语言处理模型来实现客服的自动回复功能。他们需要通过训练和优化模型来提高回复的准确性和效率，并将模型部署到实际的客服系统中进行测试和运行。在这个过程中，学生们不仅学会了如何选择和应用 AI 模型，还学会了如何将模型与实际业务需求相结合，为实际问题提供有效的解决方案。

3. 模型应用能力的未来展望

为了进一步提升学生的模型应用能力，还可以引入行业导师和专家

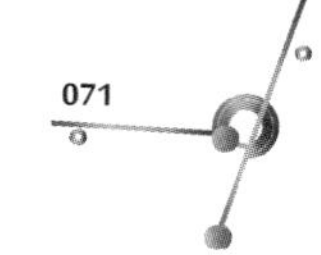

资源为学生提供更加专业、深入的指导和支持。通过与行业内的专家和导师交流学习，学生们可以更加深入地了解 AI 技术的应用场景与发展趋势，为自己的未来职业发展做好充分的准备。

综上所述，强化 AI 能力、提升智能时代核心竞争力是每一个学生和教育者应当共同努力的目标。通过培养计算编程能力、数据分析能力、计算思维能力、工具选择能力及模型应用能力等关键要素，学生们将能够更好地适应智能时代的发展需求，成为推动社会进步和创新的重要力量。让我们携手共进，为培养更多具备 AI 核心竞争力的优秀人才而努力！

第三节　教育回归本质，全面发展与创新能力培养

在 AI 时代，教育需要重新定义。教育不再仅仅关注学科知识的传授，而是回归学生的思维能力、创造力、情感和社会技能的全面创新发展。AI 工具不仅是教学的辅助，更是激发创新思维的重要手段。在这个充满机遇与挑战的新时代，教育作为社会进步的基石，其内涵与外延正经历着深刻的重构。AI 教育思维，作为一种新兴的教育理念，不仅关注学生知识与技能的掌握，更强调学生全面发展的重要性，特别是加强自我认知能力、自我学习能力、自我创新能力、自我驱动能力及自我成长能力等综合能力的提升。

一、自我认知能力：探索内心的指南针

在 AI 时代，信息爆炸成为常态，学生面临着前所未有的选择与挑战。在这样的背景下，自我认知能力显得尤为重要。自我认知能力是指个体对自己的认知、情感、动机、价值观等方面的理解和评价能力。拥有清晰的自我认知对于个人定位、目标设定及策略调整至关重要，可以在学习和生活中做出更加明智的选择。

1. 多元方式促进自我认知

AI 教育思维鼓励学生通过自我反思、心理测评、同伴评价等多种方

式，深入了解自己的兴趣、优势、劣势及潜能。例如，利用AI技术辅助的个性化测评工具，帮助学生精准定位自己的性格类型、学习风格及职业倾向。这些测评工具基于大数据分析，能够为学生提供科学的自我认知依据。

2. 实践中的自我认知

通过项目式学习、团队合作等实践活动，让学生在真实情境中体验成功与失败，从而更加全面地认识自己。比如，在一个机器人编程项目中，学生不仅学习编程技能，还在团队合作中认识到自己的领导力和沟通能力，学会如何设定合理的目标、规划学习路径，并根据实际情况适时调整策略，实现自我优化与提升。

二、自我学习能力：终身学习的加速器

在AI时代，知识更新速度极快，终身学习成为时代的必然要求。自我学习能力，即在没有外界直接指导的情况下，个体能够自主获取知识、理解知识、应用知识并创造新知识的能力。这种能力成为衡量个人竞争力的重要指标。

1. 现代教育技术助力自我学习

AI教育思维通过引入智能教学系统、在线学习平台等现代教育技术，为学生提供了丰富的学习资源和便捷的学习工具。这些技术能够根据学生的学习进度和反馈，动态调整教学内容和难度，实现精准教学。例如，智能教学系统可以根据学生的答题情况，智能推荐相关习题和讲解视频，帮助学生巩固知识点。

2. 从“要我学”到“我要学”

通过项目式学习、翻转课堂等教学模式的创新，让学生在实践中锻炼自主学习能力。比如，在翻转课堂中，学生先通过视频和在线资源自主学习新知识，然后在课堂上与老师和同学讨论、解决问题。这种模式激发了学生的学习兴趣，实现了从“要我学”到“我要学”的转变。

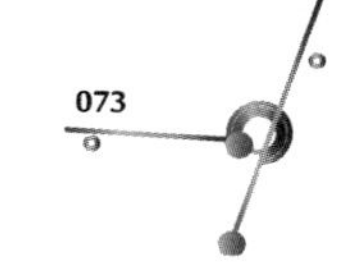

三、自我创新能力：驱动未来发展的引擎

创新是推动社会进步的重要动力。在 AI 时代，创新能力更是成为衡量一个国家或地区竞争力的关键因素。自我创新能力不仅有助于学生在学术研究中取得突破，更能够在未来的职业生涯中为他们赢得更多的机会和竞争优势。

1. 创新教学模式培养创新思维

AI 教育思维注重培养学生的创新思维和实践能力。通过项目式学习、探究式学习等教学模式，让学生在实践中发现问题、分析问题、解决问题。例如，在人工智能课程中，要求学生设计一个解决实际问题的智能系统，从需求分析、系统设计到实现和测试，全程自主完成，从而培养他们的创新思维和解决问题的能力。

2. AI 技术提供创新工具

AI 技术还为学生提供了虚拟实验室、模拟仿真等创新工具，让他们能够在安全、可控的环境中大胆尝试、勇于创新。比如，在虚拟实验室中，学生可以观察化学反应、尝试做物理实验等，不用担心实验失败带来的风险和成本，从而更加敢于尝试和创新。

四、自我驱动能力：激发内在潜能的关键要素

自我驱动能力是指个体在缺乏外部压力或激励的情况下，能够自主设定目标、规划行动并坚持不懈地追求目标实现的能力。在 AI 时代，快速变化的环境要求个体具备高度的自我驱动能力以应对各种挑战和不确定性。

1. 树立远大理想和抱负

AI 教育思维倡导培养学生的自我驱动意识和能力。通过引导学生树立远大的理想和抱负，激发他们的内在动力和追求卓越的信念。例如，邀请行业领袖和成功人士分享他们的奋斗历程与成功经验，激励学生树立远大的职业目标并为之努力。

2. 设立挑战性任务增强自信心

通过设立挑战性的学习任务、提供个性化的学习支持及反馈机制等方式，让学生在实践中体验到成功的喜悦和成就感。比如，设立编程挑战赛、科技创新大赛等，鼓励学生参与并展示他们的成果。

五、自我成长能力：持续进步与终身学习的基石

自我成长能力是指个体在认知、情感、社交及职业等多个方面持续进步和发展的能力。在AI时代，知识更新速度加快、技能迭代周期缩短，终身学习成为适应未来社会的必然选择。因此，培养学生的自我成长能力对于他们的长远发展具有重要意义。

1. 提供多元化的成长路径

AI教育思维关注学生的全面发展和持续成长。通过提供多元化的成长路径和个性化的成长规划支持学生的个性化发展需求。例如，设立不同的学习社团、兴趣小组等，让学生根据自己的兴趣选择适合的成长路径。同时，提供个性化的成长规划指导，帮助学生制订合理的成长计划和目标。

2. 鼓励社会实践与跨文化交流

鼓励学生积极参与社会实践、志愿服务及文化交流等活动以拓宽视野、增长见识并培养跨文化交流与合作的能力。比如，组织学生参与社区服务项目、国际文化交流活动等，让他们在实践中锻炼社交能力、团队合作能力和跨文化交流能力。这些经历不仅丰富了学生的成长历程，还为他们的未来发展奠定了坚实的基础。

第四节　第四产业时代：AI驱动下的精神文化新纪元

AI技术的飞速发展，将替代约90%的传统重复性工作岗位，但这并不意味着大批失业现象的来临。相反，这一变革将解放大量劳动力，使他们从传统生产力的束缚中解脱出来，转而投身于新质生产力的创造与发展。人类社会正逐步迈入一个以精神文化为主导的第四产业时代。预计不

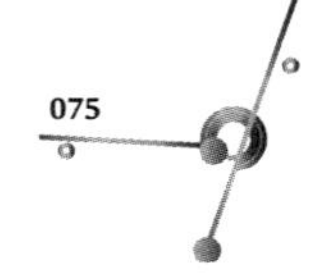

久的将来，第四产业的 GDP 比重将超越第一产业、第二产业、第三产业的总和，其中，创意产业、文化产业、健康产业等新兴领域将成为推动经济增长的全新引擎。

一、第四产业的悄然崛起：创意与文化的时代洪流

第四产业包括文化创意、教育服务、健康养生、休闲娱乐等多个领域。第四产业时代特征是以创意、设计、艺术、教育、娱乐等非物质生产活动为主导，强调人的创造力、想象力和情感价值的重要性。在这一背景下，教育体系需要更加注重培养学生的艺术修养、审美情趣和人文素养，为他们未来在第四产业中的发展打下坚实的基础。

1. 第四产业的定义与特征

第四产业，又称知识产业或信息产业，是相对于传统的第一产业（农业）、第二产业（工业）和第三产业（服务业）而言的。它是指那些以知识和信息为主要内容，以智力劳动为生产方式的产业。这些产业通常包括教育、咨询、科研、文化创意、信息技术服务等领域，其核心特征是以创意和创新为驱动力，以知识产权为核心竞争力。第四产业具有以下特征。

①高度创意与创新：第四产业的核心在于不断的创意和创新，它依赖于人的智慧和想象力，通过不断推陈出新来满足人们对美好生活的追求。

②高附加值：由于产品和服务的高度创意性与技术含量，第四产业往往能创造出更高的附加值，为企业和社会带来更大的经济效益。

③智力密集型：与传统的劳动和资本密集型产业不同，第四产业更加依赖于智力和知识的投入，因此也被称为智力密集型产业。

④融合性：第四产业与其他产业之间存在着紧密的联系和融合，它的发展需要第一产业和第二产业提供的基础资源与物质条件，同时也为这些产业提供技术支持和智力支持。

⑤社会性与人文性：随着生活水平的提高，人们对精神文化的需求日益增长，第四产业在满足这一需求的同时，也更加注重社会性和人文性的体现。

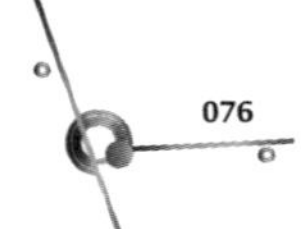

2. 第四产业的背景：消费和经济双轮驱动

随着大数据、云计算、物联网、人工智能等技术的快速发展，信息技术的广泛应用为第四产业的兴起提供了强大的技术支持。这些技术不仅提高了信息处理和传输的效率，还降低了信息获取和分享的成本，为创意产业的快速发展创造了有利条件。

3. 第四产业的影响与价值

（1）对经济的影响

促进经济增长：第四产业以其高附加值和快速增长的特点，成为推动经济增长的重要力量。它不仅能够创造更多的就业机会，还能带动相关产业的发展，形成产业链和产业集群效应。

优化产业结构：第四产业的发展促进了产业结构的优化升级，推动了传统产业向高端化、智能化、绿色化方向发展。同时，它也促进了服务业的快速发展，提高了服务业在国民经济中的比重。

提高创新能力：第四产业强调创意和创新的重要性，推动了全社会创新能力的提升。这种创新能力不仅体现在技术层面，还体现在管理、制度、文化等多个方面。

（2）对社会的影响

提升生活质量：第四产业的发展为人们提供了更多丰富多彩的文化产品和服务，满足了人们的精神文化需求，提高了生活质量。

促进文化交流：随着全球化进程的加快，第四产业的发展促进了不同国家和地区之间的文化交流与合作，推动了世界文化的多样性和繁荣。

增强社会凝聚力：第四产业强调人文性和社会性的体现，通过文化、教育等方式增强了社会的凝聚力和向心力。

二、人工智能与精神文化产业融合发展

第四产业时代的到来，不仅改变了经济结构和产业结构，更深刻地影响着社会的方方面面。在这个时代，不同领域、不同文化之间的交流和融

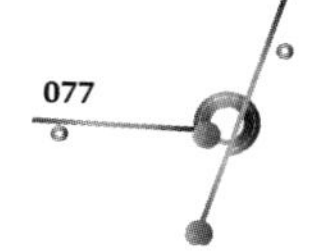

合变得更加频繁与深入。人们通过数字平台分享着彼此的思想与情感，共同探索着人类文明的无限可能。

1. 人工智能在精神文化产业中的现状

（1）内容创作与生产的智能化

随着 AI 技术的不断进步，内容创作与生产领域正经历着深刻的变革。传统的艺术创作往往需要艺术家投入大量的时间和精力，而 AI 技术则能够模拟人类创作过程，快速生成具有艺术价值的内容。例如，AI 绘画、AI 音乐创作等已逐渐进入大众视野，成为文化市场的新宠。这些作品不仅具有独特的艺术风格，还能根据观众的喜好进行个性化调整，极大地满足了人们多样化的文化需求。

（2）文化传播的精准化与个性化

在文化传播方面，AI 技术同样发挥着巨大作用。通过大数据分析和智能推荐算法，AI 能够精准地把握用户的兴趣和需求，将合适的内容推送给目标受众。这种个性化的推荐系统不仅提高了内容传播的效率，也使得文化产品能够更好地满足市场需求。同时，AI 技术还实现了跨平台、跨媒介的内容传播，为文化产业的发展提供了更广阔的空间。

（3）文化体验的沉浸式与互动性

在文化体验方面，AI 技术与虚拟现实、增强现实等技术的结合，为用户带来了全新的沉浸式体验。用户能够身临其境地参与到虚拟的文化场景中，获得前所未有的参与感和沉浸感。这种体验方式不仅提高了用户的满意度，也使得文化产品更具吸引力。此外，AI 技术还能根据用户的反馈进行实时调整，优化体验效果，进一步提升用户的满意度。

2. 人工智能与精神文化产业融合发展的机遇

（1）推动文化产业创新升级

AI 技术的引入为文化产业带来了全新的创作思路和生产方式。通过结合 AI 技术，文化产业可以突破传统模式的限制，实现更加高效、精准和个性化的创作与生产。这不仅有助于提升文化产品的质量和竞争力，也有助于推动文化产业的创新升级和可持续发展。

（2）拓展文化产业市场边界

AI技术的跨平台、跨媒介传播能力为文化产业带来了更广阔的市场空间。通过AI技术的赋能，文化产业可以打破地域、时间和媒介的限制，实现全球范围内的传播和覆盖。这不仅有助于提升文化产业的国际影响力，也有助于促进文化产业的全球化发展。

（3）提升文化产业服务水平

AI技术的智能化和个性化特点为文化产业提供了更加高效、便捷和个性化的服务。通过AI技术的辅助，文化产业可以更好地满足用户的多元化需求，提供更加精准、贴心的服务体验。这不仅有助于提升用户的满意度和忠诚度，也有助于促进文化产业的健康稳定发展。

在第四产业时代，创意不再是夜空中偶尔划过的流星，而是成为照亮前行道路的璀璨灯塔；艺术不再局限于传统的画布与舞台，而是借助数字技术的力量，滋养着人们干涸的心田；数字艺术家们用代码编织梦幻，用算法描绘未来，创造出令人叹为观止的视觉盛宴。娱乐不再只是消遣时光的方式，而是成为展现个性、释放压力的重要途径。

三、重塑教育体系，培育创意与人文之魂

第四产业时代，是一个知识密集、创意无限的时代。在这个时代，机器将承担更多重复性、机械性的工作，而人类则专注于那些需要创造力、想象力和情感投入的领域。这意味着，未来的社会将更加重视个体的独特性、创新能力和情感价值。面对这一变革，教育体系作为社会进步的基石，必须积极调整方向，更加注重培养学生的艺术修养、审美情趣和人文素养，为他们在未来的第四产业时代中展翅高飞奠定坚实的基础。

1. 强化艺术教育，激发创造力

艺术教育在第四产业时代中扮演着至关重要的角色。它如同一把钥匙，能够开启学生心灵的窗户，让他们感受到美的力量，激发他们的创造力和创新精神。因此，教育体系应加大对艺术教育的投入，将艺术教育纳

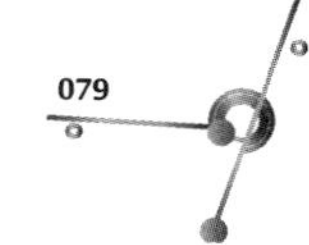

入必修课程，让每一个学生都能接受到系统的艺术熏陶。无论是绘画、音乐、舞蹈还是戏剧，都能成为学生表达自我、探索世界的独特方式。同时，鼓励跨学科融合，将艺术元素融入其他学科教学，让学生在数学中感受图形的韵律，在科学中探索自然的和谐，让艺术的光芒照亮每一个角落。

2. 注重人文教育，培养同理心

人文素养是第四产业时代人才不可或缺的品质。它关乎人的道德观念、价值判断和社会责任感。在这个时代，技术的飞速发展可能会带来一些伦理和道德的挑战，因此，教育体系应强化人文教育，通过文学、历史、哲学等学科的学习，引导学生深入思考人生、社会和宇宙的意义，培养他们的同理心和人文关怀。让学生在阅读经典文学作品时，体会人性的复杂与美好；在学习历史时，理解不同文化的交融与碰撞；在探讨哲学时，思考生命的意义与价值。这样的人才，在未来的工作中将更加注重社会责任和伦理道德，为社会的和谐发展贡献力量。

3. 推动创新教育，培养实践能力

创新是第四产业时代的灵魂。在这个时代，创新不仅是一种能力，更是一种生活态度。教育体系应致力于培养学生的创新意识和实践能力，为他们提供丰富的实践机会和平台。通过项目式学习、探究式学习等方式，让学生在实践中发现问题、解决问题，培养他们的创新思维和解决问题的能力。

第四产业时代的到来，为人类社会带来了前所未有的机遇和挑战。在这个时代里，每个人都是参与者、创造者与享受者。教育体系作为社会进步的推动者，必须积极应对这一变革，通过强化艺术教育、注重人文教育和推动创新教育等方式，培养出既具备专业知识又拥有艺术修养和人文素养的复合型人才。这样的人才将能够在未来的社会中发挥更大的作用，推动人类文明的进步。

第五节　职业结构变革：社会成员生存技能重新定位

在 AI 驱动的未来社会，职业结构将发生深刻变化，许多传统岗位将

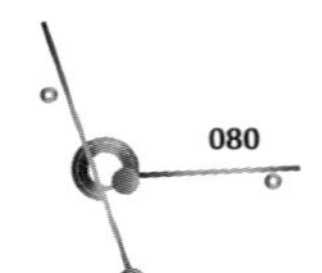

消失或被替代，而新的职业和岗位将不断涌现。机器人是未来主要劳动力，具身智能机器人能把人解放出来，人才有更好的创新思维与精神追求。面对这一变革，社会成员的生存能力迫切需要重新定位，适应性和灵活性将成为关键。

一、数字化生存技能的掌握

在 AI 时代，数字化生存技能已成为每个人不可或缺的基本能力，也将成为社会成员的基本素养之一。这包括信息获取与处理能力、数字工具应用能力、网络安全意识等多个方面。掌握这些技能，意味着能够更有效地利用数字工具解决问题，提高工作效率，同时也为从事新兴职业打下基础。

①信息技术基础：首先，社会成员应具备基本的信息技术素养，包括熟练操作计算机、使用各类办公软件和互联网工具。这是适应数字化工作环境的基础。

②数据分析与处理能力：随着大数据时代的到来，数据分析能力变得尤为重要。社会成员需要学会从海量数据中提取有价值的信息，为决策提供科学依据。这要求掌握数据分析工具和方法，如 Excel、Python 等。

③编程与自动化技能：编程不仅是 IT 专业人士的专利，也是未来社会成员提升工作效率的重要手段。通过编程，可以实现任务的自动化处理，减少重复劳动。此外，掌握自动化工具如 RPA（机器人流程自动化）也能帮助个体在工作中更加高效。

二、未来社会适应能力的增强

AI 技术的广泛应用将带来职业结构的深刻变化，许多传统岗位将不复存在，而新兴岗位则要求具备全新的技能和能力。因此，社会成员必须具备高度的适应能力，以应对未来社会的不确定性。

①快速适应能力：面对快速变化的工作环境和技术革新，社会成员需要具备快速适应新环境、新技术和新任务的能力。要求个体保持敏锐的洞察

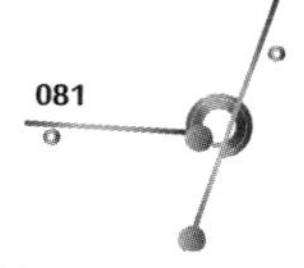

力和开放的心态，勇于尝试新事物，不断调整自己的学习策略和工作方法。

②抗压能力与心理韧性：AI 技术的普及将带来更大的竞争压力和不确定性。社会成员需要具备强大的抗压能力和心理韧性，以应对工作中的挫折和困难。要求个体保持积极乐观的心态，学会自我调节和情绪管理。

三、团队协作与有效沟通

在 AI 时代，团队协作与沟通能力的重要性更加凸显。未来的工作往往需要多个领域的专家共同协作完成。因此，未来教育将注重培养学习者的团队协作精神和沟通能力；通过组织团队项目、模拟演练等方式提高学习者的团队协作能力和沟通技巧。

①团队协作意识：随着项目复杂性的增加，单打独斗已难以应对。社会成员需要具备强烈的团队协作意识，积极参与团队活动，与团队成员共同完成任务。

②有效沟通技巧：有效沟通是团队协作的基石。社会成员需要掌握有效的沟通技巧和方法，包括倾听、表达、反馈与协商等，以确保信息在团队内部畅通无阻。

四、创新思维与创业精神

在快速变化的社会环境中，创新思维与创业精神将成为推动社会进步的重要力量。未来教育将鼓励学习者勇于尝试新事物、敢于挑战传统观念；通过创业教育、创新实践等方式激发学习者的创新潜能和创业热情；同时提供必要的支持和资源帮助学习者将创新想法转化为实际成果。

①创新思维培养：创新思维是解决问题的关键。社会成员需要培养自己的创新思维，勇于挑战传统观念和方法，不断探索新的解决方案和商业模式。

②创业精神激发：创业精神是推动个人成长和社会进步的重要因素。社会成员需要具备创业精神，敢于冒险、勇于创新、追求卓越。通过创业

实践，可以锻炼自己的领导力、组织能力和市场开拓能力。

③资源整合能力：在创业过程中，资源整合能力至关重要。社会成员需要学会整合各种资源，包括人才、资金、技术和市场等，以支持自己的创业项目。这要求个体具备敏锐的市场洞察力和资源调配能力。

五、终身学习与自我更新

随着技术的快速发展和知识的不断更新换代，终身学习与自我更新能力将成为社会成员保持竞争力的关键。未来教育将鼓励学习者树立终身学习的理念，培养自主学习的能力和习惯；同时提供多样化的学习资源和学习机会，帮助学习者不断适应新环境、新挑战。

①终身学习意识：终身学习是适应 AI 时代的重要途径。社会成员需要树立终身学习的意识，将学习作为一种生活方式和习惯。通过不断学习新知识、新技能和新方法，可以保持自己的竞争力和适应力。

②自我反思与评估：在学习过程中，自我反思与评估是必不可少的环节。社会成员需要定期对自己的学习成果进行评估和反思，发现问题并及时调整学习策略。这有助于提高学习效率和质量，促进个人成长与发展。

③跨界融合与跨界创新：在终身学习过程中，跨界融合与跨界创新是重要的方向。社会成员需要关注不同领域的知识和技术发展趋势，寻找跨界融合的机会和切入点。通过跨界创新可以创造出新的价值点和商业模式，为个人和社会带来更大的贡献。

六、国际视野与跨文化交流能力

在全球化程度日益加深的今天，国际视野与跨文化交流能力已经成为衡量一个人综合素质的重要标准之一。未来教育需要注重培养学生的国际视野与跨文化交流能力，让他们具备在全球范围内获取信息、交流思想、合作创新的能力，为构建人类命运共同体贡献自己的力量。

①跨界学习能力：在 AI 时代，单一领域的专业知识已难以满足职业

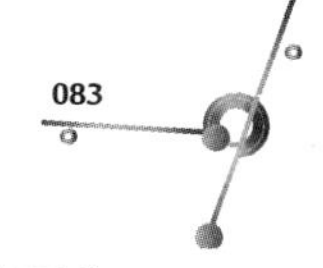

发展需求。社会成员需要具备跨界学习的能力，不断拓宽自己的知识面和视野，以适应不同领域的工作要求。

②多元文化交流能力：在全球化背景下，团队协作往往跨越国界和文化界限。社会成员需要具备多元文化交流能力，尊重不同文化背景和观念差异，促进团队成员之间的理解和融合。

第六节　培养 AI 思维：个人与组织的必修课

相比单纯学习 AI 工具的操作技巧，培养 AI 思维显得更为关键。AI 思维是基于算法和数据处理，模拟人类思维以解决问题的方法，强调数据驱动、算法优化和智能化决策。它不仅涉及对技术运作的理解，还包括对 AI 能力范围的深刻认识，了解 AI 能做什么，不能做什么，以及在哪些方面 AI 比人类做得更快或更好。培养 AI 思维，不仅是对个人兴趣的追求，更是提升个人竞争力、规划未来职业路径的关键。

一、"人的温度"与 AI 的速度：一场情感与智慧的交响乐章

"人的温度"与 AI 的速度，这两个看似截然不同的概念，实际上在现代社会中存在着紧密的联系和深刻的内涵。理解这两者，不仅有助于我们更好地把握人与技术的关系，还能为未来的发展提供有益的启示。

1. "人的温度"：情感的流露与人性的体现

"人的温度"，这一表述富含情感和人文内涵。它象征着人类独有的情感、同理心、关怀和温暖。在人类社会中，这种"温度"是维系关系、传递情感、激发共鸣的重要力量。它使得人类能够建立深厚的情感联系，共同面对生活的挑战和困难。同时，"人的温度"也代表着人类的创造力和创新精神，是推动社会进步和发展的重要动力。医生对患者的关怀和安慰，教师对学生的鼓励和引导就是"人的温度"的一种体现。

2. AI 的速度：科技的力量与理性的象征

AI 的速度，是科技力量的体现，是理性的象征。它代表着 AI 在处理

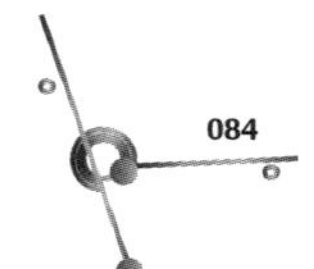

信息、执行任务和学习新知识方面的惊人速度。这种速度使得 AI 能够在短时间内完成大量复杂的工作，为人类带来前所未有的便捷和高效。AI 的速度是科技进步的象征，也是现代社会发展的重要推动力。它正在推动着社会的进步和发展，让我们的生活变得更加便捷和高效。

3.“人的温度”与 AI 的速度存在互补关系

“人的温度”与 AI 的速度并不是孤立存在的。在很多时候，它们需要相互融合，共同发挥作用。就像一场交响乐章，既需要激昂的旋律来展现力量，也需要温柔的曲调来传达情感。要深入理解“人的温度”与 AI 的速度，我们需要认识到它们之间的互补关系。尽管 AI 在速度和效率方面具有显著优势，但它却无法替代人类的情感和关怀。同样，尽管人类拥有独特的情感和创造力，但在处理大量信息和执行复杂任务方面，我们往往无法与 AI 匹敌。

总之，“人的温度”与 AI 的速度是一场情感与智慧的交响乐章。在这场乐章中，我们需要充分发挥 AI 的技术和速度优势，同时也需要关注“人的温度”和情感需求。只有让这两者相互融合、共生共荣，我们才能创造出一个更加美好、温暖、智能的世界。

二、面向未来的 AI 思维能力与兴趣培养

AI 思维能力，是指能够理解、应用并创新 AI 技术的能力。这种能力不局限于编程和算法，更重要的是一种跨学科的思维方式，它要求我们能够将 AI 技术与实际问题相结合，通过数据分析和模型构建，找到解决问题的最优方案。

要培养面向未来的 AI 思维能力，首先需要点燃对 AI 的浓厚兴趣。培养 AI 思维能力，首先需要从兴趣出发。只有对 AI 充满热情，才能在学习的过程中保持持久的动力。正如孩童时对星空的痴迷激发了无数天文学家的梦想，对 AI 的好奇和热爱也将成为我们探索未知世界的动力。

比如，张三是一个对科幻电影充满热爱的年轻人，他对电影中的智能

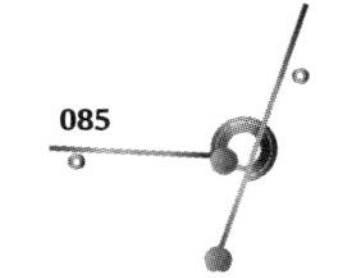

机器人和虚拟现实技术特别感兴趣。这种兴趣驱使他开始学习相关的 AI 知识，从最初的机器学习算法到后来的深度学习框架，他一步步地深入，最终成为一名 AI 领域的佼佼者。张三的故事告诉我们，兴趣是培养 AI 思维能力的起点，只有热爱，才能走得更远。

总之，兴趣是培养 AI 思维能力的最好老师。我们应该保持对 AI 技术的好奇心和探索精神，不断学习新知识，拓宽自己的视野。同时，我们还可以通过参加 AI 竞赛、加入 AI 社群等方式，与志同道合的人一起交流和学习，共同激发对 AI 的兴趣和热情。

三、学习 AI 思维的方法与路径

拥有了浓厚的兴趣后，接下来就需要系统地学习 AI 思维的方法与路径。这既需要理论知识的积累，也需要实践经验的锤炼。学习 AI 思维，并不是一蹴而就的过程，它需要系统地学习和不断地实践。以下是一条可行的学习路径。

1. 基础知识积累

基础知识的学习是必不可少的。我们可以从机器学习、深度学习等核心技术入手，掌握算法原理、模型构建和调优技巧。此外，了解数据结构和算法、掌握一门编程语言（如 Python）也是非常重要的。

2. 在线课程与教材

互联网上有大量的 AI 学习资源，从入门级的机器学习课程到进阶的深度学习框架，应有尽有。斯坦福大学、麻省理工学院等顶尖高校都提供了免费的在线课程，这些课程既有理论讲解，也有实践项目，是学习 AI 思维的宝贵资源。

3. 实践项目与竞赛

理论学习之后，实践是检验知识的最好方式。可以参与一些开源项目，或者自己动手做一些小项目，如用机器学习算法预测股票价格、用深度学习模型识别图像等。此外，还可以参加一些 AI 竞赛，如 Kaggle 竞赛，

这些竞赛不仅能锻炼实践能力，还能与全球的AI爱好者交流切磋。

4. 跨界学习与思考

跨学科学习也是培养AI思维能力的重要途径。AI不是孤立的领域，它与生物学、心理学、经济学等多个学科都有交叉。跨界学习，可以将AI技术应用于更广泛的场景中，如用AI分析基因数据、用AI优化城市交通等。我们应该注重跨学科的学习和思考，将不同领域的知识相互融合，以形成更加全面和深入的AI思维能力。

四、AI时代下的个人竞争力提升

在AI时代，拥有AI思维能力将成为个人竞争力的重要体现。它不仅可以帮助我们更好地适应和应对未来的职业挑战，还可以为我们创造更多的发展机会和价值。AI思维能力可以帮助我们更好地理解和应用新技术。

在AI时代，新技术层出不穷，拥有AI思维能力的人可以更快地掌握新技术的核心原理和应用场景，从而更好地将其应用于实际工作中。在AI时代，拥有AI思维能力，意味着拥有了更强的个人竞争力。这种竞争力体现在以下几个方面。

1. 解决问题的能力

AI思维能力可以提高我们解决问题的能力。AI思维强调逻辑性和系统性。这种能力在职场中尤为重要，无论是市场分析、产品设计还是风险管理，都能用AI思维找到更好的解决方案。这将使我们在职场中更加具有竞争力和影响力。

2. 创新的能力

AI思维能力可以提高我们创新的能力。AI是一个不断创新的领域，新的算法、新的框架层出不穷。拥有AI思维的人，通常也具备更强的创新能力，他们能够将新技术应用于实际场景中，创造出新的价值。

3. 跨领域合作的能力

AI思维能力可以提高我们跨界合作的能力。AI项目往往需要跨学科

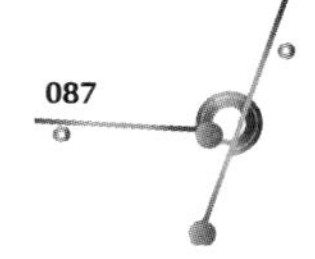

的合作，如数据科学家、软件工程师、产品经理等。拥有 AI 思维的人，能够更好地理解不同领域的知识，促进团队之间的有效沟通与合作。

AI 思维能力还可以为我们创造更多的发展机会和价值。随着 AI 技术的不断发展和普及，越来越多的行业和领域开始应用 AI 技术来优化业务流程、提高生产效率和服务质量。拥有 AI 思维能力的人将更容易在这些领域中找到自己的发展机会和价值所在。

五、职业规划与 AI 技能的结合

在职业规划中，将 AI 技能与自身兴趣、职业目标相结合，是走向成功的关键。以下是一些建议。

1. 明确职业目标

我们需要明确自己的职业目标和发展方向。首先，要明确自己的职业目标是什么。是想成为一名数据科学家、AI 工程师还是产品经理？不同的职业目标，需要掌握的技能和知识也有所不同，我们都需要对自己的职业目标有清晰的认识和规划。

2. 选择适合的 AI 技能

无论是想要成为一名数据科学家、机器学习工程师还是 AI 产品经理，我们需要针对性地学习和提升自己的 AI 技能。根据职业目标的不同，我们需要选择不同的学习内容和实践项目。例如，数据科学家需要深入学习数据处理、统计分析和机器学习算法等知识；而机器学习工程师则需要掌握编程技能、模型调优和部署等技能。

3. 持续学习与更新

我们还需要注重软技能的培养和提升。在 AI 领域，除了硬技能外，沟通能力、团队协作能力和持续学习与更新等软技能也非常重要。我们需要注重与他人的交流和合作，学会如何将自己的想法和解决方案清晰地表达出来，并与团队成员共同实现项目目标。AI 领域发展迅速，新技术和新方法层出不穷。要保持持续学习的态度，不断跟进新技术和新方法。可以

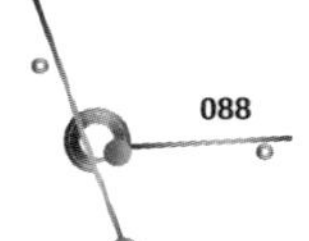

通过参加专业培训、阅读学术论文、参与行业会议等方式，不断更新自己的知识和技能。

4. 实践与项目经验

在职业规划中，实践与项目经验同样重要。可以通过参与实际项目、做个人作品或者参与开源项目等方式，积累实践经验。这些经验不仅能够证明自己的能力，还能在求职过程中增加竞争力。

培养 AI 思维，是一场面向未来的智慧之旅。它不仅是对技术的追求，更是对个人兴趣、竞争力的提升和对未来职业的规划。通过点燃对 AI 的浓厚兴趣、系统地学习 AI 思维的方法和路径、提升个人竞争力及将 AI 技能与职业规划相结合，我们可以更好地适应和应对未来的挑战与机遇。在这个过程中，我们需要保持对 AI 的热情和好奇心，不断学习、实践和创新。只有这样，我们才能在 AI 时代的大潮中乘风破浪，开创属于自己的辉煌篇章。让我们携手共进，用 AI 思维点亮未来的智慧之光！

中篇：AI 思维工具赋能

第四章　AI 战略思维：从梦想走进现实的桥梁

在未来，AI 将变得如同水、电、煤气和网络一般普遍，成为支撑现代社会运转不可或缺的基础设施。随着技术的不断演进与广泛渗透，AI 技术将深度融入日常生活的方方面面，无论是在家庭环境、工作场所，还是在教育及娱乐领域，其都将变得无所不在，极大地提升生活与工作的效率，显著改善人们的生活质量。

第一节　预见未来：AI 思维在决策中的新视角

一、AI 辅助决策的优势与挑战

AI 辅助决策，就像给决策者配备了一副高科技眼镜，让他们能够更清晰地看到未来的趋势和机遇。它的优势，如同璀璨的星辰，令人瞩目。

1. AI 辅助决策的优势主要体现在以下几个方面

①数据处理能力：AI 就像一位不知疲倦的数据分析师，能够快速处理和分析海量数据，为决策者提供全面、准确的信息支持。在传统决策过程中，数据收集和分析往往耗时费力，且容易受到人为因素的干扰。AI 技术通过自动化和智能化的数据处理流程，能够迅速提取有价值的信息，为决策者提供准确、及时的数据支持。

②预测能力：AI 就像一位拥有神秘水晶球的占卜师，能够洞察未来的

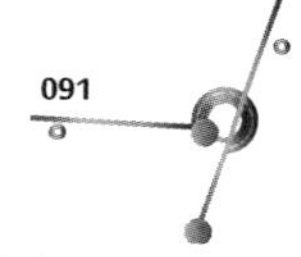

趋势和变化。通过机器学习算法，AI 能够构建预测模型，对未来的市场、客户需求等进行准确预测，帮助决策者提前规划，把握机遇。

③优化能力：在优化问题上，AI 就像一位精通数学的魔术师，能够找到最优的解决方案。它考虑各种约束条件，并可达到特定的目标，为决策者提供高效、准确的优化建议。在优化问题上，传统方法往往难以处理复杂的约束条件和多变的目标函数。而 AI 技术通过先进的算法和强大的计算能力，能够找到更优的解决方案，提高决策的质量和效率。

④智能化建议：AI 系统可以作为智能助手，向决策者提供实时建议和推荐。基于海量数据和知识库的分析，AI 能够评估不同选择之间的风险和潜在影响，为决策者提供有价值的参考意见。

2. AI 辅助决策面临着诸多挑战

①数据质量与隐私：AI 的决策依赖于高质量的数据，但数据的偏差、噪声或缺失等问题，将严重影响决策的准确性。同时，数据隐私也是一个不容忽视的问题，如何在收集和处理个人或敏感数据时保护隐私，是 AI 辅助决策必须面对的挑战。

②算法选择与解释性：算法是 AI 的灵魂，但不同的算法适用于不同的决策场景。选择合适的算法对于提高决策效果至关重要，就像是在茫茫算法海洋中寻找一颗璀璨的“明珠”，既需要智慧，也需要运气。而一些复杂的 AI 模型，如深度学习模型，其解释性较差，让决策者难以理解其决策依据和过程，这无疑增加了决策的不确定性。

③伦理与社会责任：AI 的决策可能带来一些伦理和社会责任问题。算法偏见可能导致不公平的决策结果，自动化决策可能削弱人类的自主性和创造力。这些问题就像是一道道难以逾越的鸿沟，考验着 AI 辅助决策的社会责任。

二、数据驱动的战略决策模型构建

数据驱动的决策模型，是 AI 思维在决策中的核心体现。它就像一座精密的工厂，将原始的数据转化为有价值的决策支持。构建这样的模型，需要经历以下步骤。

①数据收集与预处理：首先，我们需要从各种来源收集与决策相关的数据，这些数据可能散落在企业内部、市场、客户反馈等各个角落。在收集到数据后，我们需要进行预处理操作，就像是对原材料进行清洗和加工，以确保数据的准确性和一致性。

②特征选择与提取：在预处理完数据后，我们需要选择对决策有用的特征进行提取。特征选择就像在一堆杂乱无章的零件中挑选出有用的部件，它直接影响到后续模型构建的效果和准确性。通过统计分析和机器学习算法等方法，我们可以筛选出对决策最具影响力的特征。

③模型构建与训练：接下来，我们选择合适的机器学习算法，如回归分析、分类算法、聚类分析等，构建决策模型。这就像在工厂中组装机器，我们需要将各个部件巧妙地组合在一起，使其能够正常运转。利用历史数据对模型进行训练和优化，使其能够准确反映数据背后的模式和趋势。在训练过程中，我们需要不断调整模型参数和算法选择，以提高模型的预测准确性和泛化能力。

④模型评估与部署：最后，我们对训练好的模型进行评估，检查其在实际应用中的表现。评估指标可能包括准确率、召回率、$F1$ 分数等。如果模型表现良好，我们就可以将其部署到实际决策环境中，为决策者提供实时的决策支持。这就像将生产出的产品投放到市场中，接受消费者的检验。

三、如何具体运用 AI 思维进行决策

运用 AI 思维进行决策，并非遥不可及的梦想，而是可以具体落地的实践。以下是一个生动的案例。

在某电商平台上，AI 思维被巧妙地运用到了商品推荐中。该平台通过收集用户的浏览历史、购买记录、搜索行为等多维度数据，构建了一个用户画像。然后，利用机器学习算法对用户画像进行分析和挖掘，找出用户的潜在需求和兴趣点。最后，根据用户的个性化需求，为其推荐最合适的

商品。在这一过程中，AI 思维如同一位精明的商人，通过深入了解用户的需求和喜好，为其量身定制最合适的商品推荐方案。

具体来说，运用 AI 思维进行决策需要以下几个步骤。

①明确决策目标：首先，我们需要明确决策的目标和背景。这包括了解问题的性质、确定决策的范围和限制条件等。明确的目标有助于我们选择合适的 AI 技术和方法来解决问题。

②收集并处理数据：根据决策目标，我们收集相关的数据并进行预处理。确保数据的准确性、完整性和一致性对于后续的分析与建模至关重要。

③选择并应用 AI 技术：根据数据的特性和决策的需求，我们选择合适的 AI 技术进行分析和建模。这可能包括机器学习、深度学习、自然语言处理等。通过应用这些技术，我们可以从数据中提取有价值的信息和模式。

④解释并验证结果：对 AI 模型输出的结果需要进行解释和验证。确保模型的可解释性有助于我们理解其背后的逻辑和依据。同时，通过与实际数据进行对比和验证，我们可以评估模型的准确性和可靠性。

⑤制定并执行决策：基于 AI 模型的分析结果，我们制定具体的决策方案并执行。在执行过程中，我们需要密切关注实际反馈和效果，以便及时调整和优化决策方案。

第二节　AI 落地的战略规划与布局

从智能制造到智慧金融，从医疗健康到智慧城市，AI 正以前所未有的速度渗透到各个行业，引领着新一轮的产业革命。对于企业而言，如何制定科学合理的 AI 战略规划与布局，实现 AI 技术的有效落地，成为其在新时代竞争中的关键。

一、战略定位与目标设定：AI 落地蓝图

1. 战略定位：抢占 AI 高地

在全球化竞争加剧的背景下，AI 已成为各国竞相争夺的战略高地。我国高度重视 AI 技术的发展，将其上升为国家战略，旨在通过 AI 技术的突破

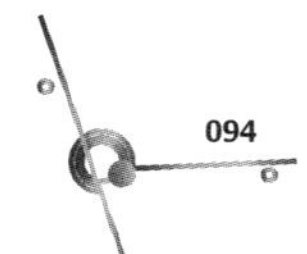

与应用，推动经济社会高质量发展，实现科技自立自强。在战略定位上，AI不仅是技术创新的前沿领域，更是产业升级和经济转型的关键驱动力。

战略定位是企业制定 AI 落地战略的首要任务。企业应结合自身业务特点和发展需求，明确 AI 技术将如何助力业务增长、优化运营效率、提升用户体验等。同时，这些目标与愿景应具有可衡量性，以便后续评估战略执行效果。一般来说，AI 技术的战略定位可以分为以下几类。

①引领创新：对于科技型企业或具备强大研发实力的企业，AI 可作为其引领行业创新、打造差异化竞争优势的关键手段。通过自主研发核心 AI 技术，推动产品与服务迭代升级，形成技术壁垒。

②赋能转型：对于传统行业企业，AI 可作为其转型升级的重要驱动力。通过引入 AI 技术优化生产流程、提升运营效率、增强客户体验，实现传统产业的智能化升级。

③生态构建：对于平台型企业或具备丰富行业资源的企业，AI 可用于构建开放的生态体系。通过提供 AI 能力开放平台、促进产业链上下游协同创新，打造基于 AI 的生态系统，实现共赢发展。设定生态构建目标，如吸引多少家合作伙伴加入、打造多少个 AI 应用场景案例等，推动 AI 生态的繁荣发展。

2. 目标设定：分阶段、分层次推进 AI 落地

根据《新一代人工智能发展规划》，我国为 AI 技术的发展设定了明确的目标：到 2020 年，AI 总体技术和应用与世界先进水准同步，AI 产业成为新的重要经济增长点；到 2025 年，AI 基础理论实现重大突破，部分技术与应用达到世界领先水准，AI 成为我国产业升级和经济转型的主要动力；到 2030 年，AI 理论、技术与应用总体达到世界领先水准，成为世界主要 AI 创新中心。

这些目标的设定，既体现了我国发展 AI 技术的决心和信心，也为 AI 的落地应用指明了方向。通过分阶段推进，逐步实现 AI 技术的全面落地，为我国经济社会发展注入强大动力。

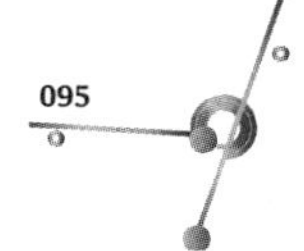

企业应根据自身实际情况和发展需求，设定分阶段、分层次的目标，逐步推进 AI 技术的落地应用。这些目标可以包括：短期内实现 AI 技术在特定业务场景中的应用，提升运营效率；中期内构建 AI 技术平台，推动业务创新；长期内形成 AI 驱动的生态系统，引领行业发展。

在明确战略定位的基础上，企业需要设定具体的 AI 落地目标。这些目标应具有可衡量性、可达成性和挑战性，以激发企业的创新活力和执行力。具体而言，AI 落地的目标可以包括以下几个方面。

①技术突破：设定技术研发目标，如 AI 算法准确率提升、模型训练时间缩短等，推动技术不断创新，让企业在技术海洋中乘风破浪。

②业务增长：通过 AI 技术的应用，推动企业业务的快速增长和市场份额的提升，让企业在市场竞争中脱颖而出。

③效率提升：优化业务流程和决策体系，降低运营成本，提升运营效率，让企业在高效运转中创造更多价值。

④用户体验：利用 AI 技术提升产品和服务的用户体验，增强用户黏性和满意度，让企业在用户心中留下深刻印象。

二、行业趋势与市场分析：洞察未来，把握机遇

在明确了目标与愿景之后，企业就像一位即将踏上征途的探险家，需要深入分析内外部环境，为战略制定提供精准的导航。内部环境如同探险家的装备库，包括技术储备、人才结构、组织文化等；而外部环境则如同探险路上的天气和地形，涵盖市场趋势、竞争格局、政策法规等。通过 SWOT 分析等方法，企业可以识别出在 AI 领域的优势、劣势、机会和威胁，为战略制定提供有力的依据。

1. 行业趋势：AI 技术加速渗透各行各业

随着技术的不断成熟和应用场景的不断拓展，AI 技术正逐步向各行各业深度融合。从智能制造、智慧医疗到智慧城市、智慧金融等领域，AI 的应用场景日益丰富多元。这种深度融合不仅提高了生产效率和服务质量，

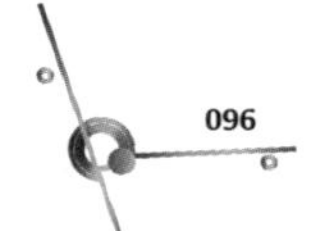

还催生了新的商业模式和经济增长点。

在制造业，AI 技术就像一位聪明的工匠，推动了智能制造的发展，让生产线变得更加高效和精准；在医疗健康领域，AI 技术就像一位得力的助手，辅助医生进行精准诊断和治疗，提升了医疗服务水平；在金融领域，AI 技术就像一位严谨的审计师，优化了信贷审批和风险控制流程，降低了金融风险。

这些行业趋势如同海上的灯塔，为企业制定 AI 战略规划指明了方向。在制定 AI 落地战略时，企业需要密切关注行业趋势和技术动态。当前，AI 技术正处于快速发展阶段，呈现出以下几个趋势。

①深度融合：AI 技术与其他技术（如大数据、云计算、物联网等）正加速与各行各业深度融合，形成新的业务模式和服务形态。如智能制造、智慧金融、智能医疗等领域的兴起，均体现了 AI 技术的广泛应用。

②算法创新：新算法的不断涌现和优化，提升 AI 技术的准确性和效率，为更多复杂场景的应用提供可能。

③场景拓展：AI 技术的应用场景不断拓展，从传统行业到新兴领域都有 AI 技术的身影。

2. 市场分析：把握市场机遇，应对市场挑战

企业在制定 AI 战略规划时，需要像市场分析师一样，深入分析市场需求和竞争格局。通过市场调研和竞争对手分析，企业可以了解市场需求的变化趋势和竞争对手的战略动向，从而把握市场机遇并应对市场挑战。

市场分析如同探险家手中的地图和指南针，为制定 AI 落地战略提供重要的依据。企业需要对目标市场进行深入分析，了解市场需求、竞争格局和潜在机会。具体而言，市场分析可以包括以下几个方面。

①市场需求：通过市场调研和用户反馈，了解目标市场对 AI 技术的需求程度和偏好，就如同探险家通过地图了解宝藏的埋藏地点和规模。

②竞争格局：分析竞争对手的 AI 技术实力和市场占有率，评估自身在市场中的位置和竞争优势，就如同探险家通过观察地形和风向判断前进

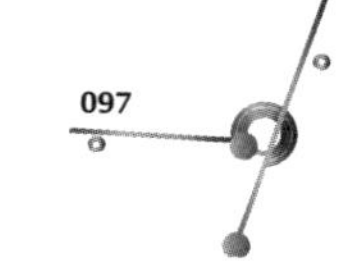

的路线与速度。

③潜在机会：结合行业趋势和市场需求，挖掘潜在的 AI 技术应用场景和市场机会，就如同探险家通过发现新的线索和标记点找到更多的宝藏。

三、数据基础与资源配置：打造 AI 应用的坚固基石

1. 数据基础：高质量数据，AI 应用的“生命线”

AI 技术的有效应用离不开高质量的数据支持。企业需要建立完善的数据采集、处理和分析体系，确保数据的准确性和完整性。AI 技术就像一辆高速行驶的赛车，而高质量的数据就是它的燃料。没有充足的“燃料”，赛车就无法驰骋赛场。因此，企业需要确保数据的准确性和完整性，为 AI 技术提供源源不断的动力。

同时，数据的安全和隐私保护也是至关重要的。数据是 AI 技术的核心驱动力，就像赛车需要安全的赛道和保障措施，数据在采集、传输和使用过程中也需要严格的安全和合规性保障。企业要加强数据安全和隐私保护工作，确保数据的“生命线”不断裂。具体而言，数据基础的建设可以包括以下几个方面。

①数据源拓展：建立完善的数据采集体系，确保数据的全面性和准确性。通过多渠道、多方式采集数据资源，为 AI 模型训练提供丰富的数据支撑。多种渠道收集数据，包括企业内部数据、外部公开数据、合作伙伴数据等。

②数据清洗与数据治理：对收集到的数据进行清洗和预处理，去除噪声和异常值，提高数据质量。加强数据治理体系建设，确保数据质量、安全性和合规性。通过数据清洗、整合、脱敏等处理手段提高数据质量；通过数据加密、访问控制等安全措施保障数据安全。

③数据存储与管理：采用先进的数据存储和管理技术，确保数据的安全性和可访问性。

④数据共享：通过遵循相关法律法规确保数据合规性。推动数据在企

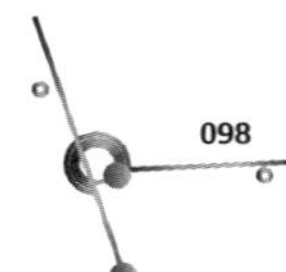

业内部和外部的共享与流通。通过建立数据共享机制促进跨部门、跨领域的协同合作；通过参与数据交易市场等方式拓宽数据获取渠道。

2. 资源配置：精心调配，确保 AI 项目“赛跑”顺利

资源配置是 AI 落地战略实施的重要保障。企业需要根据战略目标和市场需求，合理配置人力、物力、财力等资源。具体而言，资源配置可以包括以下几个方面。

①技术资源：组建专业的 AI 技术团队，包括算法工程师、数据分析师、产品经理等关键岗位。加大 AI 技术研发投入力度，引进和培养高端技术人才；加强与高校、研究机构等合作机构的合作与交流；积极参与行业标准制定和技术创新联盟等活动。

②资金资源：合理安排资金预算确保 AI 项目的顺利推进；积极寻求政府补贴、风险投资等外部资金支持；优化资金使用结构提高资金使用效率。为 AI 技术的研发和应用提供充足的资金支持，确保项目的顺利推进。

③组织资源：建立跨部门协作机制，推动 AI 技术在企业内部的广泛应用；成立专门的 AI 部门或团队负责 AI 战略的规划与实施；加强与合作伙伴的协同合作，共同推动 AI 技术的落地应用。

四、绘制实施路径与时间表：AI 落地战略的“导航图”

制定清晰的实施路径，就像为 AI 落地战略绘制一张详细的“导航图”，确保战略顺利推进，不偏离方向。AI 技术的落地应用需要分步骤推进，就像攀登高峰，需要一步步稳健地前进。

根据《新一代人工智能发展规划》的要求和我国 AI 技术发展的实际情况，我们可以将 AI 技术的落地应用路径划分为基础技术研发阶段和应用示范阶段、全面推广阶段。加强政策引导和市场培育工作，推动 AI 产业规模的不断扩大和产业链的逐步完善。

1. 实施路径：分阶段实施，确保 AI 项目“步步为营”

企业可以根据战略目标和市场需求，将 AI 落地战略分解为若干个子

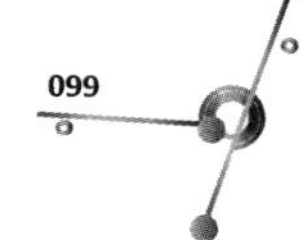

任务，并明确每个子任务的具体内容和责任主体。这就像把一个大蛋糕切成了若干块，每一块都有明确的目标和责任人，确保每一块都能被美味地享用。具体而言，实施路径可以包括以下几个方面。

①需求分析：与业务部门紧密合作，深入了解业务需求和应用场景，明确 AI 技术的具体需求。这就像厨师在烹饪前需要了解顾客的口味和需求，才能做出美味佳肴。

②技术选型：根据业务需求和技术特点，选择适合的技术平台和工具进行研发。这就像选对了工具，才能更高效地完成工作。

③模型训练与优化：利用收集到的数据进行模型训练和优化，提升 AI 技术的准确性和效率。这就像训练一名运动员，需要不断地进行练习和调整，才能提高他的竞技水平。

④系统集成与测试：将 AI 技术集成到现有系统中并进行测试，确保系统的稳定性和可靠性。这就像把新研发的发动机安装到汽车上，需要进行各种测试，确保汽车稳定运行。

⑤部署与运维：将 AI 技术部署到实际业务场景中并进行运维管理，确保系统的正常运行和持续优化。这就像把汽车交付给客户后，还需要提供售后服务，确保汽车在使用过程中始终保持良好的状态。

2. 时间表：明确时间节点，确保 AI 项目“按时交卷”

制定合理的时间表是确保 AI 落地战略按计划推进的重要措施。这就像学校给学生布置作业，需要明确提交作业的时间节点，才能确保学生按时完成作业。

我国政府把时间表划分为以下几个关键节点：短期目标、中期目标、长期目标。这就像为攀登高峰设定了不同的营地，每个营地都有明确的高度和达到时的时间节点，攀登者需要按照计划逐步攀登。

①短期目标（2020 年前）：实现 AI 总体技术和应用与世界先进水准同步；AI 产业成为新的重要经济增长点；培育若干全球领先的 AI 骨干企业。

②中期目标（2025 年前）：AI 基础理论实现重大突破；部分技术与应

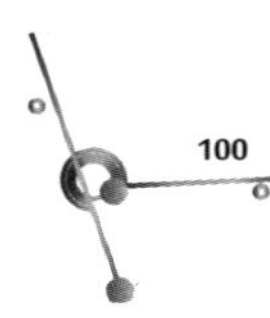

用达到世界领先水准；AI 核心产业规模超过 4000 亿元；带动相关产业规模超过 5 万亿元；初步建立 AI 法律法规、伦理规范和政策体系。

③长期目标（2030 年前）：AI 理论、技术与应用总体达到世界领先水准；成为世界主要 AI 创新中心；AI 核心产业规模超过 1 万亿元；带动相关产业规模超过 10 万亿元；形成一批全球领先的 AI 科技创新和人才培养基地。

企业也可以根据实施路径和项目复杂度，制定详细的时间表，并设定阶段性目标和里程碑。这就像为完成一个大项目制订了详细的进度计划，每个阶段都有明确的任务和时间节点，确保项目能够按时完成。具体而言，时间表可以包括以下几个阶段。

①需求调研与分析阶段：该阶段主要完成业务需求的调研和分析工作，明确 AI 技术的具体需求和应用场景。时间周期为 1 ~ 2 个月。这就像在烹饪前需要花时间了解顾客的口味和需求。

②技术选型与方案设计阶段：该阶段主要完成技术选型和方案设计工作，确定 AI 技术的实现路径和具体方案。时间周期为 1 ~ 2 个月。这就像在选择工具时，需要花时间考虑哪种工具更适合完成任务。

③模型训练与优化阶段：该阶段主要利用收集到的数据进行模型训练和优化工作。时间周期为 3 ~ 6 个月。这就像训练运动员，需要花费大量时间和精力进行练习和调整。

④系统集成与测试阶段：该阶段主要将 AI 技术集成到现有系统中并进行测试工作。时间周期为 1 ~ 2 个月。这就像把新研发的发动机安装到汽车后，需要进行各种测试。

⑤部署与运维阶段：该阶段时间周期长，就像汽车交付给客户后还需要提供长期的售后服务一样。

AI 技术的落地应用为企业转型升级带来了新的发展机遇。然而，AI 项目的成功实施并非易事，需要企业在战略定位、行业趋势分析、数据基础建设及实施路径和时间表制定等方面进行深入思考和周密规划。通过制

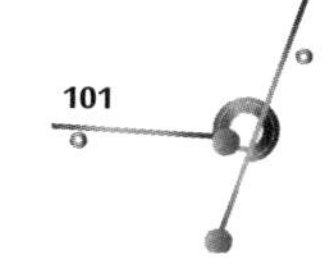

定科学合理的 AI 战略规划与布局，企业可以更好地把握市场机遇并应对市场挑战实现 AI 技术的有效落地和企业的可持续发展。

第三节　技术选择与工具应用：构建 AI 与业务的深度融合

在用户熟悉的领域中，用户可以将 AI 技术与行业知识或职业方法论结合，可以做出属于你自己的最佳实践，说不定能做出整个行业的最佳实践。用户可分析所在行业的核心需求和当前面临的挑战，识别 AI 能提供解决方案的领域，定制 AI 应用，如果用户在医疗行业工作，可以探索如何使用 AI 进行疾病诊断或患者数据分析。实施 AI 解决方案时，采取试验性的方法，进行小规模试验，收集数据，根据结果调整和优化技术应用。

一、评估与选择适合的 AI 技术栈：奠定成功基石

选择适合的 AI 技术栈，是构建 AI 应用的第一步，也是至关重要的一步。这如同为高楼大厦选择合适的建筑材料，决定了建筑的稳固性和持久性。为 AI 应用选择最适合的 AI 技术栈是一个复杂而细致的过程，需要考虑多个因素，以确保所选技术栈能够满足业务需求、技术可行性及未来的可扩展性。以下是一些关键步骤和考虑因素。

1. 明确业务需求与目标

需求分析：需要明确 AI 应用的具体需求和目标。例如，是需要处理大量图像数据进行图像识别，还是需要对海量文本进行自然语言处理。

性能要求：了解应用对实时性、准确性、稳定性等方面的要求，这些要求将直接影响技术栈的选择。

2. 评估技术可行性

技术成熟度：选择经过市场验证、技术成熟且稳定的技术栈，以降低技术风险。

开源与商业支持：考虑开源社区活跃度、文档完善程度及商业支持的可用性。开源技术通常成本较低，但可能需要更多的自我维护和定制开发；

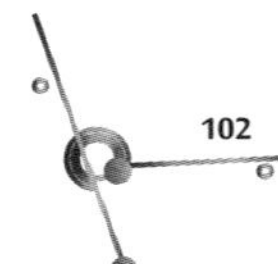

商业技术则可能提供更全面的支持和优化。

兼容性与集成性：评估所选技术栈与现有系统或未来可能集成系统的兼容性。

3. 考虑团队技术储备

技能匹配：选择团队已经熟悉或有能力快速掌握的技术栈，以减少学习成本和项目风险。

培训与发展：考虑技术栈对团队成员技能提升的长期价值，以及是否需要额外的培训资源。

4. 比较不同技术栈的优劣势

①深度学习框架：如 TensorFlow、PyTorch 等，适合需要构建复杂神经网络的应用。这些框架提供了丰富的 API 和预训练模型，可以加速开发过程。

②传统机器学习库：如 Scikit-Learn 等，适合处理相对简单的机器学习问题，如分类、回归等。

③云原生 AI 服务：如 AWS AI Services、Google Cloud AI 等，提供了即开即用的 AI 功能，适合需要快速部署和扩展的应用。这些服务通常与云服务提供商的其他服务紧密集成，便于管理和维护。

5. 考虑未来可扩展性

①技术发展趋势：关注 AI 领域的最新技术动态和发展趋势，选择具有未来发展潜力的技术栈。

②资源优化：考虑所选技术栈在资源利用（如 CPU、GPU、内存等）方面的优化程度，以确保应用能够高效运行并适应未来的负载增长。

6. 制订实施计划

技术选型决策：综合以上因素，制定技术选型决策，并明确所选技术栈的具体版本和配置。

实施路线图：制定详细的实施路线图，包括开发计划、测试策略、部署方案等，以确保项目按时按质完成。

在选择 AI 技术栈时，企业还需要考虑团队的技术储备、开源社区的

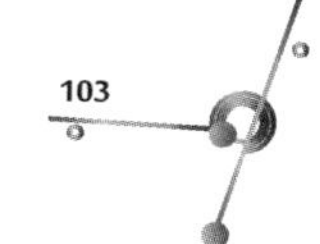

活跃度及技术的成熟度等因素。一个成熟、稳定且拥有广泛社区支持的技术栈，将为企业带来更低的技术风险和更高的研发效率。

二、高效利用 AI 开发工具与平台：加速创新进程

选择了适合的技术栈之后，如何高效地利用 AI 开发工具与平台，成为企业加速 AI 创新进程的关键。这如同拥有了优质的建筑材料后，还需要高效的施工工具和方法来建造大厦。为了根据业务需求有效利用这些工具与平台，企业需要采取一系列策略，确保 AI 技术的实施与业务发展紧密相连。那么，如何根据业务需求高效利用 AI 开发工具与平台？

1. 业务场景需求分析

首先，明确业务需求是关键。企业需要深入了解自身的业务场景，明确希望通过 AI 技术解决的具体问题，如提高生产效率、优化客户体验或预测市场趋势。只有明确了业务需求，才能有针对性地选择适合的 AI 开发工具与平台。

2. 评估选择工具与平台

其次，评估选择工具与平台时，要考虑其易用性、功能全面性、性能及成本等因素。易用性意味着开发人员能够快速上手，减少学习成本；功能全面性则确保平台能够满足从数据处理到模型训练、部署的全链路需求；性能关乎 AI 应用的运行效率和稳定性；而成本则是企业不可忽视的考量因素，需要选择性价比高的解决方案。

3. 制订实施计划

在选择了合适的 AI 开发工具与平台后，企业需要制订详细的实施计划。这包括确定项目的时间表、里程碑和关键任务，确保 AI 技术的实施能够按照既定的路线进行。同时，企业还需要为开发人员提供必要的培训和支持，帮助他们熟悉新工具与平台的使用。

4. 持续监控与评估

在实施过程中，持续监控与评估是不可或缺的环节。企业需要定期回

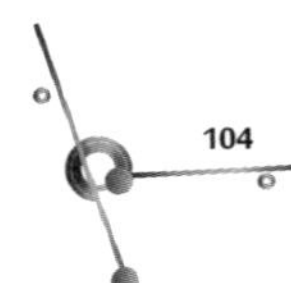

顾 AI 项目的进展，评估其是否满足业务需求，以及是否需要调整实施策略。通过持续监控与评估，企业可以确保 AI 技术的实施始终与业务发展保持同步。

5. 不断实践与创新

最后，为了充分利用 AI 开发工具与平台的优势，企业还需要鼓励开发人员创新与实践。开发人员可以在实际业务场景中尝试不同的算法和模型，探索新的应用可能性。通过不断地实践与创新，企业可以不断优化 AI 技术的应用效果，为业务发展注入新活力。

在高效利用 AI 开发工具与平台时，企业需要考虑其易用性、功能全面性、性能及成本等因素。一个易用、功能全面且性能优异的开发工具与平台，就如同一支经验丰富、技能全面且效率极高的船员队伍，将为企业带来更高的研发效率和更低的运营成本，让探险之旅更加顺畅无阻。

三、实现 AI 与业务的深度融合：共创价值新高地

选择了适合的技术栈和高效的开发工具与平台后，企业便如同手握利器，站在了创造更大价值的起跑线上。然而，要让这把利器发挥出最大威力，还需将其与业务深度融合，犹如将新建的大厦与周边环境和谐地融为一体，共同构筑出价值的崭新高地。要实现 AI 与业务场景的深度融合，企业需要从多个维度进行深入思考和实施。以下是对如何进一步加强这一融合过程的详细阐述。

1. 深入理解业务需求

深入了解业务场景的具体需求和痛点，与业务部门进行密切沟通，确保对业务有全面的理解。分析业务流程和环节，识别出可以通过 AI 技术进行优化或自动化的部分。确定 AI 技术在业务中的应用目标，如提高效率、降低成本、提升客户体验等。

2. 数据整合与深度分析

整合业务相关的数据资源，包括内部数据和外部数据，确保数据的完

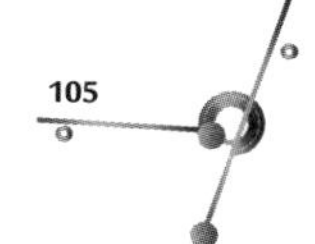

整性和准确性。进行深度数据分析，挖掘数据中的关联和规律，为 AI 模型的训练提供有力的支持。建立数据治理机制，确保数据的质量和一致性，为 AI 应用的持续优化提供基础。

3. 定制化 AI 模型开发

根据业务需求定制 AI 模型，确保模型能够准确反映业务逻辑和预测结果。选择适合的机器学习算法和框架，进行模型训练和测试，确保模型的准确性和稳定性。进行模型解释和可视化，让业务人员能够更好地理解模型的工作原理和输出结果。

4. 持续迭代与优化

建立反馈机制，收集业务人员对 AI 应用的反馈和意见，及时进行调整和优化。定期对 AI 模型进行评估和测试，确保其在业务场景中的表现持续优化。关注新技术和新算法的发展，及时更新和优化 AI 模型，保持技术的先进性。

5. 人才培养与跨部门合作

培养具备 AI 和业务能力的人才，让他们成为推动 AI 与业务融合的关键力量。促进 AI 团队与业务团队的紧密合作，打破部门壁垒，共同推动 AI 在业务中的应用。建立跨部门沟通机制，确保 AI 团队和业务团队之间的信息流通和协作顺畅。

评估与选择适合的 AI 技术栈、高效利用 AI 开发工具与平台及实现 AI 与业务的深度融合，是企业在 AI 时代取得成功的三大关键要素。这三大要素相互依存、相互促进，共同构成了企业 AI 发展的核心动力。

第四节 AI 战略落地的基本步骤与路径

人工智能落地的关键点为场景、算法、算力、数据，将这 4 个关键点连接起来，“人工智能落地步骤”就形成整套方案。例如，日常生活场景中如何通过人工智能辅助个人选择出行穿搭；工作场景中如何通过人工智能辅助企业自动化处理差旅报销。

一、定点：确定场景中的落脚点

在 AI 战略的宏伟蓝图中，定点犹如为智慧之舟选定一个启航的港湾，是至关重要的第一步。它不仅仅是一个简单的选择，更是一次深思熟虑的决策，关乎我们如何将 AI 技术这艘智慧之舟精准地投入实际场景的汪洋大海中，让其乘风破浪、发挥最大的价值。

人工智能只有赋能场景，才能产生实际价值。描述好场景的第一步是确定场景中哪些是合理的落地点，这需要先在场景中划分出具体的、可以明确给出输入和输出的环节。避免选择的场景太大，人工智能难以落地；场景太小，落地条件又明显不足。

由此可见，AI 战略的落地首先需要找到一个合适的“落脚点”，即明确 AI 技术将应用于哪个具体场景。这一步骤至关重要，如同选定航行的目的地，决定了旅程的方向和价值。确定场景，就如同为 AI 技术寻找一个肥沃的土壤，让 AI 技术在其中生根发芽、茁壮成长。那么，如何确定这个场景呢？

1. 市场需求分析

首先，我们需要深入行业，了解行业的痛点和需求。就像农民选择播种的土地一样，我们要选择那些最需要 AI 技术，且 AI 技术能够发挥最大作用的行业场景。例如，在医疗领域，AI 技术在疾病诊断、个性化治疗方案等方面有着巨大的潜力，因此，我们可将医疗领域作为AI技术的一个重要落脚点。

2. 技术趋势评估

其次，我们要评估 AI 技术在该场景中的可行性和价值。就像农民在播种前要评估土地的肥沃程度和适宜性一样，我们要确保 AI 技术在该场景中能够落地实施，并且能够带来显著的价值。以医疗领域的疾病诊断为例，AI 技术可以通过深度学习等算法，对大量的医疗影像数据进行训练和学习，从而提高疾病诊断的准确性和效率。

3. 竞争环境分析

最后，我们还需要考虑竞争环境和市场趋势。就像农民在选择播种的

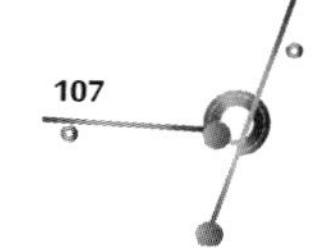

土地时要考虑气候、市场等因素一样，我们要确保所选的场景在竞争环境中具有优势，且符合市场的发展趋势。在 AI 技术的医疗应用场景中，我们可以进一步细分市场，选择那些尚未被充分开发或具有差异化竞争优势的领域作为落脚点。

以腾讯觅影为例，这是一个典型的 AI 医疗应用场景。腾讯觅影利用 AI 技术，对医疗影像进行智能识别和分析，辅助医生进行疾病诊断。这一应用场景不仅解决了医疗行业疾病诊断的痛点问题，还通过 AI 技术的引入，提高了诊断的准确性和效率，为医疗行业带来了巨大的价值。同时，腾讯觅影在竞争环境中也表现出色，成了 AI 医疗领域的佼佼者。

二、交互：确定 AI 系统交互设计与原则

“人工智能落地”不仅是模型的部署，更是用户体验的优化。要让用户欣然接受，交互方式的设计至关重要。它关乎使用环境、数据类型和输入方式，一旦出错，可能导致之前的努力付诸东流。对于不同的落地场景，我们有 3 种策略：升级老产品时，保留熟悉的交互方式；替换旧方案时，确保高效完成任务；创造新产品时，借鉴类似产品的成功之道。

1. 用户导向原则：以用户为中心，打造贴心交互

用户导向原则，是交互设计的灵魂。它要求我们以用户为中心，深入理解用户的需求、习惯和期望，确保交互设计直观易用，符合用户的心理和行为模式。

你正在使用一款智能音箱，你想要播放一首特定的歌曲，但是音箱的语音识别系统总是无法准确理解你的指令。你感到沮丧，甚至开始怀疑这款音箱的智能度。这就是交互设计失败的典型案例。

为了避免这样的失败，我们需要将用户导向原则贯穿于交互设计的每一个环节。以智能家居系统为例，我们可以通过用户调研、访谈、问卷调查等方式，深入了解用户在使用智能家居系统时可能遇到的各种场景和需求。例如，用户在早晨起床时，可能希望通过简单的语音指令就能控制窗

帘拉开、灯光亮起、咖啡机开始工作等。基于这些需求，我们可以设计简洁易懂的语音指令和直观的交互界面，让用户能够轻松实现这些操作。

2. 简单一致性原则：简约而不简单，一致而高效

简单一致性原则是交互设计的基石。它要求界面设计应简洁明了，避免过多的装饰和不必要的复杂性；同时保持界面元素、交互方式和反馈机制的一致性，使用户在不同场景下都能轻松识别和操作，降低学习成本。

你正在使用一款手机APP，界面上布满了各种按钮、图标和文本，使你感到眼花缭乱，不知道从哪里开始。这就是界面设计过于复杂的后果。

为了避免这样的后果，我们需要遵循简单一致性原则。以手机银行APP为例，我们可以将界面设计得简洁明了，只保留最常用的功能按钮和必要的文本信息。同时，我们保持界面元素的一致性，如使用相同的颜色、字体和布局风格，让用户能够在不同页面之间轻松切换和操作。这样，用户就能快速找到他们需要的功能，完成他们的任务。

3. 即时反馈原则：即时响应，透明可信

即时反馈原则，是交互设计的活力之源。它要求系统应及时响应用户的操作，并通过视觉、听觉或触觉等多种方式提供明确的反馈。这有助于用户了解操作结果，增强交互的透明度和可信度。

你正在使用一款智能门锁，输入了正确的密码，但是门锁却没有任何反应。便开始怀疑密码是不是错了，或者是门锁坏了。这就是缺乏即时反馈的后果。

为了避免这样的后果，我们需要遵循即时反馈原则。以智能门锁为例，当用户输入密码后，门锁应该立即通过声音或灯光等方式给予反馈，告诉用户密码是否正确、门锁是否已经打开。这样，用户就能及时了解他们的操作结果，避免不必要的困惑和焦虑。

4. 智能个性化原则：因材施教，量身定制

智能个性化原则，是交互设计的魅力所在。它要求利用AI技术学习用户的偏好、行为和习惯，为用户提供个性化的交互体验。这不仅可以提

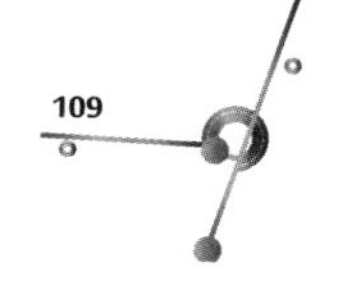

升用户体验和满意度，还能增强用户对 AI 系统的依赖和信任。

你正在使用一款智能音乐推荐系统，但发现它总是推荐一些你不喜欢的歌曲。你感到失望，甚至开始怀疑这款系统的智能程度。这就是缺乏智能个性化的后果。

为了避免这样的后果，我们需要遵循智能个性化原则。以智能音乐推荐系统为例，我们可以通过分析用户的听歌历史、评分和收藏行为等数据，学习用户的音乐偏好和风格。然后，我们根据这些偏好和风格，为用户推荐更符合他们喜好的歌曲和歌手。这样，用户就能享受到更加个性化的音乐体验，感受到 AI 系统的智慧和魅力。

5. 持续优化原则：不断迭代，追求完美

持续优化原则，是交互设计的生命之树。它要求将交互设计视为一个持续优化的过程，不断收集用户反馈和数据，分析交互流程中的痛点和瓶颈，通过 A/B 测试、用户访谈、数据分析等方法评估交互效果，并根据评估结果进行相应的调整和优化。同时，关注行业动态和技术发展，及时引入新的交互方式和设计理念。

你正在使用一款智能手表，但是发现它的某些功能总是无法满足你的需求。你向厂商反馈了这些问题，但是厂商却没有任何改进的动作。你感到失望甚至开始考虑再换一款智能手表。这就是缺乏持续优化的后果。

为了避免这样的后果，我们需要遵循持续优化原则。以智能手表为例，我们可以通过用户反馈、社交媒体、在线论坛等途径收集用户对智能手表功能和交互设计的意见和建议。然后，我们可以对这些意见和建议进行分析和整理，找出交互流程中的痛点和瓶颈。接着，我们可以设计新的交互方案和功能模块，并通过 A/B 测试等方法评估它们的效果。最后，我们可以根据评估结果对智能手表进行迭代和优化，提升用户体验和满意度。

除了直接与用户交互，人工智能还常嵌入系统各环节，成为集智慧与算法于一体的模块。其落地需精心设计“拼图游戏”：明确与其他模块的调用关系，确保数据流转顺畅；考虑依赖关系，确保支撑部分稳定可靠；

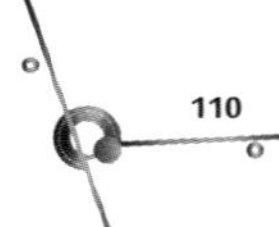

关注资源影响，避免资源浪费或冲突。这样，人工智能才能在系统中发挥最大作用，创造更加智能、高效的系统。

三、数据：数据的收集与处理

数据是AI系统的“燃料”，没有高质量的数据，AI系统就无法发挥出其应有的威力。因此，数据的收集及处理是AI战略落地过程中不可或缺的一环。在AI战略的宏伟蓝图中，数据的收集与处理如同构建智慧大厦的基石，是支撑起整个AI体系的根基。没有高质量的数据，就如同没有坚固的地基，无论AI的技术多么先进，都无法稳固地屹立。因此，数据的收集与处理在AI战略落地的过程中扮演着至关重要的角色。

1. 数据的收集：挖掘智慧的源泉

数据的收集是AI战略的第一步，也是最为关键的一步。它就像是在广袤的大地上挖掘智慧的源泉，只有找到了水源，才能滋养出茂盛的智慧之林。

（1）明确数据需求：照亮挖掘的方向

在开始收集数据之前，我们首先需要明确对数据的具体需求。这就像是在挖掘之前，我们需要先确定要挖掘的是哪种水源，是清澈的泉水还是丰富的矿物质水。只有明确了需求，我们才能有针对性地选择挖掘工具和方法，照亮挖掘的方向。

例如，在一家电商公司中，如果想通过AI来预测用户的购买行为，那么就需要收集用户的浏览历史、购买记录、搜索关键词等数据。这些数据就像是泉水中的水滴，每一滴都蕴含着用户的购买偏好和行为模式。

（2）确定数据来源：选择挖掘的地点

数据的来源多种多样，可以是内部数据库、公共数据库、行业报告、社交媒体等。确定数据来源就像是选择挖掘的地点，不同的地点可能蕴含着不同质量和类型的水源。

以社交媒体为例，其中蕴含着丰富的用户行为数据和情感数据。通过

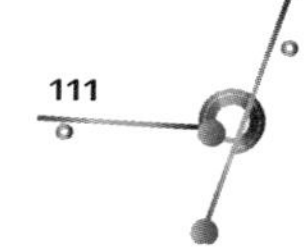

收集和分析这些数据，我们可以了解用户的兴趣偏好、情感倾向等，为 AI 提供更加全面的用户画像。

（3）选择收集方法：运用合适的挖掘工具

数据的收集方法多种多样，常用的包括问卷调查、访谈、观察、实验、网络爬虫等。选择合适的收集方法就像是运用合适的挖掘工具，不同的工具适用于不同的挖掘环境和需求。

以网络爬虫为例，它就像是一把锋利的铲子，能够快速地挖掘出网页上的数据。通过编写爬虫程序，我们可以自动化地收集大量的网页数据，为后续的数据分析提供丰富的素材。

（4）执行数据收集：开始挖掘的旅程

在执行数据收集的过程中，我们需要确保数据的准确性和完整性。为了确保数据的准确性，我们可以采用多种方法进行验证和比对。例如，在收集用户购买记录时，我们可以与电商平台的后台数据进行比对，确保数据的真实性和一致性。

同时，为了确保数据的完整性，我们需要对收集到的数据进行全面的检查和清洗，如去除重复的数据、填充缺失的值、处理异常的数据等。这些步骤就像是在挖掘的过程中过滤掉杂质和泥沙，确保收集到的水源是纯净的。

2. 数据的处理：滋养智慧的土壤

数据的处理是 AI 战略的第二步，也是将原始数据转化为可用于分析和模型训练的关键步骤。

（1）数据清洗：净化智慧的源泉

在数据处理的过程中，我们首先需要进行数据清洗。这就像是将挖掘到的水源进行净化处理，去除其中的杂质和污染物。

数据清洗的过程包括去除重复数据、处理缺失值、识别并处理异常值等。例如，在去除重复数据时，我们可以采用哈希表等数据结构来高效地识别和删除重复的记录。在处理缺失值时，我们可以根据数据的分布情况和业务需求选择合适的填充方法，如使用平均值、中位数或众数进行填充。

（2）数据集成：汇聚智慧的溪流

在数据清洗之后，我们需要进行数据集成。这就像是将净化后的水源汇聚成一条条溪流，为智慧之林提供充足的水源。

数据集成的过程包括将来自不同数据源的数据进行合并和整合。在这个过程中，我们需要解决数据格式不一致、语义冲突等问题。例如，在合并不同数据库中的数据时，我们需要确保数据的字段和含义是一致的，避免出现歧义和误解。

（3）数据转换与归一化：加工智慧的肥料

在数据集成之后，我们需要进行数据转换与归一化。数据转换的过程包括将数据转换为适合分析和模型训练的格式。例如，在进行机器学习任务时，我们需要将原始数据转换为特征向量，以便算法进行处理。归一化处理则是将数据缩放到一个统一的范围内，避免不同量纲对分析结果的影响。

（4）特征提取与选择：培育智慧的种子

在数据转换与归一化之后，我们需要进行特征提取与选择。特征提取的过程包括从原始数据中提取出有意义的特征。例如，在图像识别任务中，我们可以提取出图像的边缘、纹理等特征。特征选择则是从提取出的特征中选择出对模型训练最为有益的特征，提高模型的准确性和泛化能力。

（5）数据存储与文档记录：保存智慧的宝藏

最后，我们需要将处理好的数据进行存储，并记录数据处理的每一个步骤。这就像是将培育出的智慧种子保存到仓库中，并记录下种植的过程和方法，以便后续使用和参考。

数据存储的过程包括选择合适的数据格式和存储介质，如关系型数据库、NoSQL 数据库、数据仓库或云存储等。同时，我们还需要编写文档说明数据处理的过程和方法，为后续的数据分析和模型训练提供有力的支持。

综上所述，数据的收集与处理在 AI 战略落地过程中扮演着至关重要

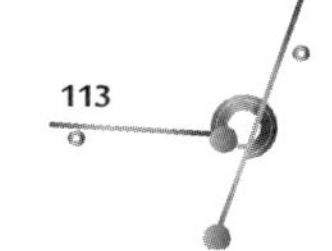

的角色。只有确保数据的准确性和完整性，才能为 AI 系统的分析和模型训练提供可靠的基础：只有经过有效的数据处理和特征提取，才能提高模型的准确性和泛化能力，为 AI 系统的应用和发展提供有力的支持。

四、训练：选择算法及模型训练

人工智能算法种类繁多，不同算法的适用范围、算力要求、可解释性程度均是不一样的，根据数据类型和任务来选择合适的人工智能算法。在实际中需要根据场景的输入和输出、准确率要求、性能要求（运算速度）及经济开销综合进行选择。算法选择不当，会直接造成浪费计算资源，提高人工智能模型调试难度和时间成本，无法满足场景落地要求等诸多问题。

1. 明确目标与需求：绘制算法选择的蓝图

在 AI 战略的落地过程中，明确目标与需求是选择算法的第一步，也是至关重要的一步。它就像是一张蓝图，为我们绘制出算法选择的清晰路径，确保我们选择的算法能够真正解决业务问题。

案例：智能客服系统的构建

假设我们是一家电商平台，为了提升用户体验，我们决定构建一个智能客服系统。在这个案例中，我们的明确目标就是构建一个能够准确理解用户问题并给出恰当回复的智能客服系统，而需求则是选择一个适合自然语言处理（NLP）任务的算法。

2. 优选算法与模型：打造数据处理的利器

有了明确的目标与需求，接下来就是优选适合处理这些任务的算法与模型。这一步就像是在打造智慧引擎的核心，我们需要确保选择的算法与模型能够高效地处理数据，并给出准确的预测或决策。

我们在选择合适的算法模型时，主要考虑场景中的具体条件，以及不同算法、模型在数据集上达到的数据指标。将这些需要考虑的因素分成任务类型、训练（输入）数据、根据任务目标（输出数据）、场景约束条件、算法数据指标 5 个。

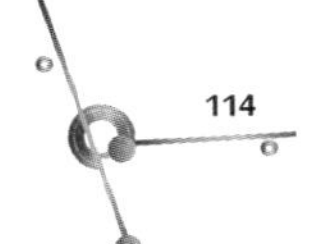

案例延续：选择适合的 NLP 算法

对于智能客服系统的构建，我们选择了自然语言处理（NLP）领域的深度学习算法，特别是循环神经网络（RNN）和长短时记忆网络（LSTM），因为它们在处理序列数据（如文本）时表现出色。同时，我们还考虑了使用预训练的语言模型，如 BERT 或 GPT，以便利用大量的先验知识来提升系统的性能。

3. 数据准备与处理：为智慧引擎注入燃料

选择了适合的算法与模型之后，接下来就是进行数据准备与处理工作。这一步就像是为智慧引擎注入燃料，我们需要确保数据的准确性和完整性，以便为后续的训练提供可靠的基础。

案例延续：数据清洗与预处理

在电商用户行为分析的数据准备阶段，我们首先进行了数据清洗工作。删除了重复的记录、处理了缺失值，并对异常值进行了识别和处理。例如，对于用户的购买记录，我们删除了那些明显不符合常理的记录，如购买数量为负数的记录。

接下来，我们进行了数据预处理工作。将用户的浏览历史和购买记录转换成了特征向量，以便机器学习算法能够进行处理。同时，还对数据进行了标准化处理，确保不同量纲的数据对分析结果无影响。

4. 模型训练与优化：点燃智慧引擎的火花

数据准备与处理完成后，我们便可以开始模型的训练与优化工作。这一步就像是在点燃智慧引擎的火花，我们需要通过不断的训练和调优，让模型逐渐学习到数据的规律和模式。

案例延续：训练与优化 LSTM 模型

在智能客服系统的构建中，我们使用标注好的数据集对 LSTM 模型进行了训练。通过调整模型的参数，如学习率、隐藏层单元数等，逐渐提高模型的准确率。在训练过程中，我们还尝试了不同的优化算法，以进一步加速训练过程并提高模型的性能。通过不断地尝试和调整，最终我们得到了一个

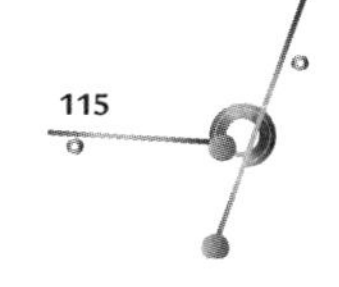

性能优异的 LSTM 模型，其能准确地理解用户问题并给出恰当的回复。

5. 模型部署与应用：释放智慧引擎的能量

经过模型的训练与优化之后，我们就可以将模型部署到实际应用场景中，并释放智慧引擎的能量。这一步就像是将智慧引擎安装到机器中，让它开始运转并产生实际的价值。

案例延续：将模型部署到电商平台

在智能客服系统的构建中，我们将训练好的 LSTM 模型部署到了电商平台的客服系统。当用户提出问题时，系统能够实时地分析问题的语义，并给出恰当的回复。这不仅提升了用户的购物体验，也减轻了客服人员的工作负担。

同时，我们还对模型进行了持续的监控和优化。通过收集用户的反馈和新数据，我们不断对模型进行更新和调优，确保它能够始终保持最佳的性能。我们还计划将模型与其他业务系统进行集成，如订单系统、物流系统等，以实现更加智能化的客户服务。

五、部署：人工智能系统实施部署

当人工智能算法、模型的数据指标能够满足场景的要求后，下一步就是部署实施阶段，将人工智能模型部署到系统中，并且按照设计好的交互方式，将各个系统模块连接在一起来完成最后的落地工作。

在人工智能领域，系统部署方案的选择至关重要，它直接关系到系统的性能、安全性、可扩展性及成本效益。云部署、本地部署、混合部署、边缘计算部署和容器化部署是 5 种常用的人工智能系统部署方案。每种方案都有其独特的优势和适用场景，企业应根据自身的业务需求、技术实力和资源情况选择合适的部署方案以实现最佳效果。随着技术的不断进步和市场的不断发展，这些部署方案也将不断演化和完善，为企业带来更多的智能化转型机遇和挑战。

总之，AI 战略的落地是一个复杂而充满挑战的过程，但只要我们按照定点、交互、数据、算法和实施这 5 个基本步骤进行有序的推进，并结合具体场景进行灵活应用和创新实践，就一定能够将 AI 技术转化为推动社会进步和产业升级的强大动力。

第五节 实施策略与落地：让 AI 战略真正动起来

要让 AI 战略真正动起来，从蓝图变为现实，并非易事。这需要我们精心策划、分步实施、持续优化，最终打造出一个良性循环的 AI 落地生态。本节将围绕“试点项目：小步快跑，快速迭代”“规模化推广：从点到面的全面覆盖”“持续优化与用户体验提升：打造 AI 落地的良性循环”3 个核心小节，深入探讨 AI 战略的实施策略与落地路径。

一、试点项目：小步快跑，快速迭代

在 AI 战略的初始阶段，试点项目的选择与实施至关重要。这不仅是对 AI 技术的一次实战检验，更是为后续规模化推广积累经验、奠定基础的关键步骤。因此，我们需要采取“小步快跑，快速迭代”的策略，确保试点项目的成功与高效。

1. 小步快跑

“小步快跑”意味着在试点项目的选择上，我们不必一开始就追求大而全，而是应该选取具有代表性、易于实施且能够快速见效的小规模项目作为突破口。这样的项目通常具有目标明确、数据易获取、业务场景清晰等特点，能够让我们在较短的时间内验证 AI 技术的可行性和效果。

例如，在智能制造领域，我们可以选择一个生产线上的特定环节，如质量检测，作为试点项目。通过引入 AI 图像识别技术，对生产线上的产品进行实时检测，快速准确地识别出不合格产品。这样的项目不仅实施难度低，而且能够在短时间内见到明显的成效，为后续技术的全面推广树立信心。

具体执行“小步快跑”策略时，可以遵循以下步骤和方法：

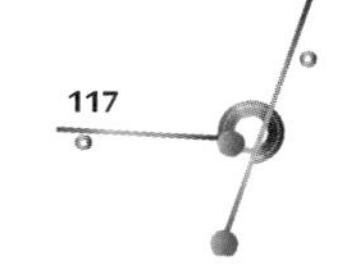

（1）明确目标与核心优势

设定明确目标：首先，需要明确自己想要实现的大目标是什么，并确保该目标是具体的、可衡量的。这可以是一个业务发展目标、产品创新目标或市场占有率提升目标等。

识别核心优势：在开始小步快跑之前，明确自己的核心竞争力和优势，这将有助于确定业务发展的方向和重点。

（2）分解目标为小步骤

细化目标：将大目标分解为一系列小目标或阶段性目标。每个小目标都应该是具体、可操作且可实现的，以便跟进和管理。

制订计划：为每个小目标制订详细的实施计划，包括时间表、资源分配和预期成果等。确保计划具有可行性和可调整性，以应对可能出现的变化。

（3）团队协作与快速行动

强化团队协作：团队协作是小步快跑策略成功的关键。通过加强团队成员之间的沟通和协作来提高整体执行力和效率。

迅速启动：不要等待所有条件都完美无缺再开始行动，而是要在条件具备一定程度时就迅速启动项目或任务。通过快速行动来减少拖延和不确定性。

“小步快跑”策略是一种项目初创期的有效方法。不要害怕失败和尝试新事物。通过不断尝试新的方法、技术和策略来发现更好的机会和解决方案。这将有助于保持竞争力和创新力。

2. 快速迭代

“快速迭代”强调在试点项目实施过程中，要注重反馈与调整。AI 技术是一个不断发展的领域，新的算法、模型层出不穷。因此，我们不能固守一成不变的方案，而是要根据试点项目的实际运行情况，不断收集数据、分析反馈，及时调整优化 AI 模型。这种快速迭代的思维方式，能够确保 AI 技术始终保持在行业前沿，不断适应新的业务需求和挑战。为了实现快速迭代，我们需要做到以下两点：

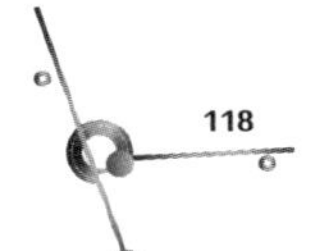

①需要组建一个敏捷的开发团队，他们如同灵活的舞者，需要具备快速响应和灵活调整的能力。

②建立一套有效的数据反馈机制，确保能够及时收集和分析试点项目中的数据，为模型的优化提供有力支持。

在试点项目的实施过程中，我们还需要注重与业务部门的紧密合作。AI 技术的应用最终是为了解决业务问题，提升业务效率。因此，我们需要与业务部门保持密切的沟通，了解他们的需求和痛点，确保 AI 技术的应用能够真正满足业务需求。通过这种紧密的合作模式，我们能够更好地将 AI 技术与业务需求相结合，推动试点项目的成功实施。

二、规模化推广：从点到面的全面覆盖

试点项目的成功只是 AI 战略落地的序曲，真正的挑战在于如何将这“点”上的璀璨经验复制到整个“面”，实现规模化推广的华丽篇章。这一过程宛如一场精心策划的战役，需要我们有清晰的推广策略、完善的组织架构及强大的技术支持作为我们的“三大法宝”。

1. 推广策略

在推广策略上，我们挥舞着“先易后难、逐步深入”的智慧之剑。

首先，在试点项目成功的基石上，我们选择那些与试点项目相似度高、业务场景相近的领域作为下一个目标。这样不仅能够快速复制成功经验，还能够进一步验证 AI 技术的普适性，犹如在战场上先攻下易守难攻的城池，再逐步扩大战果。

其次，随着推广的深入，我们可以逐步拓展到更复杂、更具挑战性的业务领域，实现全面的 AI 覆盖。例如，在智能制造领域取得成功后，我们可以将 AI 技术逐步推广到其他制造领域，如汽车制造、半导体制造等。通过逐步拓展，我们可以实现 AI 技术在整个制造业的全面覆盖。

2. 组织架构

组织架构的调整是我们规模化推广战役的关键布局。我们组建了一个

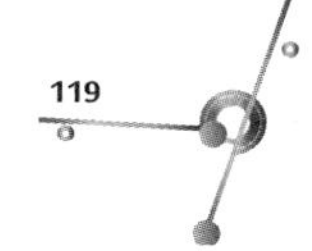

跨部门的 AI 推广团队，他们如同全能的指挥官，负责协调资源、制订推广计划、提供技术支持等。这个团队具备高度的灵活性和响应速度，能够根据推广过程中的实际情况及时调整策略，确保推广工作的顺利进行。

同时，我们还需要对现有的业务部门进行 AI 能力的培训和提升，让他们具备自主应用 AI 技术的能力。这样，我们就可以形成一个以 AI 推广团队为核心、以业务部门为延伸的推广网络，实现 AI 技术的全面覆盖。

3. 技术支持

技术支持是我们规模化推广战役中的坚固基石。在推广过程中，我们不断优化 AI 算法和模型，提高其在不同业务场景下的适应性和准确性。这如同不断磨利我们的武器，使其更加锋利无比。

同时，我们还需要建立一个完善的数据治理体系，确保数据的质量和一致性，为 AI 技术的持续优化提供有力支撑。为了实现技术支持的强化，我们可以与高校、科研机构等建立合作关系，共同研发新的 AI 技术和算法。通过这种合作方式，我们可以不断引入新的技术成果，提升 AI 技术的整体实力。

在规模化推广的战役中，我们还注重与合作伙伴的协同创新。通过与行业内的领军企业、解决方案提供商等建立紧密的合作关系，我们共同探索 AI 技术的新应用、新场景，推动技术的不断进步和产业的升级发展。

三、持续优化与用户体验提升：打造 AI 落地的良性循环

AI 战略的落地不是一个一蹴而就的过程，而是一个需要持续优化和不断完善的长期过程。在这个过程中，用户体验的提升是至关重要的。只有让用户真正感受到 AI 技术带来的便利和价值，才能够形成良性的循环，推动 AI 战略的深入发展。

1. 持续优化技术

为了持续优化 AI 技术，我们需要建立一个反馈机制，鼓励用户在使用过程中提出意见和建议。这些反馈是我们的宝贵财富，能够帮助我们不

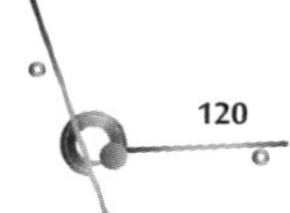

断发现技术上的不足和业务上的新需求。通过收集和分析这些反馈，我们可以及时调整 AI 策略，优化算法和模型，提高技术的准确性和稳定性。为了实现有效的反馈机制，我们可以利用用户社区、在线调查等方式，积极与用户进行互动和交流。同时，我们还需要建立一套完善的数据分析体系，对用户的反馈进行量化和分析，为技术的优化提供有力的数据支持。

2. 用户体验细节

除了技术层面的优化，我们还需要关注用户体验的每一个细节。AI 技术的引入不应该给用户带来额外的负担和困扰，而应该是悄无声息地融入用户的日常工作中，成为他们的得力助手。因此，我们需要对 AI 应用的界面设计、交互方式等进行精心的打磨，确保用户能够轻松上手、愉快使用。为了实现良好的用户体验，我们可以借鉴用户研究、产品设计等领域的最佳实践，不断优化 AI 应用的界面和交互方式。同时，我们还需要注重与用户的沟通和交流，了解他们的真实需求和期望，确保 AI 应用能够真正满足用户的需求。

3. 组织文化建设

除了技术层面的努力，我们还需要在组织架构和文化建设上做出努力。建立一个以用户为中心、注重创新的组织文化，能够激发员工的积极性和创造力，为 AI 技术的持续优化提供源源不断的动力。同时，还要确保我们的 AI 战略始终与用户需求保持高度一致。为了实现这种以用户为中心的文化氛围，我们可以定期举办用户研讨会、用户体验日等活动，让员工深入了解用户的需求和痛点。同时，我们还可以建立一种鼓励创新、容忍失败的氛围，让员工敢于尝试新的想法和方法，为 AI 技术的持续优化提供更多的可能性。

4. 合作伙伴协同创新

在实施 AI 战略的过程中，我们还需要注重与合作伙伴的协同创新。这种开放合作的模式，不仅能够加速 AI 技术的落地和推广，还能够为我们带来更多的创新灵感和商业机会。同时，我们还可以与合作伙伴共同举

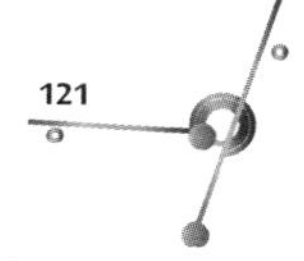

办技术交流会、行业论坛等活动，分享最新的技术成果和应用经验，推动整个行业的技术进步和发展。

回顾整个 AI 战略的实施过程，我们可以发现，“试点项目：小步快跑，快速迭代”“规模化推广：从点到面的全面覆盖”“持续优化与用户体验提升：打造 AI 落地的良性循环”这 3 个环节是紧密相连、相辅相成的。试点项目的成功为规模化推广奠定了基础，而规模化推广的顺利进行又为持续优化提供了广阔的舞台。在这个过程中，用户体验的提升始终是我们追求的目标和动力源泉。

第六节　氛围营造：打造 AI 战略落地的高效组织

对于组织而言，AI 不仅仅是一项技术革新，更是一场深刻的战略转型。然而，要让 AI 战略真正落地，并非易事。它需要的不仅仅是技术的突破，更是组织的全面配合和文化的深度融入。AI 组织建设方面北京某公司做得很好，无论是办公室还是墙上都写着“全员 AI，自我革命”的横幅标语，他们定期组织学习班，以课题小组等多种形式，鼓励大家一起学习创造，形成良好的组织氛围，其中一名普通行政人员，从代码零基础到一口气开发出多款工具，这就是 AI 的魅力所在。

一、战略自上而下：AI 是一把手工程

在 AI 战略的落地征途中，领导的决策尤为重要，指引着前行的方向。AI 不仅仅是一项技术革新，更是一场思维与工作模式的深刻变革。因此，它亟须组织最高层的全力支持与积极推动。

“一把手工程”背后蕴含着深意。它意味着 AI 战略必须是由组织领导亲自挂帅、亲自督战的重点项目。这不仅源于 AI 战略举足轻重的地位，更是因为它需要一种全新的组织文化与思维方式来为其筑基。领导以身作则，通过自己的一言一行，向整个组织发出一个明确而坚定的信号：AI，正是我们未来核心竞争力的源泉，是我们必须全力以赴、矢志不渝的追求方向。

在这场变革中，领导需化身为 AI 的深度探索者与坚定信仰者。他们需要不断学习、不懈探索，努力成为 AI 领域的行家里手。同时，他们还需勇于尝试、敢于创新，不惧失败、不畏挑战。唯有如此，才能在整个组织中培育出一种积极向上、勇于创新的 AI 氛围，让每一个角落都洋溢着探索与进步的活力。领导在 AI 战略落地过程中具体扮演以下角色。

1. 支持者与推动者

领导需要提供全力支持和积极推动，确保 AI 战略在组织中得到重视和有效实施。

2. 信号传递者

领导需要通过言行向组织传递 AI 作为未来核心竞争力的信号，营造积极向上的 AI 氛围。

3. 知识与信念的引领者

领导需要展现出对 AI 的深刻理解和坚定信念，成为 AI 领域的行家里手，并鼓励团队进行创新。

4. 战略规划与执行者

领导需要制定清晰可行的 AI 战略实施路径，将 AI 战略与组织长远发展相结合，并关注行业动态和技术发展，及时调整战略方向。

一把手工程还需要领导具备一种全局性的视野和战略性的思维。他们需要将 AI 战略与组织的长远发展相结合，制定出清晰、可行的实施路径。同时，他们还需要不断关注行业动态和技术发展，及时调整战略方向，确保组织始终走在 AI 领域的前沿。

二、行动自下而上：让员工成为 AI 主角

AI 战略的落地，绝非一把手工程的独角戏，而是需要全体员工的共同舞动与努力。唯有让员工成为 AI 舞台上的主角，方能真正实现 AI 与组织的深度融合，共同演绎出一场精彩的变革之舞。

自下而上的行动，犹如一股清泉，源自每个员工的内心。我们需要激

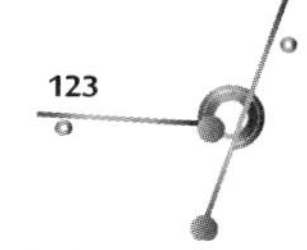

发这股清泉的活力，让员工们的积极性和创造力如泉水般涌流，主动参与AI 战略的实施中来。为此，我们必须打破传统的层级和部门壁垒，让员工能够自由地交流、合作与创新，如同破茧而出的蝴蝶，展翅飞翔在 AI 的广阔天地。

在这个过程中，我们需要注重培养员工的 AI 意识和技能，犹如为舞者提供时尚的舞鞋和精湛的舞技。通过培训、实践和交流等方式，让员工了解 AI 的基本原理和应用场景，掌握相关的技能和工具。同时，我们还需要鼓励员工积极尝试、勇于创新，将 AI 技术巧妙地应用到实际工作中去，如同舞者在舞台上灵活地舞动身姿，展现出无尽的魅力。

为了让员工成为 AI 的主角，我们还需要建立一种开放、包容的文化氛围。让员工敢于表达自己的观点和想法，敢于尝试新的方法和技术。即使失败了，也能够得到理解和支持，继续勇敢地前行。只有这样，才能真正激发员工的创新精神和主人翁意识，让他们在 AI 的舞台上尽情绽放自己的光彩。

要实现让员工成为 AI 主角的策略，我们得像一个精明的导演，精心策划每一场“演出”，让员工们在 AI 的舞台上大放异彩。以下是我们精心设计的“剧本”。

1. 明确员工角色与责任：打造专属的“角色卡”

定制 AI 角色：为每位员工量身定制他们在 AI 战略中的独特角色，就像为他们颁发专属的“角色卡”，让他们清晰认知自己的重要性和找到舞台位置。

绘制成长蓝图：根据员工的兴趣、能力和职业规划，为他们绘制个性化的 AI 技能成长蓝图，鼓励他们主动踏上这段充满挑战的旅程。

2. 提供全面的培训与支持：打造 AI“练功房”

构建多层次培训体系：搭建起一座多层次的 AI“练功房”，涵盖基础理论、实战技巧和案例分析，让员工在这里练就一身过硬的 AI 功夫。

智能学习伙伴：利用 AI 技术，为员工打造一位智能学习伙伴，随时提供个性化的学习资源，如在线课程、视频教程和互动式练习，让员工在轻松愉快的氛围中不断提升自我。

导师助力成长：为新员工或 AI 技能尚浅的员工安排经验丰富的导师，如同武林高手传授秘籍，助力他们迅速提升 AI 修为。

3. 促进跨部门合作与交流：搭建“跨界交流桥”

打破部门界限：鼓励不同部门的员工跨越界限，就 AI 应用进行自由交流和合作，共同探索 AI 技术在各自领域的无限可能。

跨部门项目历练：设立跨部门 AI 项目，让员工在实战中历练，与不同领域的伙伴携手，共同演绎 AI 的跨界传奇。

4. 建立开放包容的文化氛围：营造“创意温室”

倡导开放沟通：鼓励员工畅所欲言，无论是对 AI 技术的疑惑还是对工作流程的建议，都给予重视和回应，让创意在自由的空气中茁壮成长。

尊重多样性与创新：在“创意温室”中，每个员工的个性和特长都得到尊重。我们鼓励员工大胆尝试新方法，勇于创新。即使失败，也能得到组织的理解和支持，从失败中汲取养分，继续前行。

5. 激励机制与认可：颁发“荣耀勋章”

设立丰厚奖励：对于在 AI 应用方面表现出色的员工，我们颁发“荣耀勋章”，给予物质或精神奖励，如奖金、晋升机会、表彰大会等。

定期评估与反馈：定期对员工的 AI 技能进行评估，并给予具体反馈和建议。通过正面激励和及时指导，帮助他们不断提升自我，向着更高的荣耀迈进。

6. 提供实践机会与资源：开启“实战探险之旅”

内部实践项目历练：设立内部实践项目，让员工有机会将所学的 AI 技能应用到实际工作中去。这是一次充满挑战的“实战探险之旅”，让员工在探索中深入了解 AI 技术的应用场景和价值。

外部合作拓宽视野：积极寻求与外部企业、高校或科研机构的合作机会，让员工参与到更广泛的 AI 应用场景中去。这是一次拓宽视野的“海外游学”，让员工接触到更多的 AI 技术和前沿应用，提升竞争力。

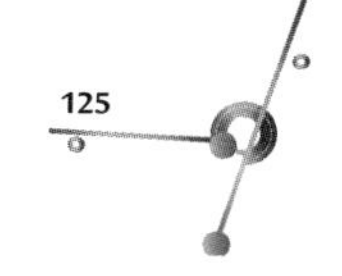

三、跨界融合与协同创新：打破传统壁垒

在 AI 战略的落地过程中，跨界融合与协同创新是不可或缺的一环。我们需要打破传统的部门和行业壁垒，实现不同领域、不同背景人员之间的深度合作与创新。

1. 跨界融合

跨界融合，意味着我们需要将 AI 技术与企业的核心业务相结合，探索出全新的业务模式和价值增长点。这需要我们具备一种开放的心态和视野，积极寻求与外部合作伙伴的合作与交流。同时，我们还需要在企业内部建立起一种跨部门的协作机制，让不同部门之间能够共享资源、共同解决问题。

2. 协同创新

协同创新，需要我们打破传统的思维模式和工作方式，鼓励员工之间进行跨界的合作与创新。这需要我们建立一种灵活多变的组织架构和工作流程，让员工能够自由地组合、协作和创新。同时，我们还需要注重培养员工的创新意识和团队协作能力，让他们能够在跨界合作中发挥出最大的价值。

为了实现跨界融合与协同创新，我们还需要建立一种开放、共享的知识管理体系。让员工能够方便地获取、分享和应用组织内外的知识和资源。同时，我们还需要注重保护员工的创新成果和知识产权，激发他们的创新动力。

四、培训与发展：提升团队 AI 协作能力

在 AI 战略的落地过程中，提升团队的 AI 协作能力是至关重要的。只有让团队成员具备足够的 AI 知识和技能，并能够有效地协作与创新，才能实现 AI 与组织业务的深度融合。

培训与发展，意味着我们需要为团队成员提供全面的 AI 培训和发展机会。这包括 AI 的基本原理、应用场景、技术工具及最新的发展趋势等。通过培训，让团队成员了解 AI 的核心价值和应用潜力，掌握相关的技能

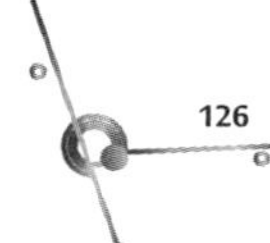

和工具。团队 AI 协作能力培养的具体措施如下。

1. 全面 AI 培训

为团队成员提供系统的 AI 培训，涵盖 AI 的基本原理、应用场景、技术工具及最新发展趋势，确保每位成员都具备扎实的 AI 知识基础。

2. 实战项目经验

通过参与实际 AI 项目，让团队成员在实践中学习如何应用 AI 技术解决问题，同时锻炼团队协作与创新能力。

3. 建立学习社群

鼓励团队成员建立学习社群，分享 AI 学习资料、经验和心得，促进知识共享与交流，形成良好的学习氛围。

4. 定期技能评估

定期对团队成员的 AI 技能进行评估，识别技能短板，并针对性地进行培训和提升，确保团队整体技能水平持续提升。

这些方法旨在通过不同的训练形式，提升团队成员的 AI 技能和协作能力，促进团队在 AI 领域的整体发展。同时，我们还需要注重培养团队成员的协作能力和创新意识。通过团队建设、项目实践等方式，让团队成员学会如何有效地沟通、协作和创新。在协作过程中，鼓励团队成员积极分享自己的知识和经验，共同解决问题和挑战。

为了提升团队的 AI 协作能力，我们还需要建立一种持续学习和发展的文化氛围。鼓励团队成员不断学习新知识、新技能，保持对 AI 领域的敏感度和洞察力。同时，我们还需要为团队成员提供足够的资源和支持，让他们能够在实践中不断成长和进步。

五、一致性行动：AI 团队与组织文化建设

在 AI 团队的殿堂里，我们要营造一种积极向上、勇于创新的工作氛围，让员工如同沐浴在温暖的阳光下，感受到企业的坚定支持与深情认可。北京某公司组织全员 AI 活动，营造良好的组织氛围。在这里，每个

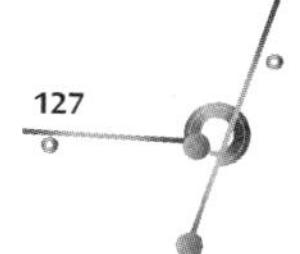

创意都被珍视，每次尝试都值得赞扬。一致性行动，不仅仅是口号，更是行动的指南针。我们需要将 AI 团队的价值观、行为准则和工作方式深深植根于组织文化的沃土之中。

1. 明确组织文化主题

AI 团队需要深入理解组织文化的核心要素和内涵。这包括组织的愿景、使命、价值观、行为准则及历史传承等。通过内部培训、文化宣讲、案例分享等多种方式，让团队成员对企业文化有全面而深刻的认识。在策划团队建设活动时，首先要明确活动的主题与企业文化紧密相关。例如，如果企业文化强调创新、协作和快速响应，那么团队建设活动可以围绕这些核心价值观展开，通过具体的活动和任务来体现这些价值观。

2. 定制化传播策略

根据 AI 团队的特点和成员构成，定制企业文化的传播策略。例如，可以利用 AI 技术生成个性化的文化学习材料，如互动式在线课程、虚拟现实体验等，让团队成员在轻松愉快的氛围中学习企业文化。同时，结合团队成员的兴趣爱好和沟通习惯，选择合适的传播渠道和方式，如社交媒体、内部论坛、电子邮件等，确保企业文化能够广泛而深入地传播到每个角落。

3. 强化实践体验

企业文化不仅仅是口号和理念，更需要通过实际行动来体现和强化。AI 团队可以组织各种实践活动，如团队建设活动、志愿服务、文化日等，让团队成员在参与中感受企业文化的魅力，增强对企业文化的认同感和归属感。同时，鼓励团队成员将企业文化融入日常工作，通过实际行动践行企业文化，形成一致性的行为准则和工作方式。

4. 建立反馈机制

建立有效的反馈机制，及时了解团队成员对企业文化的理解和接受程度。通过问卷调查、座谈会、一对一交流等方式，收集团队成员的意见和建议，对存在的问题和不足进行及时的调整和改进。同时，鼓励团队成员

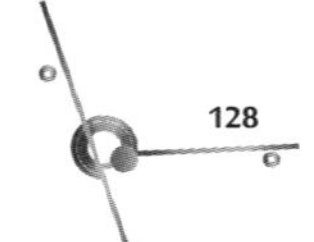

之间互相学习、互相监督，共同维护企业文化的纯洁性和一致性。

5. 树立榜样力量

在 AI 团队中树立践行企业文化的榜样人物和团队，通过他们的先进事迹和优秀表现来激励和带动其他成员。这些榜样可以是团队领导、资深员工或优秀新员工等，他们用自己的实际行动诠释了企业文化的内涵和价值，为其他成员树立了学习的榜样。通过表彰和奖励这些榜样人物和团队，可以进一步激发团队成员的积极性和创造力，推动企业文化的深入传播和一致行动的实现。

在 AI 团队与企业文化的共建之路上，沟通与协作如同桥梁，连接着每一个心灵与梦想。我们要让 AI 团队与组织其他部门之间保持密切的沟通与协作，共同绘制 AI 战略的实施蓝图，携手推动其发展。同时，我们还要像教练一样，注重培养团队成员的团队协作能力和服务意识，让他们如同默契的队友，为组织业务的发展贡献自己的力量，共同书写胜利的篇章。

第五章　AI 管理思维：重构所有业务流程

不要将时间浪费在盲目追寻最新的 AI 模型与最前沿的工具上，更不必强求每次都能采用最尖端的技术。应注重培养 AI 思维，这是一种更为核心的能力。2023 年制作一个数字人需要半个月，现在仅仅需要三分钟，未来会更快更好，鉴于每天都有新的 AI 工具和应用不断涌现，我们无法始终确保选用最优的工具。因此，更应集中精力探索如何更高效地利用现有工具，认识到真正的价值不仅在于工具本身，更在于我们如何将其巧妙地融入日常工作与生活，以及如何创新性地运用它们来解决实际问题。

第一节　办公智囊：AI 在事务管理流程中的革新

随着人工智能技术的飞速发展，AI 已深入事务管理领域，引领深刻变革。自动化办公、智能审批、项目管理和会议管理等核心环节正被 AI 重塑，显著提高工作效率，优化资源配置。AI 赋能自动化办公的机构众多，包括科技巨头如百度、阿里巴巴，专业办公软件企业如金山办公、科大讯飞，以及协同办公平台如钉钉、飞书、企业微信等，均在 AI 赋能自动化办公方面发挥着重要作用。它们通过研发大语言模型、智能助手等 AI 技术，或与合作伙伴共同推进，将 AI 深度融合到办公软件和平台中，为用户提供智能化、高效的办公体验。

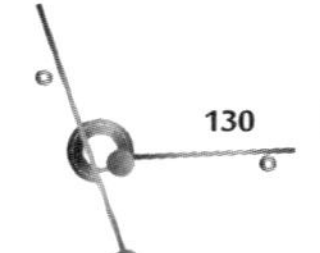

一、自动化办公：AI 引领的办公革命

在 21 世纪的数字化浪潮中，自动化办公已成为企业追求高效、精准管理的代名词。传统的办公模式，如同一台老旧的蒸汽机，依赖大量的人力投入，处理着烦琐、重复性的任务，不仅效率低下，还时常出错，仿佛随时都会抛锚。而今，AI 技术的引入，为办公领域带来了前所未有的变革，使得这些任务得以自动化处理，极大地减轻了员工的工作负担，提高了工作效率。

1. 智能文档处理：AI 让文档管理焕发新生

在传统的办公环境中，文档处理如同一座沉重的大山，压得员工喘不过气来。他们需要花费大量时间在阅读、编辑、校对和归档文档上，这些工作既耗时又烦琐，仿佛是在进行一场无尽的纸上战争。然而，AI 技术的引入，如同一位智慧的文档管家，让文档处理变得更加高效和智能。

智能文档处理是 AI 在办公领域的重要应用。AI 技术如智慧文档管家，通过自然语言处理技术自动识别关键信息，分类归档，并提供语法检查、拼写纠错等功能，确保文档准确专业。

以某制造企业为例，引入阿里云 PAI 智能文件管理系统后，实现文件自动分类、归档和检索，节省查找时间，根据员工习惯智能推荐文件，提高工作效率和团队协作能力，优化文件管理流程，提升员工满意度和忠诚度。

2. 智能日程管理：AI 让时间管理变得轻松自如

智能日程管理是 AI 在办公领域的又一杰出作品。传统日程管理依赖纸质或电子日历，手动记录烦琐且易错。AI 技术的革新，让日程管理变得轻松自如。

智能日程管理系统宛如私人助理，依据用户工作习惯和日程，自动提醒会议和任务，并提供交通、天气等相关信息，助力用户日程管理。此功能有效避免遗忘重要日程的损失，提升工作效率和时间管理能力。

以百度文心一言、阿里云 PAI 等国内 AI 大模型为例，它们在自动化办公中展现强大的能力，通过深度学习和自然语言处理等技术，为企业提

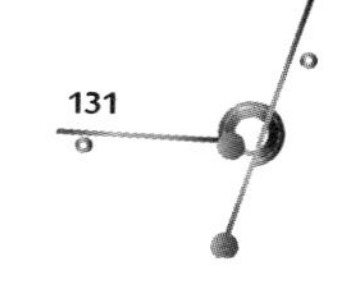

供智能、高效的办公解决方案。

某跨国公司高管曾面临紧张日程的挑战，但引入 AI 智能日程管理系统后，工作及生活变得轻松。系统自动识别其工作习惯和日程安排，提前提醒会议和任务，并提供交通、天气信息，使其能准备充分，不再手忙脚乱。同时，系统根据反馈和习惯不断优化日程，提供个性化服务，不仅提高工作效率，还让他有更多精力关注公司战略发展和创新。

3. 智能邮件管理：AI 让邮件处理变得高效便捷

邮件是职场沟通的重要工具之一。然而，随着邮件数量的不断增加，如何高效地管理和处理邮件成了一道难题。传统的邮件管理方式往往依赖于员工手动筛选、回复和转发邮件，既耗时又容易出错。AI 技术的引入，使得邮件管理变得更加轻松和智能。

智能邮件管理系统如同一名出色的邮件分拣员，能够自动对邮件进行分类、筛选和排序，将重要邮件置顶显示，并为用户提供快速回复、转发等功能。这一功能不仅提高了员工处理邮件的效率，还避免了因遗漏重要邮件而造成的损失。同时，AI 还能通过自然语言处理技术，分析邮件内容，提供相关的建议和信息，帮助用户更好地理解邮件意图并做出决策。智能邮件管理是 AI 在办公领域的又一重要突破。

以某大型电商公司客服部门为例，引入 AI 智能邮件管理系统后，工作效率显著提升。系统自动识别邮件类型和内容，置顶重要邮件，提供快速回复、转发功能，客服人员轻松处理大量邮件。系统还提供相关建议和信息，帮助客服人员理解客户需求并准确回复，提高客户满意度。

4. 实际案例分享：钉钉，现代式办公的 AI 超级助理

钉钉作为阿里巴巴旗下的一款企业级通信和协同办公平台，凭借 AI 技术，全面升级了自动化办公体验，尤其在智能文档处理、智能日程管理及智能邮件管理三大核心领域表现出色。

①智能文档处理。钉钉利用 AI 实现了文档的自动化生成、编辑与校对，这一功能极大地节省了用户手动创建和修改文档的时间。智能摘要提

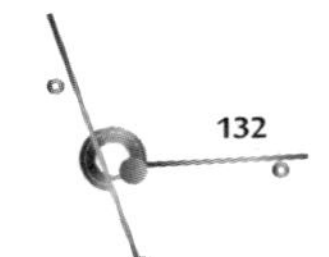

取功能则让用户能够快速把握文档的核心内容，提高阅读效率。待办事项识别功能则确保了用户不会遗漏任何任务。此外，钉钉还支持多格式文档的便捷导入与导出，满足用户不同场景的需求，进一步提升了文档处理的灵活性和便捷性。

②智能日程管理。通过 AI 技术，钉钉实现了日程的一键创建，用户只需简单输入相关信息，即可快速生成日程安排。多端同步功能则确保了用户在不同设备间能够无缝切换，随时查看和管理日程。智能提醒功能则根据用户的日程安排，自动发送提醒通知，确保用户不会错过任何重要会议或任务。这些功能共同提升了用户的工作效率，同时也让团队协作更加顺畅。

③智能邮件管理。钉钉的邮件管理功能集成了 AI 技术，实现了邮件的自动分类和过滤，让用户能够优先处理重要邮件。智能回复功能则根据邮件内容，为用户提供快速回复的建议，提高了沟通效率。与聊天窗口的深度集成更是让邮件沟通变得便捷高效，用户无须切换应用即可处理邮件，进一步提升了工作效率。这些功能共同确保了用户能够及时处理重要邮件，保持与团队成员间的紧密沟通。

二、智能审批系统：提升决策效率与准确性

在企业管理的广阔空间，审批流程如同一条繁忙的交通枢纽站，连接着各个部门与环节，确保企业的顺畅运行。然而，传统的审批方式常常像一场冗长而烦琐的会议，耗时费力，且容易出错。这时，智能审批系统犹如一位高效的会议主持人，利用 AI 技术的魔力，对传统审批流程进行深度优化和升级，让审批变得迅速而准确。

1. 自动化审批流程：AI 打造的审批“高速公路”

智能审批系统，作为 AI 技术在办公领域的杰出应用，正逐步重塑企业的审批流程，提升工作效率与决策准确性。这一系统好比一位高效的交通规划师，为员工申请打造出一条审批“高速公路”。

在自动化审批流程方面，系统根据预设规则，智能导航申请至相应

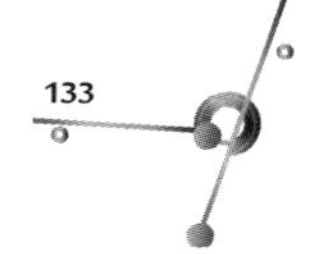

审批人。员工仅需提交申请，系统便能自动识别类型、紧急程度，并实时通知相关人员。以大型企业为例，每日需处理海量审批事项，如采购、报销、项目立项等，传统人工审批方式烦琐低效，而智能审批系统则能井然有序地处理这些申请，显著节省时间与精力。

2. 智能风险评估：AI 的“火眼金睛”

风险评估如同一道关键的闸门，好比拥有“火眼金睛”的风险评估专家。通过深度学习历史数据，系统建立精准风险评估模型，自动识别申请中的关键信息与潜在风险点。以金融机构为例，每日需要处理大量的贷款申请，传统人工审批方式易受人为因素影响，而智能审批系统则能自动分析申请人信用记录，给出审批建议，提高决策准确性与审批效率。

此外，智能审批系统还具备实时监控与反馈功能，如同拥有“智慧之眼”的监控员。它能实时跟踪审批进度与状态，将信息反馈给相关人员，使审批过程变得更加透明可控。同时，系统还能根据审批结果与反馈意见不断优化审批流程与规则，实现自我学习与完善。以制造企业为例，引入智能审批系统后，生产部门与采购部门能及时了解订单审批情况，合理安排生产计划与采购计划。系统还能根据历史数据优化审批流程，提高生产效率与市场响应速度，降低生产风险。

3. 案例分析：AI 智能审批系统的金山办公

金山办公在 AI 赋能智能审批系统方面，展现出了强大的技术实力和创新能力，主要体现在自动化审批流程、智能风险评估及实时监控等方面。以下是对这些方面的详细阐述。

（1）自动化审批流程

金山办公利用 AI 技术实现审批流程的自动化，大幅缩短审批时间、提高工作效率。通过智能识别、自动审批等功能，系统快速完成报销、合同管理等传统人工审核流程，降低错误率，减少人力成本，提升整体运营效率。

（2）智能风险评估

系统融入智能风险评估功能，实时监测和分析企业运营风险。在合同

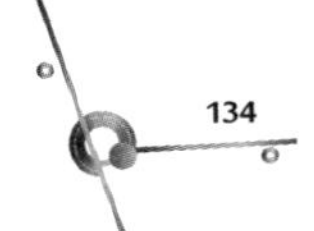

审批中，系统分析合同条款、对方企业信用等信息，评估潜在风险，给出风险提示和建议，帮助企业做出明智决策，预防和控制风险。

（3）实时监控

系统对企业运营中的审批流程进行实时监控，确保流程顺利进行。一旦发现异常或延误，系统会立即发出警报并通知相关人员处理，提高审批流程透明度，帮助企业及时发现和解决问题，避免遭遇不必要的损失。

三、项目管理：AI 赋能的高效协同

“项目管理”这一词本身就蕴含着挑战与机遇。它如同一场精心策划的交响乐，需要指挥家（项目经理）精准地调配各种乐器（团队成员），确保每一个音符（任务）都能在正确的时间奏响。然而，传统的项目管理方式常常如同手动调配一场大型交响乐，烦琐、易出错，且难以应对突发状况。这时，AI 技术的引入，就如同为这场交响乐增添了一位智能的指挥家，让项目管理变得更加高效和精准。

1. 智能任务分配：AI 的“慧眼识才”

在项目管理中，任务分配尤为重要。传统的任务分配方式往往依赖于项目经理的经验和直觉，但这种方式往往难以充分考虑团队成员的能力和专长。而 AI 技术则如同一位拥有“慧眼识才”能力的指挥家，能够根据团队成员的能力和专长，自动分配任务。

一个多元化的项目团队，成员各自擅长不同的领域和技能。在没有 AI 帮助的情况下，项目经理可能需要花费大量时间和精力来了解每位成员的能力，并进行任务分配。AI 系统能够自动分析团队成员的历史工作数据和绩效表现，识别出他们的优势和专长。然后，系统会根据项目的需求和任务的要求，智能地将任务分配给最合适的成员。

2. 实时进度跟踪：AI 的“透视眼”

在项目管理中，实时进度跟踪如同指挥家时刻关注着交响乐的演奏进度。传统的进度跟踪方式往往依赖于项目经理的定期检查和团队成员的汇

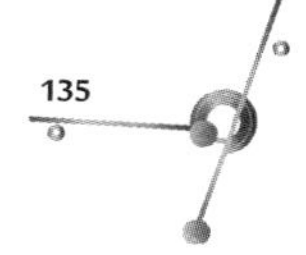

报，但这种方式往往存在信息滞后和不准确等问题。而 AI 技术则如同一位拥有“透视眼”的监控员，能够实时跟踪项目的进度和状态。

AI 系统能够自动收集和分析项目数据，包括进度、成本、质量等方面的信息。然后，系统会通过图表、报表等形式，将项目的实时进度和状态直观地展示给项目经理和团队成员。这样项目经理就能随时了解项目的最新状况，及时发现潜在的问题和风险点。同时，系统还能自动识别潜在的风险点和问题，并提供预警信息。AI 系统就像一位细心的助手，时刻提醒着项目经理注意潜在的风险和问题，确保项目能够顺利进行。

3. 智能决策支持：AI 的“智囊团”

在项目管理过程中，决策如同指挥家在关键时刻做出的一个重要指挥。传统的决策往往依赖于项目经理的经验和直觉，但这种决策往往难以应对复杂多变的项目环境。而 AI 技术则如同项目管理过程中拥有一个知识和经验丰富的“智囊团”，能够为项目管理者提供科学的决策支持。

AI 系统能够通过对大量数据的分析和挖掘，预测项目的未来发展趋势和可能遇到的问题。然后，系统会基于历史数据和经验知识，给出相应的解决方案和建议。AI 系统就像一位经验丰富的顾问，时刻为项目经理提供着宝贵的建议和指导。这种智能的决策支持方式有助于管理者做出更加准确和科学的决策，降低项目失败的风险。

4. 具体案例解析：智能项目管理，飞书与 AI 的完美融合

飞书作为一款集即时通信、项目管理、日程安排、文件共享和会议等于一体的多种功能的企业级办公工具，通过 AI 赋能项目管理，实现了智能任务分配、实时进度跟踪和智能决策支持等高级功能，极大地提升了项目管理的效率和精准度。

①智能任务分配。飞书利用 AI 算法深度解析项目需求，并综合考虑团队成员的技能、经验和当前工作量，实现任务的自动化、智能化分配，确保任务精准匹配到最合适的执行者，提高工作质量与效率。

②实时进度跟踪。飞书实时进度跟踪功能提供甘特图、任务板视图等

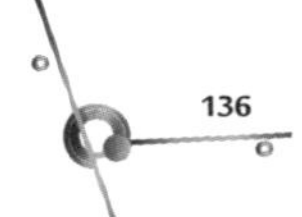

工具，让项目经理能够直观掌握项目整体进展与任务完成情况，同时支持自动生成进度报告与统计图表，为决策提供有力的数据支持。

③智能决策支持。飞书通过 AI 算法深度挖掘与分析项目数据，帮助项目经理识别项目瓶颈、风险与改进点，预测未来发展趋势与潜在风险，并提供优化资源配置方案，提高资源使用效率与项目整体效益。

总之，飞书通过 AI 赋能项目管理，为企业提供了高效、精准的项目管理解决方案，助力企业提升项目执行效率与成功率。

四、会议管理：智能安排与纪要生成

会议是企业内部沟通和决策的重要平台。然而，传统的会议模式往往存在效率低下、沟通不畅等问题。AI 技术的引入为会议管理带来了全新的解决方案。通过智能辅助工具的应用，AI 可以帮助会议组织者更好地安排会议议程、记录会议内容、分析会议结论等，从而提升会议效果。

1. 智能会议安排

在传统的会议模式中，会议安排常常是一场时间与空间的争夺战。智能会议安排通过 AI 系统根据参与者的日程和会议需求，自动安排会议时间和地点。这一功能避免了时间冲突和会议室资源的争夺，确保了会议的高效进行。以某科技公司为例，其智能会议室系统如同一位得力的管家，时刻管理会议室资源，为员工提供最佳的会议安排方案。

2. 智能会议记录

会议记录往往是一项烦琐而艰巨的任务。记录者需要全神贯注地倾听每个人的发言，并将其准确地记录下来。然而，这种人工记录的方式不仅效率低下，还容易出现遗漏和错误。AI 技术的引入，则为会议记录带来了全新的活力。

智能会议记录利用语音识别和自然语言处理技术，自动记录会议内容。这种方式不仅提高了记录的准确性和完整性，还减轻了记录者的负担，使他们能更专注于会议讨论。在该智能会议室系统，智能会议记录功

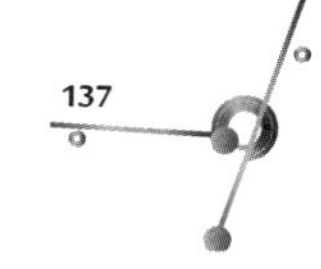

能让与会者能实时查看或会后获取完整的会议记录，方便回顾和整理。

3. 智能会议分析

会议分析往往被忽视。然而，实际上，会议中蕴含着大量的信息和价值，只有通过深入分析和挖掘，才能真正发挥其价值。AI 技术的引入，则为会议分析带来了全新的解决方案。

智能会议分析通过 AI 系统对会议内容进行分析和挖掘，提取关键信息和决策点。这些信息和决策点被整理成报告或摘要，为决策者提供有力支持。同时，系统还能生成会议总结和建议报告，帮助团队回顾和反思会议内容。在该智能会议室系统中，智能会议分析功能让决策者能更清晰地了解会议全貌和重点，从而做出更加明智和科学的决策。

4. 实际案例分享：企业微信——腾讯会议 AI 升级

腾讯会议通过智能化升级，提升了协同效率。通过 AI 小助手和智能录制等功能，提升了在线会议的用户体验。AI 小助手能够实时提炼会议关键信息，帮助用户快速找到会议重点；智能录制则提供了便捷的会议回放功能，方便用户随时回顾会议内容。智能会议安排、智能会议记录、智能会议分析这些功能显著提升了用户的满意度，付费会议数明显增多。通过 AI 赋能会议管理，实现了会议流程的全面智能化，极大地提升了企业的会议效率和协作能力。

第二节　财税智囊：AI 在财务管理中的深化应用

随着大数据、云计算、机器学习等技术的飞速发展，AI 已不仅是一种技术工具，而是推动产业变革的关键力量。在财务管理领域，AI 凭借其强大的数据处理能力、学习优化能力及自主决策能力，正逐步实现对传统财税管理模式的全面超越，为企业提供了更加精准、高效、智能的财税管理解决方案。AI 赋能自动化财税管理平台的机构众多，包括用友畅捷通、金蝶云、浪潮云、柠檬云等，这些机构均在 AI 赋能财税管理方面发挥重要作用。

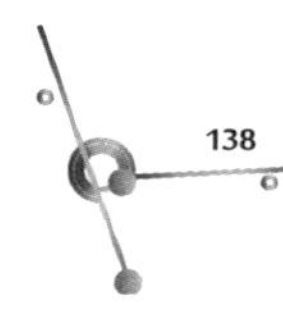

一、财务分析：大数据驱动下的精准预测

随着大数据技术的浪潮席卷而来，企业仿佛站在了数据的海洋中，海量的财务和业务数据如潮水般涌来。这些数据就像一个个未被发掘的宝藏，蕴含着丰富的信息和价值，然而，如果没有高效的分析工具和方法，它们就如同沉睡的海底宝藏，难以被充分挖掘和利用。

1. 传统财务分析的“盲点”

回顾过去，传统的财务分析更像是一位戴着老花镜的老会计，主要依赖于财务报表等结构化数据，通过比率分析、趋势分析等方法来评估企业的财务状况和经营成果。然而，这位老会计的视野有限，往往只能回顾和解释历史数据，难以捕捉市场动态变化及非结构化信息中的潜在价值。因此，其预测精度有限，难以满足现代企业管理的决策需求。

2. 大数据与AI的“梦幻联动”

而现在，AI与大数据的结合就像是一位拥有超能力的“预言家”，为财务分析注入了新的活力。它们能够采集并整合企业内部经营数据、外部市场数据、社交媒体数据等多源异构数据，就像是一位全知全能的侦探，对海量数据进行深度挖掘与分析，发现数据背后的隐藏规律与关联关系。

更重要的是，基于机器学习算法，这位“预言家”能够构建预测模型，实现对未来财务状况的精准预测。它就像是一位穿越时空的智者，为企业的战略规划、投资决策提供有力支持，帮助企业在变幻莫测的市场中稳健前行。

3. 案例分析：金蝶云财务大模型与智能决策

金蝶云·苍穹GPT推出的国内首款财务大模型，金蝶云财务大模型结合了金蝶30年的财务知识积累和数百万客户的成功实践，为企业提供全面的分析预测、专家支持、报告生成和解读服务。这一大模型不仅加速了企业财务管理的智能化跃升，还为企业决策提供了有力支持。

金蝶通过其金蝶云·星空智能核算解决方案，将AI技术深度融入财税管理。金蝶云·星空智能财务产品设计理念是“无人会计、人人财务”，旨

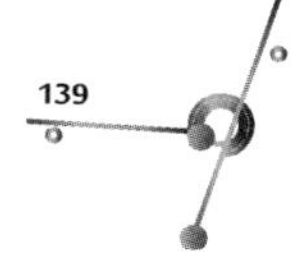

在通过 AI、大数据、RPA、云计算等新技术，实现财务的自动记账、自动对账、自动结账、自动出具报表的智能核算。

此外，金蝶推出的 Cosmic for 财务 AI 管理助手，支持自动记账、实时查询、一键报税及数据分析等功能。通过 AI 技术，实现了财务工作的智能化升级。企业可以更加高效地进行财务管理和税务申报工作。

二、预算管理：自动化成本控制与资源配置优化

预算管理是企业财务管理的重要组成部分，涉及成本控制、资源配置等多个方面。然而，传统的预算管理往往存在效率低下、灵活性差等问题。随着企业规模的扩大和业务复杂度的增加，这些问题变得更加突出。AI 的引入为预算管理提供了新的解决方案，通过自动化和智能化的手段，实现了成本控制的精细化和资源配置的优化。

1. 预算管理的挑战

预算管理是企业财务的“命脉”，关乎着企业的成本控制、资源配置及经济效益。然而，传统的预算管理却常常让企业头疼不已。预算编制耗时费力、执行监控滞后、调整反应慢，这些问题就像是一座座大山，压得企业喘不过气来。在快速变化的市场环境中，传统的预算管理显得捉襟见肘，无法适应市场的节奏。

2. AI 赋能预算管理

AI 技术的引入为预算管理带来了革命性的变化。它就像是一位“超级英雄”，横空出世，拯救企业于水深火热中。通过自动化工具，AI 能够极大地简化预算编制流程、提高编制效率。同时，AI 还能实现对预算执行情况的实时监控与智能分析，一旦发现偏差或异常，立即触发预警机制，为管理层及时提供调整建议。

3. 实践案例：华为的智能预算管理系统

华为作为全球领先的信息通信技术（ICT）解决方案提供商，其业务遍及全球多个国家和地区。为了应对复杂的业务环境和多变的市场需求，

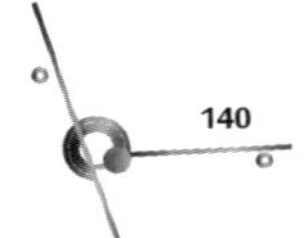

华为开发了智能预算管理系统。该系统集成了多个 AI 模块，包括预算编制、预算执行监控、预算调整优化等。在预算编制阶段，系统能够自动从企业资源计划（ERP）系统中提取业务数据，结合历史数据和市场预测，快速生成预算编制草案。在预算执行过程中，系统实时监控各项费用支出和资源配置情况，并与预算目标进行对比，一旦发现偏差或异常情况，系统立即触发预警机制，并提供详细的调整建议。这些调整建议基于 AI 算法的优化计算，旨在实现成本的最小化和资源的最大化利用。

三、风险防控：AI 辅助的财务风险预警与干预

财务风险，这个企业经营过程中的“隐形杀手”，时刻潜伏在企业的每一个角落，包括市场风险、信用风险、流动性风险等，一旦爆发，将对企业造成致命的打击。传统的财务风险防控方法，往往依赖于人工经验和主观判断；AI 的引入，让财务风险无处遁形。

1. 财务风险防控：企业的“生命线”

财务风险，这个企业经营过程中的“暗礁”，时刻威胁着企业的稳健发展。若不能及时发现并有效防控，企业就像是一艘船在茫茫大海中失去了方向，随时可能触礁沉没。因此，财务风险防控对于企业来说，就像企业的“生命线”，至关重要。

2. AI 在风险预警中的应用

AI 通过其强大的数据分析能力，能够对企业内部的财务数据、业务数据及外部市场环境进行全面扫描，识别潜在的风险。基于机器学习算法，AI 能够构建风险预警模型，实现对财务风险的实时监控与预警。一旦触发预警条件，AI 将立即向管理层发送警报，并提供详细的风险分析报告，帮助管理层快速制定应对措施。

3. AI 在风险干预中的作用

除了预警功能外，AI 还能在风险干预中发挥重要作用。通过模拟不同决策方案对企业财务状况的影响，AI 能够为管理层提供科学的决策支持。

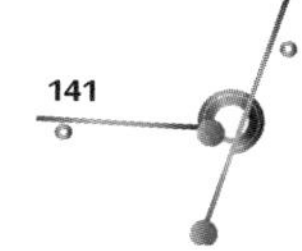

同时，AI 还能自动化执行部分风险干预措施，如自动调整投资策略、优化债务结构等，降低人为干预的滞后性和不确定性。

4. 平安银行的实践：智能风控系统的“实战演练”

平安银行作为中国领先的商业银行之一，其业务涉及贷款、存款、投资等多个领域。为了有效防控金融风险，平安银行开发了智能风控系统。该系统就像是一部“超级雷达”和一位“全能守护者”，集成了多个 AI 模型，包括欺诈检测模型、信用风险评估模型、流动性风险预警模型等。

这些模型能够实时收集和分析来自银行内部和外部的各类数据，包括客户交易数据、信用记录、市场行情等。通过构建复杂的算法和规则库，系统能够自动识别并评估潜在的风险点，并向风险管理部门发送预警信息。同时，系统还能够根据风险类型和程度提供相应的干预措施和建议，帮助银行及时应对风险挑战。这样，平安银行就能更加稳健地发展，并为客户提供更优质的服务。

四、税务筹划：智能合规与优化策略

税务筹划是企业财务管理的重要环节之一，涉及税法遵从、税负优化等多个方面。税务筹划是企业财务管理的“迷宫”，既关乎税法遵从，又涉及税负优化，复杂而微妙。企业就像是在这个迷宫中不断寻找出口的探险者，面临着越来越大的税务合规压力。AI 的引入就像是为企业配备了一部智能“税务导航仪”，通过智能化的手段，实现了税务合规的自动化和税负优化的精准化。

1. 税务筹划：企业财务管理的“迷宫”

税务筹划，这个企业财务管理的“迷宫”，既充满挑战又充满机遇。企业需要在合法合规的前提下，通过合理的税务安排降低税负成本。然而，随着税法政策的不断更新和复杂化，这个“迷宫”的出口也越来越难寻找。例如，智能税务策划——税麒麟利用 AI 技术，结合企业的财务数据、经营状况及最新税收政策，为企业提供个性化的税务策划方案。这些方案旨在帮助企业在合规的前提下，优化税务结构、降低税务成本。

2. AI 在税务合规中的应用

AI 技术能够助力企业实现税务合规的智能化管理。通过自动化扫描和分析企业的财务数据、交易记录等信息，AI 能够迅速识别潜在的税务风险点，并提供合规性建议。同时，AI 还能根据最新的税法政策更新自身的知识库，确保企业的税务筹划始终符合法规要求。

例如，用友 YonSuite 集成了智能税务管理功能，能够自动生成税务申报表并实现智能申报。通过与税局的直连，实时查验税务信息，智能诊断潜在的税务问题并给出合理建议。这一功能不仅大幅提升了税务申报的准确性和效率，还帮助企业有效规避税务风险。

3. AI 在税务优化中的应用

在税务优化方面，AI 通过构建税务筹划模型，结合企业的实际经营情况和税务政策环境，为企业提供最优的税务筹划方案。这些方案旨在最大限度地降低企业的税负成本，同时确保企业税务筹划的合法性和可操作性。

4. 实践案例：浪潮智能税务规划之旅

浪潮智能税务在 AI 赋能应用方面，通过先进的 AI 技术手段在税务策划、智能合规与优化策略等领域实现了显著的突破与提升。

（1）税务策划：AI 驱动的精准筹划

在税务策划方面，浪潮利用 AI 技术与大数据分析，为企业提供个性化税务筹划方案。AI 系统自动收集并分析多源信息，预测税务风险与机遇，确保筹划方案的合法合规，同时提升筹划效率与精准度，助力企业税务成本最小化、效益最大化。

（2）智能合规：AI 助力风险防控

智能合规领域，浪潮通过 AI 技术实现税务风险的实时监控与预警。AI 系统自动扫描税务数据，识别潜在合规问题，并立即预警。同时，根据企业历史税务记录与当前经营状况，预测未来税务风险，提供前瞻性合规建议。此外，AI 技术还优化税务流程，减少人为错误，确保税务活动合法规范。

（3）优化策略：AI 赋能决策支持

在优化策略方面，浪潮利用 AI 技术为企业提供智能化税务决策支持。AI 系统整合分析企业内外部税务信息，提供全面税务分析报告，涵盖当前税务状况、风险点及针对性优化建议与未来趋势预测。通过 AI 赋能的决策支持，企业能更科学、合理地制定税务策略，提升税务管理效率与效果。

第三节　人事智囊：AI 在人力资源管理中的应用

随着科技的飞速发展，人工智能（AI）已经渗透到我们生活的方方面面，其中，人力资源管理（HRM）领域也不例外。AI 的引入，不仅极大地提高了人力资源管理的效率与精准度，还为企业带来了前所未有的变革机遇。AI 赋能人力资源管理平台的机构众多，如 BOSS 直聘、智联招聘、猎聘、钉钉、金蝶云、58 同城招聘、前程无忧等，均在 AI 赋能人力资源管理方面发挥着重要作用。

一、智能招聘：招聘与人才筛选的智能化

在传统的招聘流程中，企业往往需要投入大量的人力、物力去筛选简历、组织面试，不仅效率低下，而且难以保证招聘质量。AI 技术的引入，则为招聘与人才筛选带来了全新的变革。

1. 招聘流程的优化

在传统招聘模式中，企业往往需要通过发布职位信息、筛选简历、安排面试等一系列烦琐流程来寻找合适的人才。这一过程不仅耗时耗力，而且容易因人为因素导致偏见和疏漏。而 AI 技术的应用，使得招聘流程变得更加智能化和高效。

首先，AI 可以通过自然语言处理（NLP）技术，自动解析并筛选简历中的关键信息，如教育背景、工作经验、技能特长等，快速匹配岗位需求。这不仅大大减轻了 HR 的工作量，还提高了简历筛选的准确性和效率。同时，AI 还能基于大数据分析，预测候选人的离职风险、工作绩效等潜在

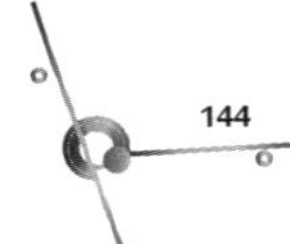

因素，为企业提供更加全面的候选人评估报告。

2. 视频面试与智能评估

除了简历筛选外，AI 还可以通过视频面试、语音聊天等方式，对候选人进行初步面试评估。一些先进的 AI 系统甚至能够模拟人类面试官的行为，与候选人进行自然的对话交流，并根据候选人的回答和表现，进行情感分析、语言能力评估等多维度的评价。这不仅节省了 HR 的时间和精力，还使得初步面试评估更加客观、公正。

3. 多元化与包容性的招聘

AI 技术的应用还有助于促进招聘的多元化与包容性。通过算法优化，可以确保招聘过程不受性别、年龄、种族等偏见的影响，实现更加公平、透明的选拔机制。同时，AI 还能帮助企业挖掘潜在的人才库，如社交媒体、专业论坛等渠道，拓宽招聘视野，吸引更多优秀人才加入。

4. 落地案例：BOSS 直聘的 AI 招聘“秘籍”

BOSS 直聘作为 AI 智能招聘的领先者，成功将 AI 技术深度融入招聘领域。其智能匹配系统就像是一本猎人“秘籍”，依托强大的 AI 算法，精准分析求职者与岗位之间的契合度，实现了高效的人才与职位对接。这不仅极大地提升了招聘效率与质量，还让 HR 从烦琐的简历筛选中解脱出来，更专注于人才的深度评估与培养。

同时，BOSS 直聘还创新性地引入了 AI 面试助手，为求职者提供个性化、定制化的面试准备服务。这就像是一位贴心的“面试教练”，帮助求职者打磨面试技巧、提高面试成功率。在数据洞察方面，BOSS 直聘凭借 AI 技术深度挖掘招聘数据，为企业提供精准的招聘趋势预测与决策支持，助力企业精准布局人才战略。

总之，BOSS 直聘通过 AI 技术实现了智能匹配、简历筛选、面试辅助及数据分析的全面升级，显著提升了招聘效率与质量。它就像是一位拥有“超能力”的招聘伙伴，为求职者和企业带来便捷、高效的招聘体验，成为 AI 智能招聘领域的璀璨明星。BOSS 直聘不仅提升了 HR 的工作效率，

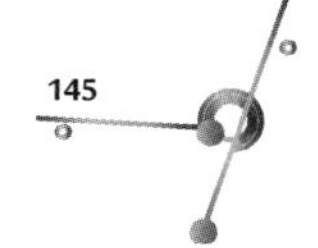

还增强了员工的满意度，为企业的持续发展注入了新的动力。这些创新应用展示了 AI 技术在人力资源领域的巨大潜力，预示着未来人事管理的新趋势。

二、员工培训与发展：AI 定制个性化成长路径规划

在员工培训与发展方面，AI 技术同样发挥着重要作用。通过数据分析、个性化推荐等技术手段，AI 能够为员工量身定制个性化的成长路径规划，帮助员工更好地实现职业发展。

1. 个性化学习推荐

每个员工的学习能力和兴趣点都不尽相同，传统的“一刀切”式培训模式难以满足员工的个性化需求。AI 技术可以根据员工的学习记录、绩效表现、职业规划等信息，为其量身定制个性化的学习资源和成长路径。例如，通过分析员工在特定领域的技能掌握情况，AI 可以推荐相关的学习课程、在线研讨会或实践项目，帮助员工有针对性地提升自我。

2. 智能导师系统

AI 还可以充当员工的智能导师，提供实时、个性化的学习指导和反馈。通过自然语言交互，员工可以随时向 AI 提问、寻求帮助，而 AI 则能迅速给出准确的解答和建议。此外，AI 还能根据员工的学习进度和成效，动态调整学习计划和难度，确保员工能够持续、高效地成长。

3. 职业发展规划

AI 技术还能帮助员工规划职业生涯，明确职业目标和发展方向。通过分析市场趋势、企业需求、个人优势等因素，AI 可以为员工生成个性化的职业发展规划报告，包括短期目标、中期规划、长期愿景等。这不仅有助于员工明确自己的职业定位和发展方向，还能激发其工作热情和动力。

4. 落地案例：某互联网公司的 AI 在线培训系统

某互联网公司为了满足员工不断增长的学习需求，引入了 AI 在线培训系统。该系统不仅涵盖了技术、管理、市场等多个领域的在线课程，还利用

AI技术对员工的学习行为进行分析和课程推荐。员工可以根据自己的职业发展需要和学习兴趣自主选择课程进行学习，同时系统还会根据员工的学习进度和效果提供实时的反馈和建议。这一系统的实施不仅提高了员工的学习积极性和学习效果，还为企业的人才培养和发展提供了有力支持。

三、AI绩效管理：数据驱动的客观评价体系

传统的绩效管理方式，往往像是一场主观判断的“迷雾航行”，难以保证评价的客观性和公正性。而AI技术的引入，则为这场航行点亮了一盏灯，让绩效管理迎来了全新的变革。

1. 自动评估与打分

绩效管理是人力资源管理的关键环节之一。AI可以通过自然语言处理、大数据分析等技术手段，多渠道收集员工的工作数据，包括工作量、工作质量、团队协作、客户满意度等多个维度，自动分析员工的工作报告、客户反馈及工作表现等数据，生成全面、客观的绩效评估报告，为管理者提供决策支持。

2. 实时反馈与调整

AI技术还能实现绩效管理的实时反馈和调整。通过实时监测员工的工作状态和绩效表现，AI可以及时发现潜在问题并给出预警，帮助管理者及时采取措施进行干预和纠正。同时，AI还能根据员工的绩效表现自动调整薪酬、奖金等激励机制，确保公平公正地激励员工。

3. 绩效改进建议

基于大数据分析的结果，AI还能为员工提供个性化的绩效改进建议。通过分析员工在工作中的优势和不足，AI可以指出其需要改进的方向和给出具体方法，帮助员工不断提升自己的绩效水平。这种基于数据驱动的绩效改进建议更加精准、有效，有助于员工实现自我超越和职业发展。

4. 落地案例：金融企业的“公正之网”

以某金融企业为例，为了建立更加科学、公正的绩效考核体系，它引

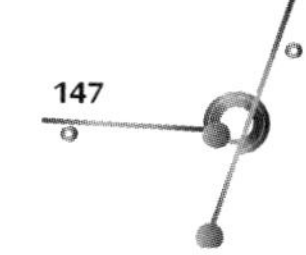

入了基于 AI 技术的绩效考核系统。这个系统就像是一张“公正之网”，能够自动分析员工的工作表现、能力素质等多个方面的数据，并生成个性化的评估报告和反馈建议。同时，这张网还采用了机器学习算法，对历史绩效数据进行学习和分析，不断优化评估模型，提高评估的准确性和公正性。通过这一系统的实施，该金融企业实现了员工绩效与晋升机制的有机结合，为企业的可持续发展织就了一张坚实的“保障之网”。

四、员工关系管理：AI 情感分析与智能化沟通

良好的员工关系，如同企业内部的“和谐乐章”，不仅能够奏响员工工作满意度和忠诚度的美妙旋律，还能够促进企业的和谐稳定发展。而 AI 技术的引入，则为这首“和谐乐章”的演奏带来了全新的指挥家和乐器。

1. 情感分析技术：员工情绪的“晴雨表”

员工关系管理，如同维护一片繁茂的森林，需要细心呵护每一棵树。AI 技术中的情感分析技术，就如同这片森林的“晴雨表”，能够实时感知员工的情绪变化和心理状态。它通过分析员工在社交媒体、企业内部论坛等平台上的言论和互动情况，精准地识别出员工的情绪、潜在的不满和抱怨。这些信息对于管理者来说，就如同森林中的“风向标”，能够帮助他们及时发现并解决员工面临的问题和困扰，确保这片“森林”的繁茂。

2. 智能化沟通平台：员工交流的“高速路”

AI 技术还如同一位巧妙的工程师，能够构建出智能化的沟通平台，为员工之间的交流和协作铺设一条“高速路”。这些智能化的沟通平台通常具备自然语言交互、智能推荐、实时翻译等神奇功能，能够大大降低沟通成本，提高沟通效率。员工可以在这条“高速路”上轻松地分享工作心得、寻求帮助或提出建议，而管理者则可以通过平台这个“观景台”了解员工的需求和反馈，及时调整管理策略和工作流程，确保企业这辆“大车”能够顺畅行驶。

3. 冲突预警与调解：企业矛盾的“灭火器”

在员工关系管理中，冲突和矛盾如同森林中的“火种”，是不可避免的。而AI技术则如同一位敏锐的“消防员”，能够通过情感分析和行为预测技术提前发现这些潜在的“火种”，并给出预警和调解建议。这有助于管理者及时介入并化解矛盾，避免冲突升级对企业造成不利影响。同时，AI还能提供多种调解方案供管理者选择，确保调解过程如同“灭火器”一般，公正、合理且有效。

4. 案例分析：智联招聘：以AI驱动人力资源智能革新

智联招聘作为人力资源服务领域的领先者，拥有3.6亿职场人用户并与1375万余家企业存在合作关系，提供全方位、高效的人力资源解决方案。其六大产品体系构建了招测培一站式服务生态，精准对接企业需求与求职者期望。

在AI技术应用上，智联招聘引领行业潮流，推出AI招聘助手“艾琳（Ailin）”，实现招聘全流程智能化管理，包括职位发布、简历筛选、人才推荐等，极大提升招聘效率，为企业和求职者带来便捷的体验。

此外，智联招聘还深耕AI在人力资源领域的其他应用，如智能培训与发展，利用AI技术为员工量身定制培训计划，助力员工快速成长；智能绩效评估，通过实时监控和分析工作数据，结合AI算法自动计算绩效得分，构建公平、高效的绩效评估体系。

智联招聘的AI助手还扮演关怀员工和与其进行沟通的重要角色，作为24小时不间断的虚拟助手，随时为员工提供咨询服务，解答疑惑，传递关怀，有效提升员工满意度。

第四节　生产智囊：AI在运营管理中的应用

一、智能化生产规划与调度

智能化生产规划是企业实现高效生产、降低成本、提高产品质量的关键环节。通过AI技术，企业可以更加精准地预测市场需求、优化生产计

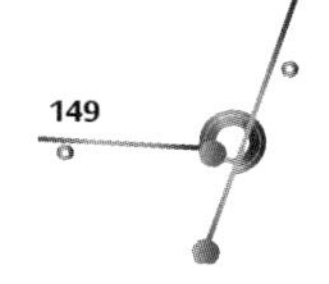

划、合理配置资源，从而确保生产活动的顺利进行。

1. 智能化生产规划：从预测到决策

在传统制造业中，生产规划往往依赖于人工经验和历史数据，难以准确预测市场变化并快速响应。而 AI 技术的引入，为生产规划带来了革命性的变化。通过大数据分析和机器学习算法，企业可以收集并分析海量的市场数据、消费者行为数据及供应链数据，从而实现对市场需求的精准预测。这些预测结果不仅能帮助企业制订更为合理的生产计划，还能在产品设计、原材料采购等方面提供有力的数据支持。

此外，AI 技术还能辅助企业进行生产决策。基于对历史生产数据的深度挖掘和分析，AI 能够识别出生产过程的瓶颈和浪费环节，并提出改进建议。这些建议可能涉及生产线布局优化、工艺流程改进、设备升级等多个方面，旨在提升生产效率和产品质量。

2. 智能调度系统：实现生产流程的无缝衔接

在生产过程中，调度是确保各生产环节协同工作、高效运转的关键。传统的调度方式往往依赖于人工经验和手工操作，难以应对复杂多变的生产环境。而智能调度系统则通过集成 AI 技术，实现了对生产流程的实时监控和智能调度。

智能调度系统能够自动收集和分析生产现场的各项数据，包括设备状态、工人作业效率、物料库存等。基于这些数据，系统能够运用算法模型对生产任务进行智能分配和调度。例如，当某个生产环节出现瓶颈时，系统能够自动调整生产线的作业顺序和资源配置，确保生产任务的顺利完成。同时，智能调度系统还能根据生产过程中的异常情况自动触发预警和应急处理机制，降低生产风险并提高生产效率。

3. 大模型应用及落地案例：特斯拉的智能制造

在国内，百度、阿里、腾讯等科技巨头纷纷推出了自己的 AI 大模型，这些模型在智能化生产规划与调度中发挥着重要作用。通过训练和优化这些大模型，企业可以更加精准地预测市场需求、优化生产流程、提高生产

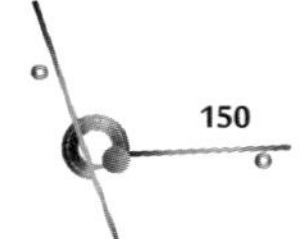

效率。同时，AI 大模型还能实现生产数据的实时监控和智能分析，为企业的决策提供有力支持。

特斯拉作为全球领先的电动汽车制造商，其智能制造体系充分展示了 AI 在生产规划与调度中的应用。特斯拉采用先进的机器人自动化生产线，结合 AI 算法进行生产排程和调度。通过实时收集生产线上的数据，AI 系统能够自动调整生产计划，确保生产线的连续性和高效性。此外，特斯拉还利用 AI 进行供应链优化，确保零部件的及时供应，降低了库存成本和生产延误的风险。

二、自动化仓储与资产管理

随着电子商务的蓬勃发展，消费者对配送速度和准确性的要求越来越高。传统的人工仓储和物流管理方式已难以满足市场需求，自动化仓储与物流管理成为企业提升竞争力的必然选择。

1. 自动化仓储系统：提升存储与拣选效率

自动化仓储系统是 AI 技术在物流领域的重要应用之一。通过引入智能机器人、自动分拣线、RFID 技术等先进设备和技术手段，自动化仓储系统实现了货物的自动入库、存储、拣选和出库。这不仅提高了仓储作业的效率和准确性，还降低了人力成本和错误率。

在自动化仓储系统中，AI 技术发挥着至关重要的作用。例如，智能机器人能够根据货物属性和存储需求进行智能路径规划和避障导航；自动分拣线能够运用机器视觉技术识别货物信息并进行快速分拣；RFID 技术能够实现货物的实时追踪和库存管理。这些技术的应用使得仓储作业更加智能化和高效化。

2. 资产的智能监控

资产管理是供应链管理不可忽视的一环。通过 AI 技术的应用，企业可以实现对资产的智能维护和预测性维护，降低维护成本并提高设备的可靠性和使用寿命。

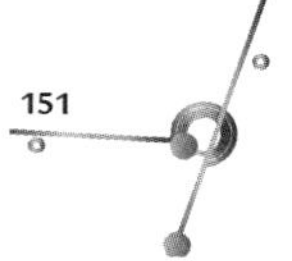

资产管理是企业运营的重要支撑环节之一，其目标是确保资产安全、完整和高效利用。AI 技术通过集成物联网设备和大数据分析技术，实现了对资产的智能监控。通过实时监测资产的运行状态、使用环境及维护历史等信息，AI 能够及时发现资产的异常情况并预警管理者。同时，AI 还能对资产的使用效率进行评估和分析，为管理者提供优化资产配置的建议。

3. 资产管理决策的智能化

AI 技术不仅能够实现资产的智能监控和预测性维护，还能为企业的资产管理决策提供有力支持。通过大数据分析技术，AI 能够深入挖掘资产的使用价值和潜在价值，为管理者提供资产投资、置换或处置等决策建议。同时，AI 还能通过与其他系统的集成和协同，为企业提供全面的资产管理解决方案，实现资产的全生命周期管理。

4. 大模型应用及落地案例：京东的智能供应链

AI 大模型在自动化仓储与物流管理中的应用主要体现在数据分析、预测和优化等方面。通过训练和优化 AI 大模型，企业可实现对仓储和物流数据的全面监控和智能分析。这些模型能够自动识别异常数据、预测库存需求、优化配送路线等，从而帮助企业降低运营成本、提高服务质量和客户满意度。

京东作为中国领先的综合物流服务商，其智能供应链解决方案在全球范围内享有盛誉。京东通过整合物联网、5G 通信和边缘计算技术，构建了一个高度协同的物流网络。在仓储环节，京东引入了智能仓储管理系统和自动化立体仓库，实现了货物的快速入库、存储和出库。在物流环节，京东利用 AI 算法进行配送路线的优化和调度，提高了运输效率和客户满意度。

三、预测性维护与设备智能管理

预测性维护是一种基于设备状态监测和数据分析的维护方式，旨在提

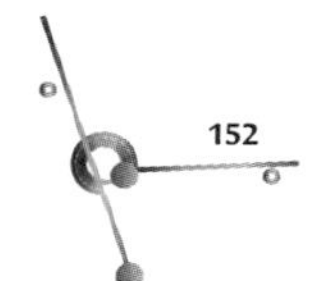

前发现设备故障隐患并采取相应措施，避免非计划停机带来的损失。相比传统的反应性维护和定期维护方式，预测性维护具有更高的效率和更低的成本。

1. 预测性维护：从被动应对到主动预防

传统的设备维护方式往往是在设备出现故障后才进行维修或更换零部件，这种被动应对的方式不仅增加了停机时间和维修成本，还可能影响生产进度和产品质量。而预测性维护则通过AI技术实现了对设备状态的实时监测和预测分析。

在预测性维护中，AI技术能够收集并分析设备的运行数据和历史故障记录等信息，运用机器学习算法预测设备可能发生的故障类型和时间。当预测到设备即将发生故障时，系统会提前发出预警并提示维修人员进行检修或更换零部件。这种主动预防的方式能够显著降低设备故障率和停机时间，延长设备使用寿命并降低维护成本。

2. 设备智能管理：全生命周期的关怀

设备智能管理是利用AI技术对设备进行全生命周期管理的过程。从设备的采购、安装、调试到运行、维护、报废等各个环节都融入了AI技术的支持。通过集成物联网、大数据、云计算等技术手段，设备智能管理系统能够实现对设备状态的实时监测和数据分析。

在设备运行过程中，智能管理系统能够自动识别设备的运行模式和异常状态，并自动触发报警和维修流程。同时，系统还能根据设备的运行数据和历史故障记录等信息为设备提供个性化的维护建议和方案。这些建议可能涉及设备升级换代、零部件更换等多个方面，旨在确保设备的稳定运行和延长设备使用寿命。

3. AI大模型的助力及落地案例：东智PreMaint的预测性维护

AI大模型在预测性维护与设备管理中的应用主要体现在数据分析和模型训练方面。通过训练和优化AI大模型，企业可以实现对设备状态的精准预测和故障的智能诊断。这些模型能够自动分析设备数据、识别故障模

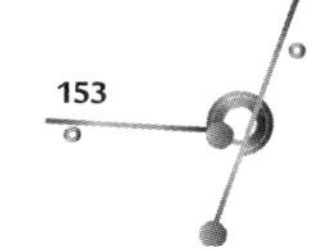

式、预测故障发生时间等，为企业的维护决策提供有力支持。同时，AI 大模型还能够不断优化自身的预测能力和诊断精度，提高预测性维护的准确性和可靠性。

东智 PreMaint 是聚焦设备领域的智能管理平台，通过 AI 和工业互联网技术实现设备的预测性维护。该平台能够实时感知设备机台的运行工况和工艺健康状态，实现从监控到预警、故障诊断、维保维修处理、工艺自动优化的功能闭环。在半导体行业和锂电池生产领域，东智 PreMaint 通过 AI 算法对设备数据进行深度分析，实现了设备的智能运维和故障预测，有效降低了设备的非计划停机时间和维护成本。

第五节　采购智囊：供应链优化与 AI 辅助决策

在全球化竞争日益激烈的今天，供应链管理已成为企业核心竞争力的重要组成部分。随着人工智能（AI）技术的飞速发展，其在供应链管理中的应用愈发广泛且深入，为企业带来了前所未有的效率提升和成本节约。

一、智能采购：预测需求与优化库存

在现代商业环境中，智能采购已成为供应链管理的重要一环。通过 AI 技术的应用，企业能够更精准地预测市场需求，从而优化库存水平，减少库存积压和缺货风险。

1. 需求预测的精准化

传统供应链管理中的需求预测往往依赖于历史销售数据、市场趋势分析及销售人员的经验判断，这种预测虽然在一定程度上有效，但难以应对快速变化的市场需求和消费者行为。AI 技术的应用，尤其是机器学习算法，能够通过分析大量、多维度的数据（包括社交媒体情绪分析、天气变化、竞争对手动态等）构建更为精确的需求预测模型。这些模型能够自动学习历史数据中的规律，识别影响需求的关键因素，并据此对未来需求进行高精度的预测，从而帮助企业提前调整生产计划。

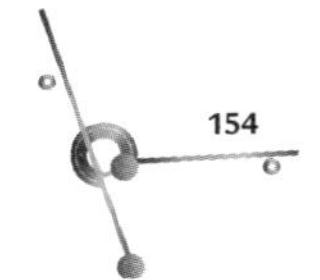

2. 库存管理的智能化

库存管理是供应链管理的核心环节之一，直接关系到企业的资金占用和运营效率。AI 技术通过集成物联网（IoT）设备、大数据分析及高级算法，实现了库存管理的智能化。一方面，AI 可以实时监测库存水平，根据预测需求自动调整补货策略，确保库存量始终保持在最优水平；另一方面，AI 还能对库存进行分类管理，区分出畅销品、滞销品和季节性商品，为不同类别的商品制定差异化的库存管理策略。此外，AI 还能通过预测性分析，提前识别潜在的库存过剩或短缺风险，为企业决策提供有力支持。

3. 采购流程的自动化与优化

智能采购不仅体现在需求预测和库存管理的优化上，还贯穿于整个采购流程之中。AI 技术可以自动处理采购订单、跟踪供应商交货情况、评估供应商绩效，并通过数据分析发现潜在的供应商风险。同时，AI 还能利用自然语言处理（NLP）技术，自动化处理采购合同和协议，减少人工审核的时间和成本。更重要的是，AI 能够基于历史采购数据和供应商表现，推荐最优的采购方案，包括供应商选择、采购量确定、价格谈判等，从而实现采购流程的全面优化。

4. 案例：沃尔玛的 AI 智能补货系统

沃尔玛作为全球零售巨头，其供应链管理一直备受关注。为了提升采购效率，沃尔玛与观远数据合作，推出了 AI 智能补货系统。该系统利用 AI 算法对销售数据进行深度分析，结合市场趋势、季节性变化等因素，建立预测模型来准确预测未来需求。通过这一系统，沃尔玛能够快速识别销售异常，并自动调整补货计划，确保门店库存始终保持在最优水平。

在具体实施中，沃尔玛的 AI 智能补货系统首先收集并分析历史销售数据，识别出销售周期、季节性波动等规律。然后，系统结合当前市场趋势、促销活动等因素，对未来一段时间内的需求进行预测。当预测结果显

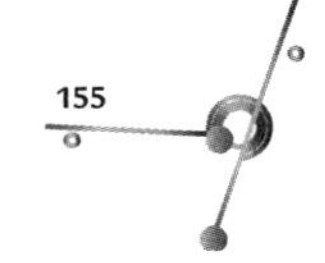

示库存可能不足或过剩时，系统会自动触发补货或调整库存的指令，确保门店能够及时响应市场需求。

这一智能采购系统的应用，不仅提高了沃尔玛的库存周转率、降低了库存成本，还显著提升了顾客满意度。因为顾客在购物时能够更容易买到所需商品，避免了因缺货而带来的不便。

二、供应链可视化：实时监控与调度

供应链可视化是提升供应链透明度和运营效率的关键。通过 AI 和物联网技术的结合，企业可以实时监控供应链的各环节，包括原材料采购、生产制造、物流配送等，从而实现对供应链的全面掌控。

1. 供应链透明度的提升

供应链可视化是指通过数字化手段，将供应链各环节的信息实时呈现给管理者，提高供应链的透明度和可追踪性。AI 技术在供应链可视化中发挥着关键作用。通过集成 IoT 设备、区块链技术等，AI 能够实时收集供应链各节点的数据，包括生产进度、库存状态、物流位置等，并将这些数据以可视化的形式展示给管理者。这样，管理者就能随时掌握供应链的最新动态，及时发现并解决问题。

2. 实时调度与动态优化

在供应链可视化的基础上，AI 还能实现供应链的实时调度和动态优化。通过分析供应链各节点的数据，AI 能够预测未来的供应链趋势，并根据预测结果自动调整生产计划、物流路线和库存策略等。例如，在物流环节，AI 可以根据实时路况、天气变化及车辆状态等信息，动态调整运输路线和配送时间，确保货物按时到达。在生产环节，AI 可以实时监控生产线的运行状况，一旦发现故障或瓶颈，立即启动应急预案或调整生产计划，确保生产顺利进行。

3. 风险预警与应对

供应链中存在着诸多潜在风险，如供应商破产、物流中断、自然灾害

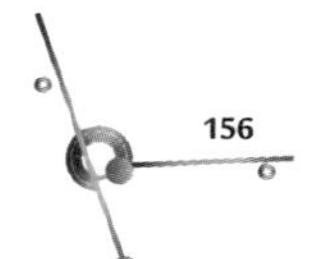

等。AI 技术通过实时监控供应链各节点的数据，能够及时发现潜在的风险因素，并通过数据分析预测风险发生的概率和影响程度。在此基础上，AI 还能为管理者提供风险应对方案，帮助企业提前做好准备，降低风险损失。

4. AI 辅助决策

在复杂多变的商业环境中，企业面临着众多决策挑战。AI 辅助决策系统通过集成多个数据源和算法模型为企业管理层提供全面的决策支持和建议。这些决策支持和建议不仅基于实时数据和历史经验，还融合了行业趋势、竞争对手动态等多个维度的信息。

AI 辅助决策系统能够自动分析市场趋势和消费者需求等信息，并结合企业的战略目标和资源状况生成最优的决策方案。同时系统还能通过模拟仿真等方式评估不同决策方案的可能结果和风险为企业管理层提供更为精准和全面的决策依据。这种智慧化的决策方式有助于提升企业的决策效率和准确性，并降低决策风险。

5. 案例：数字双胞胎技术在制造业的应用

数字双胞胎技术是一种将物理世界与数字世界相结合的先进技术。在制造业中，数字双胞胎技术被广泛应用于供应链可视化领域。通过构建生产线的数字模型，企业可以实时模拟生产过程的各种情况，包括设备运行状态、生产进度、产品质量等。

以某汽车制造厂为例，该厂利用数字双胞胎技术构建了生产线的数字模型。在生产过程中，系统通过物联网设备收集实时数据，并将这些数据传输到数字模型中进行分析。当发现生产异常或设备故障时，系统会立即发出警报，并给出相应的处理建议。同时，企业还可以通过数字模型对生产计划进行模拟和优化，确保生产过程的顺利进行。

此外，数字双胞胎技术还可以应用于供应链协同管理。通过构建供应链的数字模型，企业可以实时了解供应商的生产情况、库存水平及物流运输状态等信息。这有助于企业更好地协调供应链各环节的运作，提高供应链的响应速度和灵活性。

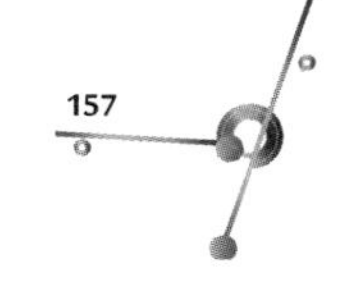

三、物流优化：路径规划与运输效率提升

物流是供应链管理中不可或缺的一环。通过 AI 技术的应用，企业可以优化物流路径规划、提高运输效率并降低运输成本。

1. 路径规划的智能化

物流运输是供应链管理的关键环节之一，其效率直接影响到企业的运营成本和客户满意度。AI 技术通过智能路径规划算法，能够根据实时路况、交通限制、货物特性及客户需求等因素，自动计算出最优的运输路线。这些算法不仅能够减少运输时间和成本，还能降低车辆空驶率和碳排放量，实现绿色物流。

2. 运输效率的提升

除了路径规划外，AI 还能通过数据分析提升运输效率。例如，AI 可以分析历史运输数据，识别出运输过程中的瓶颈和延误点，并据此提出改进措施。同时，AI 还能通过预测性分析预测未来的运输需求，提前调配运输资源，确保运输任务的顺利完成。此外，AI 还能与物联网技术相结合，实时监控运输车辆的状态和位置信息，为管理者提供实时的运输进度报告和预警信息。

3. 物流网络的优化

物流网络是企业供应链的重要组成部分，其布局和运营效率直接影响企业的市场竞争力。AI 技术通过大数据分析和机器学习算法，能够对物流网络进行全面的优化。例如，AI 可以分析物流节点的位置、容量、成本等，为管理者提供物流网络布局的建议。同时，AI 还能通过实时监控物流网络的状态信息，动态调整物流节点的功能和容量配置，确保物流网络的顺畅运行。

4. 案例：京东的物流优化系统

京东物流通过引入智能化技术，如无人机配送、自动化仓储等，实现了物流流程的自动化与智能化。其智能物流系统能够根据订单信息，自动规划最优的配送路线与时间表，提高了配送效率与准确性。这些创新举措不仅提升了京东物流的市场竞争力，更是推动了整个物流行业的智能化发展。

在具体实施中，京东的物流优化系统首先收集并分析交通拥堵、天气变化及配送员的位置和状态等信息。然后，系统利用AI算法对这些数据进行处理和分析，生成最优的配送路线和调度方案。配送员在收到指令后，可以按照系统提供的路线进行配送，从而提高配送效率并减少运输成本。

第六章　AI 经营思维：驱动商业破局的新引擎

在 AI 时代，信息差正逐渐缩小。为保持优势，需迅速将信息差转化为行动差、认知差和资源差：通过快速决策执行（行动差）、深入学习 AI 应用（认知差）及掌握高质量 AI 工具和技术（资源差）来创造优势。AI 经营思维是关键，它强调以数据为基础，利用 AI 优化决策、提升效率、创新商业模式。

第一节　AI+ 用户需求：智能定制服务新体验

一、深度分析用户思维：算法识别用户行为模式

随着技术的飞速发展，AI 已逐渐渗透到我们生活的方方面面，从智能家居到自动驾驶，从在线购物到社交娱乐，AI 无处不在地影响着我们的行为和决策。在这个过程中，AI 通过对海量用户数据的收集与分析，能够深度挖掘用户的潜在需求和行为模式，为企业提供前所未有的市场洞察力和用户理解力。

1. AI 与用户行为分析的基础：算法的力量

（1）数据收集与预处理

一切分析的基础在于数据。AI 通过各种渠道收集用户数据，包括浏览记录、搜索关键词、购买行为、社交媒体互动等。这些散落的数据，需要

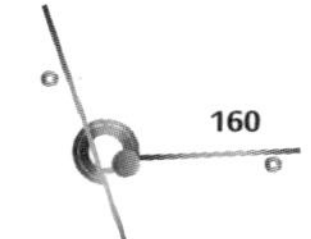

经过清洗、整合、标准化等预处理步骤，才能成为有价值的素材。

（2）算法模型的选择与训练

在拥有高质量数据的基础上，AI会选择合适的算法模型进行训练。这些模型包括但不限于神经网络、决策树、支持向量机等。通过大量的迭代训练，模型能够学习到用户行为的内在规律和模式，为后续的分析与预测奠定基础。

（3）特征提取与降维

面对高维的用户数据，AI会通过特征提取和降维技术，将复杂的数据集简化为易于处理的形式。这一过程有助于发现数据中的关键信息和隐藏特征，提高分析的准确性和效率。在预处理之后，AI系统会从用户行为数据中提取有用的特征。

2. 深度分析用户思维的实践：算法如何工作

（1）用户画像构建

AI通过算法分析用户的基本信息（如年龄、性别、地域等）和行为数据（如浏览偏好、购买历史等），构建出详细且多维度的用户画像。这些画像不仅描述了用户的静态特征，还揭示了用户的动态需求和潜在兴趣。

案例分析：电商平台的个性化推荐

以某知名电商平台为例，该平台利用AI算法分析用户的浏览记录、购买历史和搜索关键词等数据，构建出每个用户的个性化画像。基于这些画像，平台能够精准推送用户可能感兴趣的商品和优惠信息。例如，对于一位经常购买母婴用品的用户，平台会优先展示婴儿奶粉、尿不湿等相关商品，并发送专属优惠券。这种个性化推荐不仅提高了用户的购物体验，还显著提升了平台的销售额和用户黏性。

（2）行为模式识别

AI算法还能识别用户的行为模式，包括浏览习惯、购买周期、活跃时段等。这些模式反映了用户的消费习惯和偏好，为企业制定营销策略提供了重要依据。

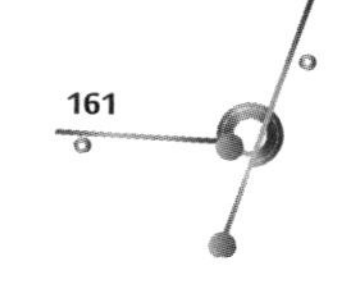

案例分析：社交媒体的内容推送

某社交媒体平台利用 AI 算法分析用户的行为数据，发现用户在晚上 9 点至 11 点之间最为活跃，且偏好浏览娱乐类内容。基于这一发现，平台在该时段加大了娱乐类内容的推送力度，并优化了内容的呈现方式（如增加视频、GIF 等动态元素）。这一策略不仅提高了用户的参与度和留存率，还增强了平台的用户黏性和品牌影响力。

（3）情感分析与舆情监测

除了行为模式外，AI 还能通过自然语言处理技术分析用户的情感倾向和舆情动态。这有助于企业及时了解用户对产品的反馈和意见，从而调整产品策略和服务质量。

案例分析：餐饮行业的顾客反馈分析

某连锁餐饮品牌利用 AI 技术监测社交媒体上的顾客反馈。通过对大量评论进行情感分析，AI 能够自动识别出正面和负面评价，并提取出关键词和主题。品牌方根据分析结果迅速调整菜品口味、服务质量等方面的问题，有效提升了顾客满意度和品牌形象。

二、个性化需求响应：AI 驱动的产品与服务定制化

在信息爆炸的今天，用户不再满足于千篇一律的产品与服务，而是渴望获得更加贴合自身需求、彰显个性特色的体验。个性化需求，这一曾经被视为奢侈品的概念，如今已成为市场竞争的关键要素。要进一步突出 AI 定制化的服务优势，可以从以下几个方面入手。

1. 深度个性化

强调 AI 技术能够深入分析用户的行为、偏好、历史数据等多维度信息，构建出高度精准的用户画像。突出定制化服务不仅基于用户当前的需求，还能随着用户行为和偏好的变化进行动态调整，实现深度个性化。

2. 极致用户体验

强调 AI 定制化服务能够显著提升用户体验，通过满足用户的个性化

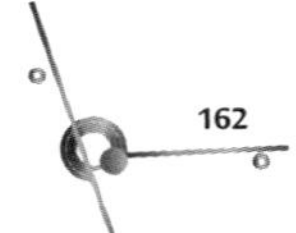

需求，减少用户在使用产品或服务时的不便。举例说明，如电商平台根据用户的浏览和购买历史推荐商品，则可减少用户搜索和筛选的时间，提升购物效率。

3. 高效与便捷

突出AI定制化服务的高效性，能够快速响应用户需求，提供即时的个性化建议和解决方案。举例说明，如智能家居系统能够根据用户的作息习惯自动调节家居环境，无须用户手动操作，提升生活的便捷性。

4. 数据驱动的精准决策

强调AI定制化服务基于大数据和机器学习算法，能够做出更精准的决策和推荐。举例说明，如金融行业利用AI技术分析用户财务状况和风险偏好，提供个性化的投资建议，帮助用户实现财富增值。

5. 持续学习与优化

突出AI技术的持续学习和优化能力，能够不断提升定制化服务的准确性和质量。举例说明，如智能客服系统通过不断学习和用户的交互数据，能够更准确地理解用户意图，提供更贴心的服务。

6. 创新价值

强调AI定制化服务为企业和用户带来的创新价值，通过个性化服务提升用户满意度，为企业创造更大的商业价值。举例说明，如零售行业利用智能试衣镜提供个性化服饰搭配建议，不仅提升用户购物体验，还增加了销售额和用户黏性。

三、用户行为引导与激励：智能评估与情感交互

使用AI引导和激励用户行为，可以从以下几个方面进行。

1. 个性化推荐

AI通过分析用户的历史行为、兴趣偏好等数据，为用户提供定制化的产品或服务推荐。这种个性化推荐能够满足用户的独特需求，从而有效引导用户的购买或使用行为。

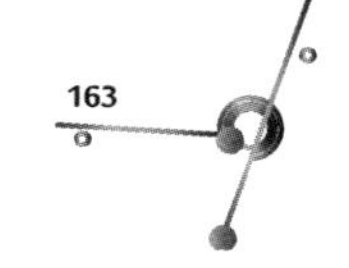

2. 情感交互

利用自然语言处理和情感分析技术，AI 能够模拟人类的情感反应，与用户进行更加自然、亲切的交互。通过理解用户的情绪变化，AI 可以给予适时的鼓励、安慰或建议，增强用户的归属感和忠诚度，激励用户更加积极地参与活动或购买产品。

3. 即时反馈与奖励机制

AI 系统可以实时监测用户的行为表现，并给予即时反馈和奖励。例如，在游戏、教育或健身应用中，AI 可以根据用户的进步或成就给予积分、勋章等奖励，以此激发用户的竞争意识和持续参与的动力。

4. 优化用户体验

AI 通过分析用户的使用习惯、反馈意见等数据，不断优化产品或服务的功能和界面设计，以提升用户体验。当用户体验得到提升时，用户更有可能产生积极的行为反应，如增加使用频率、推荐给他人等。

5. 预测与前置干预

基于大数据分析，AI 能够预测用户的潜在需求或行为趋势，并提前采取干预措施。例如，在电商平台上，AI 可以预测用户可能购买的商品类型，并提前推送相关优惠信息或推荐商品，从而引导用户的购买行为。

第二节　AI+ 市场导向：智能预测趋势新航道

在当今的商业环境中，市场导向是企业制定战略和决策的核心。随着人工智能技术的飞速发展，其在市场细分与定位、智能情报分析、市场趋势洞察及 AI 优化定价策略等方面的应用，为企业提供了前所未有的市场洞察力和策略执行效率。本节将深入探讨 AI 如何在这 4 个关键领域助力企业实现市场导向的优化。

一、市场细分与定位：AI 助力精准市场划分

市场细分作为企业制定有效市场策略的基础，其重要性不言而喻。然

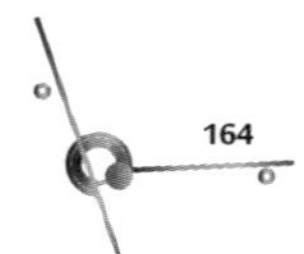

而，传统的市场细分方法受限于有限的数据资源和人为判断的主观性，难以捕捉到市场的细微差别和潜在机遇。随着 AI 技术的飞速发展，市场细分迎来了前所未有的变革，变得更加精准和高效。

1. AI 技术深度挖掘，实现精细化市场细分

通过大数据分析和机器学习算法，AI 技术对海量消费者数据进行深度挖掘和智能分析。这些数据涵盖了消费者的购买记录、浏览记录、社交媒体互动、地理位置等多维度信息，为市场细分提供了丰富而全面的数据基础。借助 AI 的强大数据分析能力，企业可以更加准确地识别出具有相似需求和行为的消费者群体，从而实现更精细化的市场细分。

2. 具体案例：电商平台利用 AI 进行市场细分

以一家电商平台为例，该平台利用 AI 技术对消费者数据进行了全面而深入的分析。通过机器学习算法，AI 系统成功识别出了不同年龄段、性别、收入水平及购物偏好的消费者群体。例如，年轻女性群体偏好时尚潮流的商品，而中年男性群体则更注重商品的品质和实用性。基于这些细分群体，电商平台制定了更有针对性的营销策略，为不同群体提供了个性化的产品和服务。

（1）针对年轻女性群体的营销策略

对于年轻女性群体，电商平台推出了时尚潮流的服装、配饰和美妆产品，并通过社交媒体和短视频平台进行精准推广。这种策略充分满足了年轻女性对时尚和潮流的追求，提升了她们在平台上的购物体验和满意度。

（2）针对中年男性群体的营销策略

对于中年男性群体，电商平台则重点展示了高品质、实用性的家电、数码和家居用品，并通过搜索引擎和电子邮件进行精准营销。这种策略满足了中年男性对商品品质和实用性的关注，提升了他们在平台上的购物体验和满意度。

3. 广泛应用：AI 在多个行业助力市场细分与定位

除了电商平台，AI 技术在市场细分与定位方面的应用还涉及金融、教

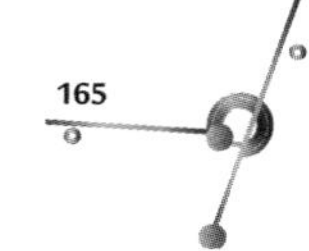

育、医疗等多个行业。在金融领域，AI 技术可以通过分析客户的交易记录、投资偏好和风险承受能力，为金融机构提供更加精准的客户细分和投资建议；在教育领域，AI 技术可以根据学生的学习习惯、知识掌握情况和兴趣爱好，为教育机构提供更加个性化的教学方案和辅导服务；在医疗领域，AI 技术可以通过分析患者的病历、检查结果和用药记录，为医疗机构提供更加精准的疾病诊断和治疗方案。

二、智能情报分析：揭示竞争对手优势和劣势

在竞争激烈的市场环境中，了解竞争对手的优势和劣势对于企业制定战略决策至关重要。然而，传统的竞争对手分析方法往往受限于有限的市场研究报告和公开信息，难以全面、深入地揭示竞争对手的实际情况。随着 AI 技术的飞速发展，企业可以借助 AI 工具进行竞争对手的情报分析，从而更加准确地评估竞争对手的优势和劣势，为制定有效的竞争策略提供有力支持。

1. AI 技术收集与整合情报

AI 技术通过网络爬虫技术，能够高效地收集竞争对手的公开信息，如官方网站、社交媒体平台、新闻报道等。这些信息中蕴含着大量有价值的情报，包括竞争对手的市场策略、产品特点、消费者反馈等。

2. 深度分析与挖掘

AI 的机器学习算法能够对这些海量信息进行深度分析和挖掘，揭示出竞争对手的潜在优势和劣势，为企业提供更加全面、深入的竞争对手画像。

3. 具体案例与实践成果

以一家零售企业为例，该企业希望深入了解其主要竞争对手的市场策略和产品特点，以便制定更加有效的竞争策略。传统的分析方法可能只依赖于有限的市场研究报告和公开数据，难以获得全面、深入的情报。而该企业利用 AI 技术，对竞争对手的官方网站和社交媒体平台进行了全面的

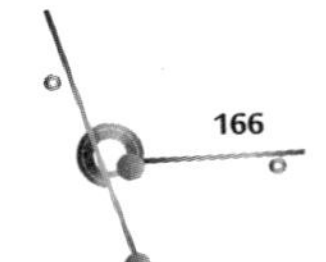

情报分析。

（1）数据收集与整合

通过AI的网络爬虫技术，该企业收集了竞争对手官方网站的大量数据，包括产品种类、价格策略、促销活动等信息。同时，AI还对竞争对手在社交媒体平台上的表现进行了深入分析，收集了消费者对竞争对手产品的评价和反馈。

（2）情报分析与洞察

基于AI的情报分析，该企业发现竞争对手在产品种类上较为丰富，但价格策略相对单一，且促销活动缺乏创新性。此外，通过消费者对竞争对手产品的评价和反馈，企业还识别出了竞争对手在产品质量和客户服务方面存在的潜在问题。

（3）策略制定与实施

该企业根据情报分析的结果，优化了自身的产品组合，提供了更加多样化的价格策略，并创新了促销活动形式。同时，他们还加强了产品质量控制和客户服务培训，来提升企业的竞争力。

（4）实践成果与市场表现

这些策略的实施使得该企业在市场上取得了显著的竞争优势，销售额和市场份额均有所提升，客户满意度也得到了显著提高。这一成功案例充分展示了AI技术在竞争对手情报分析方面的巨大潜力和实际应用价值。

三、市场趋势洞察：市场预测与决策智能化

市场趋势洞察是企业制定长期发展战略的基石。然而，传统的市场趋势分析方法往往受限于历史数据和人为判断，难以准确预测未来的市场变化。随着AI技术的飞速发展，市场趋势的洞察正逐渐变得智能化和精确化。

1. 深度挖掘历史数据，揭示市场规律

AI通过大数据分析和机器学习算法，能够深度挖掘历史市场数据，学

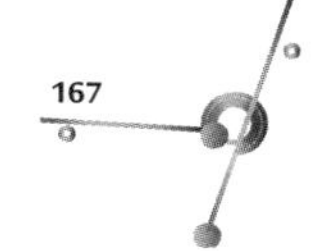

习并识别出市场变化的规律和趋势。这些规律和趋势是预测未来市场走向的重要依据。通过对历史数据的深度学习，AI 可以模拟市场行为，揭示隐藏在数据背后的市场逻辑，从而为企业提供更准确的市场预测。

2. 实时收集市场数据，捕捉细微变化

除了对历史数据的深度挖掘，AI 还能实时收集和分析市场数据，及时捕捉市场的细微变化。这些变化可能包括竞争对手的动态、消费者需求的变化、市场热点的转移等。通过实时数据的分析，AI 可为企业提供即时的市场反馈，帮助企业及时调整市场策略，应对市场变化。

3. 具体案例：制造企业利用 AI 优化市场策略

以一家制造企业为例，该企业希望优化其市场策略，提高市场竞争力。传统的分析方法可能只依赖于有限的历史销售数据和人为判断，难以准确预测未来的市场趋势。而该企业利用 AI 技术，对历史销售数据进行分析，识别出不同产品的销售趋势和季节性变化。基于这些趋势分析，企业可制订更加合理的生产计划和市场推广策略。同时，AI 还可以实时收集和分析市场数据，如竞争对手的动态、消费者需求的变化等，为企业提供即时的市场反馈和决策支持。

四、AI 优化定价策略：提升消费者支付意愿

定价策略作为企业市场策略的核心组成部分，直接关联着企业的收入与市场份额。然而，传统的定价策略受限于成本加成法或市场比较法等简单手段，难以全面考量消费者的实际需求和支付意愿。AI 技术的引入，为企业带来了定价策略优化的智能化解决方案。

1. 深度挖掘消费者信息，精准识别支付意愿

AI 凭借大数据分析和机器学习算法，能够深度挖掘消费者的购买历史、浏览行为、价格敏感度等多维度信息。通过这一学习过程，AI 能够精准识别不同消费者群体的支付意愿和价格敏感度，为企业量身打造更为精确的定价策略。

2. 差异化定价策略，增强消费者购买意愿

以电商平台为例，企业可利用 AI 技术分析消费者的购买历史，进而识别出不同消费者群体的购买偏好和价格敏感度。基于这些宝贵信息，企业能够制定出更为差异化的定价策略，如会员折扣、限时促销等，这些策略旨在有效提升消费者的购买和支付意愿。同时，AI 还能够根据市场变化和竞争对手的动态，实时调整定价策略，确保企业始终在市场中保持竞争优势。

3. 动态定价策略，实现收益与市场份额最大化

除了上述的精准定价和差异化策略，AI 还能够助力企业制定动态定价策略。这是一种根据市场供需关系、竞争对手价格、消费者行为等多重因素，实时调整产品价格的策略。依托 AI 技术，企业能够实时收集和分析这些数据，并根据分析结果自动调整产品价格，从而实现收益与市场份额的最大化目标。这一策略不仅提升了企业的市场响应速度，还进一步增强了其在复杂市场环境中的竞争力。

第三节　AI+ 精准营销：打造个性化营销新策略

在数字化时代，营销领域正经历着前所未有的变革。随着人工智能（AI）技术的飞速发展，精准营销已成为企业提升市场竞争力、实现可持续增长的关键策略。AI 技术以其强大的数据处理能力、智能分析能力和自动化执行能力，为精准营销提供了强有力的支持。

一、客户画像：个性化营销的基础

客户画像是精准营销的核心。在当今竞争激烈的市场环境中，企业要想脱颖而出，就必须深入了解其目标客户群体，并据此制定精准的营销策略。客户画像，作为个性化营销的核心，正是帮助企业实现这一目标的强有力工具。它通过对消费者行为、偏好、需求等多维度数据的全面收集与分析，构建出一个个生动、具体的消费者画像。这些画像不仅使企业能够

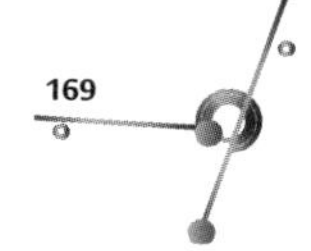

更深刻地理解消费者，还为制定和实施个性化营销策略提供了重要依据。

1. 数据收集与整合

AI 技术以其强大的数据处理能力，能够自动从各种渠道收集消费者数据。这些数据来源广泛，包括但不限于社交媒体、电商平台、线下门店、客户反馈等。它们涵盖了消费者的基本信息、购买历史、浏览记录、搜索关键词、社交互动等多个方面。通过 AI 的数据整合能力，企业可以将这些分散、异构的数据汇聚成统一的消费者画像数据库。这一数据库为后续的分析和应用提供了坚实的基础，使得企业能够更加全面、深入地了解消费者。

2. 深度分析与挖掘

在拥有大量消费者数据的基础上，AI 技术能够运用机器学习、深度学习等先进算法对数据进行深度分析和挖掘。这些算法能够识别出数据中的隐藏模式和关联关系，从而揭示出消费者的潜在需求和偏好。例如，通过分析消费者的购买历史和浏览行为，AI 可以预测出消费者未来可能购买的商品类型或品牌偏好。这种深度分析不仅提高了企业对消费者的理解，还为制定更精准的营销策略提供了有力支持。

3. 个性化推荐与营销

基于 AI 构建的客户画像，企业可以实现个性化推荐和营销。通过向消费者展示符合其兴趣和需求的商品或服务信息，企业能够显著提升消费者的购物体验和满意度。同时，个性化营销还能够提高广告的点击率和转化率，降低营销成本。这种以消费者为中心的营销策略，不仅增强了企业与消费者之间的互动和联系，还提升了企业的品牌形象和市场竞争力。

4. 案例：电商平台的个性化推荐系统

某知名电商平台利用 AI 技术构建了先进的个性化推荐系统。该系统通过分析用户的浏览记录、购买历史、搜索关键词等数据，构建出每个用户的兴趣图谱。这些兴趣图谱详细描绘了用户的兴趣爱好、购买偏好、消费习惯等特征。然后，基于这些兴趣图谱，系统能够实时为用户推荐符合

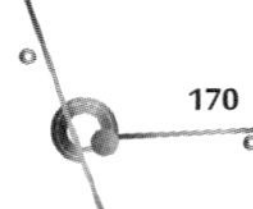

其喜好的商品。这种“千人千面”的个性化展示不仅提高了用户的购物体验，还显著提升了商品的点击率和转化率。据统计，该平台的个性化推荐系统为商家带来了超过 30% 的额外销售额。

二、智能预测与市场分析：数据驱动精准营销决策

智能预测与市场分析是精准营销决策的核心。在当今数据驱动的商业环境中，企业通过深入挖掘和分析海量市场数据，预测市场趋势、消费者行为变化等关键信息，为营销决策提供有力支持。

1. 市场趋势预测：把握先机，引领市场

AI 技术能够运用时间序列分析、回归分析等算法对市场数据进行预测。通过对历史销售数据、消费者反馈、社交媒体动态等多方面的分析，AI 可以预测出未来市场的变化趋势和潜在机会。这种预测能力使企业能够提前布局市场、调整产品策略，以应对市场变化。

例如，某电商平台利用 AI 技术精准预测市场趋势，提前增加某类商品库存，并制定针对性营销策略，成功抓住市场机遇，实现销量快速增长。

2. 消费者行为分析：深入理解，精准触达

消费者行为分析是精准营销的重要组成部分。AI 技术通过对消费者的购买习惯、偏好变化、品牌信念等信息进行深度分析，揭示出消费者的潜在需求和购买动机。这种分析能力使企业能够更深入地理解消费者心理和行为模式，制定更精准的营销策略。

以某快消品企业为例，该企业利用 AI 技术深入分析消费者行为，识别不同消费者群体的需求和偏好，制定针对性营销策略，显著提升市场份额和品牌影响力。

3. 竞争对手分析：知己知彼，百战不殆

在市场竞争日益激烈的今天，了解竞争对手的动态对于制定精准营销策略至关重要。AI 技术能够自动收集和分析竞争对手的市场数据、产品策略、营销活动等信息。通过对这些信息的深入分析，企业可以评估自身市

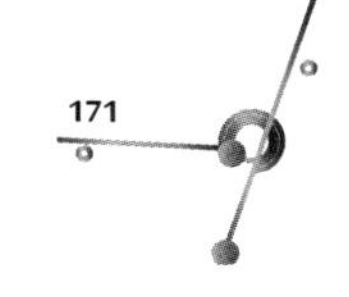

场地位和竞争优势，制定更有效的竞争策略。

零售行业某巨头利用 AI 技术对竞争对手进行全面分析，识别竞争对手的优势和劣势，制定针对性竞争策略，保持市场领先地位。

4. 案例：快消品企业的市场预测与策略调整

某快消品企业利用 AI 技术进行市场预测和策略调整。该企业首先收集包括历史销售数据、消费者反馈、社交媒体动态等多方面的市场数据。然后，通过 AI 算法对这些数据进行深度分析，预测出未来各产品销量变化趋势和消费者偏好的变化。基于这些预测结果，该企业提前调整生产计划、优化库存管理，并制定针对性营销策略。

例如，针对预测销量将大幅增长的产品，该企业增加生产线和库存量，加大广告投放力度。同时，根据消费者偏好的变化推出新产品，满足市场多样化需求。最终，该企业成功抓住市场机遇，实现产品销量快速增长。

三、智能营销系统：自动化营销流程与 AI 技术

智能营销系统利用 AI 技术实现营销流程的自动化和智能化。这种系统能够大大减轻人工负担、提高营销效率，并确保营销活动的精准性和个性化。

1. 自动化营销流程：提升效率，确保精准

智能营销系统的核心优势之一在于其自动化营销流程。在传统的营销活动中，企业需要投入大量人力、物力进行邮件营销、短信营销、社交媒体推广等任务。而智能营销系统则能够自动执行这些任务，通过预设的营销策略和规则，系统能够准确地向目标客户发送个性化的营销信息。这种自动化流程不仅显著提高了营销效率，还确保了营销活动的及时性和准确性。

2. 客户关系管理：个性化服务，提升忠诚度

智能营销系统还能够在客户关系管理（CRM）中发挥着重要作用。通过分析客户的购买历史、互动记录等信息，AI 技术可以评估客户的忠诚度和价值潜力。然后，系统可以根据客户的不同特点和需求，提供个性化的

服务和支持。

例如，某零售企业利用智能营销系统对客户进行细分，并根据不同客户群体的需求提供个性化的产品推荐和优惠活动。这种个性化的客户关系管理不仅提升了客户满意度，还有效增强了客户忠诚度。通过持续提供符合客户需求的产品和服务，企业能够建立起长期的客户关系，实现可持续发展。

3. 营销效果评估与优化：实时反馈，持续优化

智能营销系统的另一大优势在于其对营销效果的实时评估和优化能力。在传统营销活动中，企业往往难以准确评估营销活动的成效，并难以发现潜在的问题。而智能营销系统则能够通过收集和分析营销活动的数据反馈［如点击率、转化率、投资回报率（ROI）等］，实时评估营销活动的成效并发现潜在问题。

例如，某电商企业利用智能营销系统对邮件营销活动进行实时评估和优化。通过不断调整邮件内容、发送时间等参数，该企业成功提高了邮件营销的转化率，并实现了更高的 ROI。

4. 案例分享：自动化邮件营销系统助力电商增长

某电商企业采用了一套基于 AI 的自动化邮件营销系统，实现了显著的营销效果提升。该系统能够根据用户的购买历史、浏览行为等数据，自动为用户生成个性化的邮件内容，并在合适的时间发送给用户。这种自动化邮件营销不仅提高了邮件的打开率和点击率，还显著提升了转化率。据统计，该系统的应用使得该电商企业的邮件营销 ROI 提升了近 50%。

这一成功案例充分展示了智能营销系统在电商行业中的巨大潜力。通过利用 AI 技术实现营销流程的自动化和智能化，企业能够更精准地触达目标客户，提高营销效果，并实现可持续增长。

四、精准广告投放：AI 算法在广告投放中的应用

在数字化时代，广告投放是企业营销战略的关键一环。然而，在传统

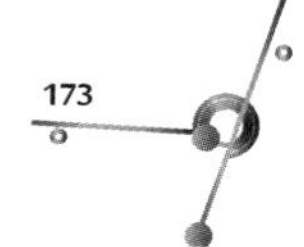

广告投放方式常面临效率低下、传达不精准等挑战。随着 AI 技术的崛起，精准广告投放成为可能，为企业带来更好的营销效果和更低的投放成本。

1. 用户画像与标签体系：深度解析，精准触达

精准广告投放的第一步是构建详细的用户画像和标签体系。AI 技术通过深入分析用户的年龄、性别、地理位置、兴趣偏好等多维度数据，生成全面的用户画像。这些画像不仅包含用户的基本信息，还涵盖消费习惯、社交行为等深层次特征。同时，AI 技术为用户打上相应的标签，如“年轻女性”“科技爱好者”等，以便广告投放系统准确展示广告给目标受众。

例如，某电商平台利用 AI 技术构建用户画像和标签体系，为不同用户群体推送个性化广告，显著提高了广告的曝光率、点击率及用户购买意愿。

2. 实时竞价与智能投放：高效利用，精准触达

在广告投放过程中，AI 技术还能够实现实时竞价和智能投放。传统广告投放方式往往采用固定的出价和投放策略，无法根据市场变化和用户需求进行实时调整。而 AI 技术通过实时分析广告位、用户画像、广告内容等多个方面，计算出每个广告位的最佳出价和投放策略。这种机制确保了广告的高效利用和精准触达。

例如，某社交媒体平台利用 AI 算法进行实时竞价和智能投放，根据用户实时行为和兴趣偏好自动调整广告出价和投放策略，提高了广告的曝光率、点击率，并降低了广告主的投放成本。

3. 效果评估与优化：实时反馈，持续优化

除了实时竞价和智能投放外，AI 技术还能对广告投放效果进行实时评估和优化。传统广告投放方式难以准确评估广告成效并发现潜在问题。而 AI 技术通过收集和分析广告展示、点击、转化等数据指标，实时评估广告成效并发现潜在问题。然后，系统根据评估结果自动调整广告投放策略和参数设置，以优化广告效果。

例如，某广告投放平台利用 AI 技术对广告投放效果进行实时评估和

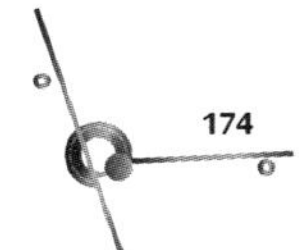

优化，根据实时数据反馈自动调整广告投放时间、位置等参数设置，提高了广告的转化率和 ROI。

4. 案例分享：社交媒体平台精准广告投放的实践

某社交媒体平台利用 AI 算法进行精准广告投放的实践取得了显著成效。该平台收集用户多方面的数据，构建详细的用户画像和标签体系。在广告投放过程中，平台运用 AI 算法综合考虑广告位、用户画像、广告内容等多个因素，实现精准投放。这种精准投放不仅提高了广告的曝光率和点击率，还降低了广告主的投放成本。据统计，该平台的精准广告投放系统为广告主带来了超过 20% 的额外转化率。

五、AI 辅助营销创作：营销内容创新与 AI 优化

在数字化营销时代，营销内容的创新与优化成为企业竞争的关键。AI 技术的融入为这一领域带来了变革，不仅在营销流程自动化和精准化方面发挥核心作用，更在营销内容创作和优化方面展现巨大潜力。

1. 营销内容生成与创意推荐：AI 赋能，创意无限

营销内容生成与创意推荐方面，AI 技术为企业带来了全新的创作体验。借助自然语言处理（NLP）技术，AI 能自动生成符合品牌调性和市场需求的文案或标题，减轻营销人员的创作负担。

例如，某品牌利用 AI 生成了一系列与产品特性相契合的广告文案，在社交媒体上发布后迅速吸引用户参与。同时，AI 还能根据用户行为数据和偏好信息，为企业推荐适合的营销创意和素材，提升营销内容的针对性和效果。某电商平台通过 AI 分析用户浏览记录和购买记录，推送个性化商品推荐信息，显著提升用户的购买意愿和转化率。

2. 内容优化与个性化定制：精准触达，提升体验

AI 在营销内容优化和个性化定制方面，进一步提升了用户体验和营销效果。通过深入分析用户数据，AI 能识别用户兴趣点和偏好特征，对营销内容进行优化和调整。

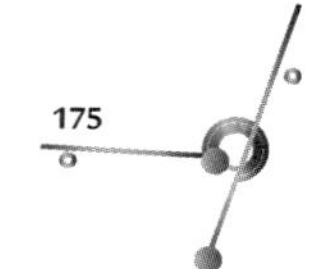

例如，某新闻资讯利用 AI 分析用户阅读历史和兴趣偏好，推送定制化新闻内容，提升用户阅读体验，增加用户活跃度和留存率。此外，AI 还能根据用户所在地地理位置、天气情况等实时信息，调整营销内容的呈现方式和语言风格，实现更精准的个性化营销。某餐饮品牌通过 AI 分析用户所在地天气情况和用餐习惯，推送符合需求的餐饮优惠信息，提升用户到店率和消费额。

3. 内容效果评估与反馈：实时调整，持续优化

在营销内容效果评估和反馈方面，AI 技术为企业提供了实时、准确的营销效果数据。通过收集和分析用户对营销内容的互动数据，AI 算法能评估内容的吸引力和影响力，发现潜在问题和改进点。

例如，某社交媒体平台利用 AI 分析用户对广告内容的互动数据，及时调整广告设计和内容，提升广告点击率和转化率。这种实时的效果评估和反馈机制使企业不断改进营销内容策略和创作方向，实现营销效果的持续优化。某化妆品品牌通过 AI 持续跟踪和分析营销内容效果数据，优化广告文案和设计风格，显著提升品牌知名度和市场份额。

4. 案例：AI 辅助短视频创作提升品牌曝光量

例如，某品牌利用 AI 辅助短视频创作，通过 AI 算法分析目标受众兴趣偏好和观看习惯，确定短视频主题和风格，然后利用 AI 技术自动生成符合品牌调性和市场需求的短视频内容。这些短视频不仅具有高度的创意性和观赏性，还能根据用户兴趣偏好进行智能推送。最终，这些短视频在社交媒体平台上获得广泛传播和关注，为品牌带来大量曝光，且粉丝量也大增。

第四节 AI+ 客户关系管理：构建深度信任新桥梁

在数字化时代，客户关系管理（CRM）不再是简单的客户信息记录和维护，而是已变为一种以客户为中心，利用先进技术提升客户体验、增强客户喜爱度和驱动业务增长的战略性活动。随着人工智能（AI）技术的飞

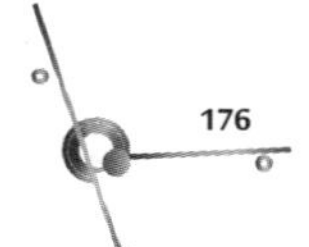

速发展，其在 CRM 领域的应用日益广泛，为企业带来了前所未有的机遇和挑战。

一、客户识别与智能推荐：个性化客户体验优化

在客户关系管理中，客户识别是基础，而智能推荐则是提升客户体验的关键。通过 AI 技术，企业能够深入了解客户的消费习惯、兴趣偏好及潜在需求，从而为客户提供个性化的产品推荐和服务。这种个性化的客户体验不仅能够提高客户的满意度和忠诚度，还能促进销售增长。

1. 客户识别：从模糊到清晰的客户画像

客户识别是 AI 在 CRM 中的基础应用。传统的客户识别方式主要依赖客户填写的信息表或交易记录，但这种方式存在信息不全、更新滞后等局限。随着 AI 技术的发展，企业现在可通过社交媒体、浏览行为、购买历史等多种渠道收集客户信息，整合分析后形成全面的客户画像。这些画像不仅包含客户基本信息，还深入揭示了其兴趣偏好、消费习惯等深层次特征。

例如，一个经常在社交媒体分享健身内容的客户，其画像可能标注为“健身爱好者”，当该客户在电商平台浏览运动装备时，画像会进一步丰富，包括偏好的品牌、购买频率等，为精准营销和服务提供有力支持。

2. 智能推荐：从盲目到精准的营销转变

有了全面的客户画像，智能推荐便成为可能。智能推荐系统通过分析客户历史行为和当前需求，预测其可能感兴趣的产品或服务，并主动为其推送相关信息。这种推荐方式不仅能提高客户购物效率和满意度，还为企业带来更多销售机会。

以电商平台为例，当用户显示出对某一类商品的偏好时，智能推荐系统会推荐相似商品或搭配购买建议，提升用户购物体验，增加平台销售额。新闻应用也可利用智能推荐技术，根据用户阅读偏好推送个性化新闻内容，提高用户活跃度和忠诚度。

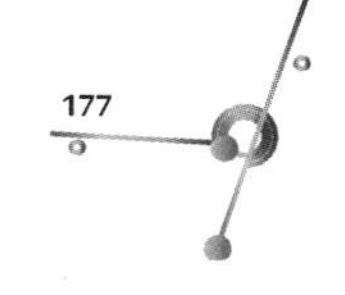

3. 具体落地案例：亚马逊的智能推荐系统

在智能推荐的领域里，亚马逊无疑是一个杰出的代表。作为全球较大的电商平台，亚马逊拥有海量的用户和商品数据。其智能推荐系统利用 AI 算法分析用户浏览记录、购买记录、搜索行为及评价反馈等多维度数据，构建每位用户的个性化兴趣模型。这个模型像用户的数字分身，了解用户的喜好和需求。基于这一模型，亚马逊能向用户推荐其可能感兴趣的产品（无论是新上市商品，还是符合历史购买偏好的同类商品）。

举例来说，一个热爱阅读的科技爱好者在亚马逊上经常购买科技类书籍和电子产品。当他浏览一本新上市的人工智能书籍但犹豫是否购买时，亚马逊的智能推荐系统便注意到了这一行为，分析他的历史购买记录和浏览记录。系统发现他对科技类书籍和电子产品有浓厚兴趣，且对新上市产品有一定关注度。于是，系统向他推送了一条推荐信息，详细介绍书籍内容，并提及限时折扣。这条推荐信息促使他毫不犹豫地购买了新书。

这种精准的推荐不仅提高了用户购物体验，还极大地促进了亚马逊的销售转化。亚马逊的智能推荐系统就像一个贴心的购物助手，时刻关注用户需求，提供最合适的商品推荐。这种个性化服务让用户在购物过程中感受到前所未有的关怀和满足，从而增强了用户对亚马逊的忠诚度和信任感。

二、自动化客服：24 小时智能客服机器人

在当今的商业环境中，客户服务的质量与效率直接关系到企业的竞争力和市场份额。然而，传统客服模式存在诸多痛点，如人力成本高、响应速度慢、处理效率低等，难以满足现代客户对即时服务和高效解决问题的迫切需求。在此背景下，智能客服机器人应运而生，为企业提供了一种全新的、高效的客户服务解决方案。

1. 技术原理：自然语言处理与机器学习的融合

智能客服机器人的核心技术在于自然语言处理（NLP）技术和机器学习算法。NLP 技术使得机器人能够理解和分析用户的问题，将其转化为计

算机可处理的格式，并通过算法匹配或生成相应的回答。而机器学习算法则让机器人能够通过大量的对话数据和用户反馈进行训练和优化，不断提升机器人的理解能力和回答质量。

具体来说，智能客服机器人首先会对输入的文本进行分词、词性标注等预处理操作，然后利用 NLP 技术提取文本中的关键信息，如意图、实体等。接着机器人会根据这些信息在知识库中检索或生成相应的回答。如果用户的问题比较复杂或涉及多轮对话，机器人还会利用上下文理解能力来更好地回应。

2. 应用场景：跨行业的广泛应用与显著成效

智能客服机器人凭借其高效、便捷的特点，在电商、银行、保险、电信等多个行业得到了广泛应用。在电商平台上，它们可以解答用户关于商品信息、订单状态、支付方式等常见问题，减轻人工客服的压力；在银行领域，它们可以协助用户完成账户查询、转账汇款等操作，提高服务效率；在保险行业，它们可以为用户提供保险咨询、报案理赔等服务，提升客户满意度。

以电商平台为例，智能客服机器人可以实时响应用户的咨询，提供商品详情、价格比较、库存状态等信息。在用户下单后，智能客服机器人还可以跟踪订单状态，及时通知用户物流信息。这种全方位的服务不仅提升了用户的购物体验，还大大降低了电商平台的客服成本。

3. 具体落地案例：阿里巴巴的智能客服小蜜

阿里巴巴的智能客服小蜜是其电商平台的重要组成部分，也是智能客服机器人在实际应用中的杰出代表。小蜜通过自然语言与用户进行交互，能够解答用户关于商品、订单、支付、物流等方面的疑问。其强大的自我学习和优化能力使它能够不断地根据用户的反馈调整回答策略，提升服务质量。

在实际应用中，小蜜展现出了卓越的性能。它能够快速准确地回答用户的问题，提供个性化的购物建议和服务。例如，当用户询问某款商品的

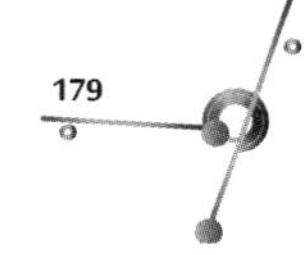

详细信息时，小蜜会立即提供商品的描述、价格、评价等信息；当用户遇到支付问题时，小蜜会引导用户完成支付流程并提供必要的帮助。除了文本交互外，小蜜还集成了语音识别和语音合成技术，支持语音交互。

智能客服小蜜的应用，不仅使阿里巴巴的客服成本降低了，还提高了用户满意度和忠诚度。小蜜的高效服务使得用户能够更快地解决问题并获得更好的购物体验，从而增强了用户对阿里巴巴电商平台的信任和依赖。

三、客户情绪管理：增强高价值客户满意度和黏性

在当今商业环境中，客户关系管理（CRM）对企业成功至关重要，其中客户情绪管理是一个重要且复杂的环节。通过 AI 技术，企业能实时监测客户情绪，了解客户对品牌、产品或服务的态度，对高价值客户尤为重要。AI 在客户情绪管理中的应用主要体现在情绪识别和情感分析两个方面。

1. 情绪识别：AI 技术下的客户情绪洞察

情绪识别通过语音识别、面部识别或文本分析等技术，准确捕捉客户的情绪状态，如高兴、愤怒、悲伤等。语音识别通过分析语音语调、语速和关键词判断情绪；面部识别则通过观察面部表情、眼神等特征识别情绪；文本分析则通过挖掘反馈意见、评论和社交媒体内容等文本信息，识别客户的情绪。

2. 情感分析：深入挖掘客户的情感态度

情感分析是情绪识别的进一步延伸。通过 NLP 和机器学习算法对文本信息进行深入挖掘，理解文本中的语义和上下文关系，提取情感特征。这有助于企业发现服务不足，制定精准服务策略，了解客户对品牌或产品的整体评价、满意度及改进建议，为优化服务、提升产品质量和制定营销策略提供数据支持。

3. 应用场景：跨领域的广泛应用与显著成效

客户情绪管理广泛应用于客户服务、市场营销和产品创新等多个领域。在客户服务方面，通过情绪识别和情感分析技术，企业能及时发现并

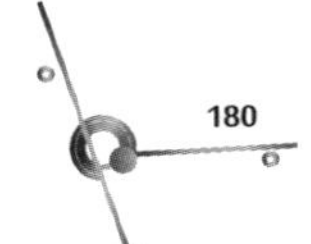

处理客户不满，防止负面情绪扩散。例如，当 AI 检测到客户愤怒或不满时，可向客服人员提供话术建议，缓解客户情绪，防止投诉。

在市场营销方面，企业可根据客户情感倾向制定精准的广告投放和营销策略。通过分析社交媒体内容和评论信息，了解客户对产品的情感态度，制定针对性的广告内容和投放策略。在产品创新方面，通过分析客户反馈和需求痛点，指导产品迭代和优化。当 AI 分析出大量客户对某一功能或设计不满时，企业可据此进行改进，满足客户需求。

以某银行为例，该银行引入情绪识别与安抚系统，通过 AI 技术实时监测客户在与客服通话过程中的情绪变化。一旦检测到情绪异常，系统立即触发安抚机制，向客服人员提供话术建议，缓解客户不满。该系统在实际应用中取得显著成效，成功缓解大量客户不满情绪，防止投诉发生。同时，系统记录客户情绪反馈供后续分析和改进使用。通过对这些数据的深入分析，银行发现服务不足并优化服务流程和产品，进而提高客户满意度和忠诚度，降低客户投诉率和流失率。

四、智能投诉与自动化纠纷处理：客户忠诚度提升策略

在当今商业环境中，客户投诉与纠纷处理成为企业客户关系管理的重大挑战。传统人工处理方式效率低下、成本高昂且处理结果不一，影响客户体验及企业品牌形象。为此，智能投诉与自动化纠纷处理系统应运而生，借助 AI 技术为企业提供高效解决方案。

1. 技术原理：AI 驱动的高效处理机制

智能投诉与自动化纠纷处理系统是基于自然语言处理（NLP）技术、机器学习算法和规则引擎等技术手段构建而成的，能自动接收、分析客户投诉信息。通过 NLP 技术提取关键信息并分类，如自动识别投诉内容中的关键词、情感倾向等。同时，利用机器学习算法深度挖掘投诉数据，发现潜在问题及趋势，为自动化处理提供支持。规则引擎则确保处理方案的准确性和合规性，整个处理过程高度自动化、智能化，显著提升效率。

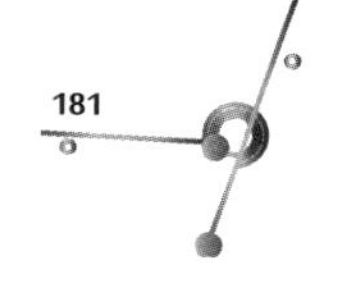

2. 应用场景：跨行业的广泛应用与显著成效

智能投诉与自动化纠纷处理系统广泛应用于电商、银行、保险等多个行业领域。在电商平台上，可自动处理退换货申请、投诉举报等，减轻人工客服压力。例如，自动识别退换货申请原因、商品信息，生成处理方案。在银行领域，系统实时监测账户交易和资金流向，及时发现异常并触发投诉处理流程，保护客户资金安全。在保险行业，系统加快理赔速度，提高客户满意度，同时自动审核和处理保单变更申请，确保保单准确有效。

3. 案例分享：某电商平台的智能投诉与纠纷处理系统实践

某电商平台实施智能投诉与纠纷处理系统，显著提升客户体验。该系统运用自然语言处理技术，自动分析客户投诉，快速判断类型与性质。针对常见问题和简单纠纷，如商品质量或物流延误，系统能自动生成处理方案（如退货退款或补偿优惠券），即时回复客户。对于复杂问题或需人工介入的纠纷，系统则智能转交相应客服团队，并监控处理进度，确保纠纷高效解决。

此系统应用后，成效显著。投诉处理时间缩短 50%、客户满意度提升 20%，同时客服成本降低 15%，纠纷发生率也大幅下降。这一创新不仅优化了客户体验，还提高了处理效率，降低了运营成本，展现了智能投诉与自动化纠纷处理系统在提升客户忠诚度方面的巨大价值。该电商平台的成功案例为其他企业提供了可借鉴的智能客服解决方案，助力企业在竞争激烈的市场中脱颖而出。

下篇：AI 思维商业落地

第七章　AI 产品思维：解锁用户需求的智能密码

第一节　AI 产品思维的基本内涵

AI 产品思维是指在设计、开发、运营 AI 产品过程中，所秉持的一种以用户需求为导向、以技术创新为驱动、以数据为基础的思维方式。它要求产品设计者具备深厚的 AI 技术功底和敏锐的市场洞察力，能够准确把握用户需求和市场趋势，通过创新性的产品设计和优化策略，实现产品的智能化升级和用户体验的持续提升。

一、AI 产品的定义与范畴

AI 产品，简而言之，是指利用人工智能技术设计、开发并应用于特定领域的产品或服务。这些产品或服务能够模拟人类的智能行为，如学习、推理、决策、识别等，从而帮助用户解决复杂问题，提高效率或创造新的价值。AI 产品的范畴极其广泛，包括但不限于智能家居、自动驾驶汽车、智能医疗、智能金融、智能教育、智能制造等多个领域。

二、AI 产品的核心特征

AI 产品作为人工智能技术的璀璨结晶，正以其独特的魅力深刻地改变

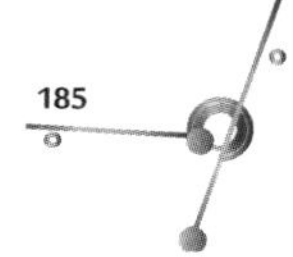

着我们的生活和工作方式。从智能手机中的语音助手，到智能家居系统中的自动化控制，再到医疗领域的 AI 辅助诊断系统，AI 产品正以多样化的形态渗透到我们生活的每一个角落，成为现代社会不可或缺的一部分。

1. 智能化：AI 产品的灵魂与核心

智能化是 AI 产品的灵魂与核心，也是其与传统产品最显著的区别。AI 产品能够处理复杂的数据信息，进行高效的学习和推理，从而做出准确的判断和决策。这种智能化不仅让产品功能更加强大，更在产品的设计、生产、使用和维护等各个环节发挥着重要作用。

以智能家居系统为例，它能够根据家庭成员的生活习惯和偏好，自动调节室内温度、照明和安防系统，让家变得更加舒适和安全。这种智能化的背后，是 AI 产品对大量数据的深度学习和精准判断。它们仿佛拥有了“智慧”，能够感知用户的需求，并做出相应的响应。这种智能化的服务不仅提升了用户的生活质量，更让人们对未来充满了期待。

2. 自主性：AI 产品的独立与高效

自主性是 AI 产品的另一大亮点。与传统产品需要人工操作或干预不同，AI 产品能够在没有人工干预或极少干预的情况下，自主完成预设的任务或响应外部环境的变化。这种自主性不仅提高了工作效率，更能让 AI 产品在复杂多变的环境中保持高效和稳定。

以智能客服系统为例，它能够自动处理用户咨询，减轻人工客服的工作压力。无论是简单的查询还是复杂的问题，智能客服系统都能迅速给出准确的答案，让用户体验到更加便捷、高效的服务。这种自主性的背后，是 AI 产品对自然语言处理和机器学习等技术的深度应用。它们能够理解用户的意图，并给出相应的回应，从而实现了与用户的无缝交互。

3. 适应性：AI 产品的个性化与精准

适应性是 AI 产品不可忽视的一大特征。与传统产品固定的功能和设置不同，AI 产品能够根据用户的行为习惯和偏好，以及环境的变化，进行自我调整和优化。这种适应性使 AI 产品能够提供更加个性化、精准的服务体验。

以智能手机中的语音助手为例，它能够根据用户的口音、语速和常用词汇进行自我学习和调整，让用户的语音指令更加容易被识别和执行。这种个性化的服务体验不仅让用户感到更加贴心和便捷，更让 AI 产品成为用户生活中不可或缺的一部分。这种适应性的背后，是 AI 产品对大数据和深度学习等技术的深度应用。它们能够分析用户的行为和偏好，并据此优化产品的功能和设置，从而实现与用户的深度互动。

4. 可扩展性：AI 产品的无限可能与持续创新

可扩展性也是 AI 产品的一大优势。与传统产品功能固定、难以升级不同，AI 产品的功能和性能可以随着技术的不断进步和应用场景的拓展而不断升级和扩展。这种可扩展性为 AI 产品的持续发展和创新提供了广阔的空间。

以医疗领域的 AI 辅助诊断系统为例，随着医疗数据的不断积累和算法的不断优化，其诊断准确率和应用范围也在不断扩大。未来，AI 辅助诊断系统有望成为医生的重要助手，为更多患者带来福音。这种可扩展性的背后，是 AI 产品对云计算、大数据和机器学习等技术的深度应用。它们能够不断吸收新的数据和算法，从而优化产品的性能和功能，实现了与时代的同步发展。

三、AI 产品的设计原理与基础理念

在 AI 产品的设计过程中，设计原理与基础理念是产品成功的关键。它们不仅决定了产品的功能和性能，更影响了产品的用户体验和市场竞争力。本小节将深入探讨 AI 产品的设计原理与基础理念，揭示其背后的奥秘，并以具体案例生动展现其在实际应用中的重要性。

1. 设计原理

①以用户为中心。AI 产品的设计应始终围绕用户需求展开。一切设计都应围绕用户需求展开，通过用户调研、数据分析等手段，深入了解用户

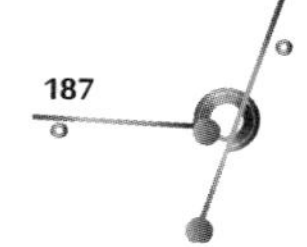

需求和行为习惯。以某智能家居系统为例，设计团队在用户调研中发现，用户对于家居安全有着极高的关注度。于是，他们在产品中加入了智能安防功能，如门窗传感器、摄像头等，实现了家居环境的全方位监控。这一设计不仅满足了用户的需求，更提升了产品的市场竞争力。

②数据驱动。在 AI 产品的设计中，数据是不可或缺的资源，AI 产品的设计离不开数据的支持。产品设计者应充分利用数据资源，通过数据挖掘、分析和应用等手段，精准把握用户需求和市场趋势。以某电商平台的 AI 推荐系统为例，该系统通过分析用户的购买历史、浏览行为等数据，为用户推荐符合其需求的商品。这一设计不仅提升了用户的购物体验，更提高了电商平台的销售额。同时，注重数据的隐私保护和安全性问题也是数据驱动设计中的重要一环，确保数据的合法合规使用，是赢得用户信任的关键。

③迭代优化。AI 产品的设计是一个不断迭代和优化的过程。产品设计者应根据用户反馈和市场变化，及时调整产品功能和策略。以某智能语音助手为例，该产品在设计初期并未考虑到方言的识别问题。然而，在用户反馈中，许多用户表示希望语音助手能够识别方言。于是，设计团队对产品进行了迭代优化，加入了方言识别功能，这一改进不仅提升了用户体验，更扩大了产品的市场份额。

2. 基础理念

①智能化理念。AI 产品的设计应始终秉持智能化理念，将人工智能技术贯穿于产品的整个生命周期中。通过不断引入先进的 AI 技术和算法，实现产品的智能化升级和性能提升。以某智能医疗诊断系统为例，该系统通过引入深度学习算法，实现了对医疗图像的精准识别和分析。这一智能化设计不仅提高了医疗诊断的准确率，更减轻了医生的工作负担。

②创新理念。创新是 AI 产品设计的核心驱动力。产品设计者应始终保持创新意识和探索精神，勇于尝试新的设计理念和技术手段。以某自动驾驶汽车为例，该产品在设计中采用了全新的传感器技术和算法，实现了

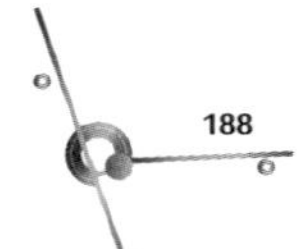

对周围环境的精准感知和判断。这一创新设计不仅提升了自动驾驶汽车的安全性，而且推动了整个汽车行业的技术进步。同时，注重与行业内的领先企业和专家进行交流和合作，也是推动 AI 产业发展的重要途径。

③可持续发展理念。在 AI 产品的设计中，注重可持续发展问题同样重要。产品设计者应关注产品的环境影响和资源消耗，通过节能减排和环保节能等措施，推动绿色、低碳的发展模式。以某智能手机为例，该产品在设计中采用了可回收材料和节能技术，降低了产品的环境影响。同时，该产品还提供了旧手机回收服务，推动了循环经济的绿色可持续发展。这一设计不仅赢得了用户对其环保性的认可，更提升了企业的品牌形象。

四、AI 产品思维的底层逻辑

在 AI 产品日新月异的今天，产品思维的底层逻辑显得尤为重要。它不仅关乎产品的生死存亡，更决定了企业在 AI 时代的竞争力。AI 产品思维的底层逻辑涉及技术创新、用户需求、市场竞争、产业生态多个领域和层面。

1. 技术创新：AI 产品思维的引擎

在 AI 领域，技术创新是产品思维的核心引擎。产品设计者必须紧跟 AI 技术发展的前沿趋势，不断引入新技术、新算法和新模型，将新技术应用于产品中，以提升产品的智能化水平和竞争力。

以某智能语音助手为例，该产品在初期仅具备基本的语音识别和指令执行能力。然而，随着 AI 技术的不断发展，产品设计者引入了自然语言处理和深度学习技术，使得语音助手能够更准确地理解用户的意图，并提供更加智能化的回答。这一技术创新不仅提升了语音助手的用户体验，更使其在市场上脱颖而出。

2. 用户需求：AI 产品思维的指南针

用户需求是 AI 产品思维的指南针，它指引着产品设计者前行的方向。深入洞察用户需求和痛点，通过数据分析等手段精准把握用户需求变化，

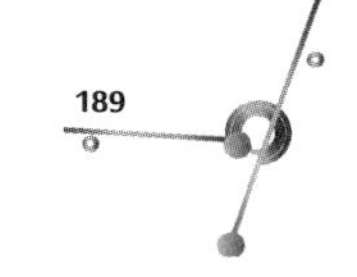

是打造贴心、个性化服务的关键。

以某电商平台为例，该平台通过大数据分析发现，用户在购物过程中经常遇到选择困难的问题。于是，产品设计者引入了 AI 推荐系统，根据用户的购买历史和浏览行为，为其推荐符合需求的商品。这一创新不仅提升了用户的购物体验，更提高了电商平台的销售额和用户忠诚度。

3. 市场竞争：AI 产品思维的磨刀石

市场竞争是 AI 产品思维的磨刀石，它考验着产品设计者的智慧和勇气。在激烈的市场竞争中，产品设计者必须深入洞察市场变化和用户需求变化，通过精准的市场定位和差异化竞争策略，才能赢得市场份额和用户口碑。

以某自动驾驶汽车企业为例，该企业在面对众多竞争对手时，选择了差异化竞争策略。他们专注于打造高端、豪华的自动驾驶汽车，注重用户体验和品质感。这一策略不仅使他们在市场上获得了独特的地位，更赢得了众多高端用户的青睐。

4. 产业生态：AI 产品思维的沃土

产业生态是 AI 产品思维的沃土，它滋养着 AI 产品的成长和发展。产品设计者必须关注产业链上下游的协同发展，通过跨界融合和生态构建，推动产业生态的构建和升级。

以某智能家居企业为例，该企业不仅生产智能家居产品，还积极与房地产、装修公司等产业链上下游企业合作，共同打造智能家居生态系统。他们通过提供一体化的智能家居解决方案，为用户带来了更加便捷、舒适的生活体验。同时，他们也通过与其他企业的合作，共同推动了智能家居产业的发展和进步。

AI 产品思维的底层逻辑是技术创新、用户需求、市场竞争和产业生态的深度交融。这 4 个方面相互依存、相互促进，共同塑造了 AI 产品的未来。在 AI 时代，只有紧跟技术发展的前沿趋势，精准把握市场变化和竞争态势，关注产业链上下游的协同发展，才能打造出具有竞争力的 AI 产品。

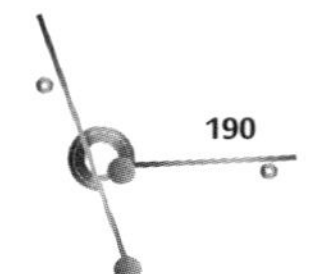

第二节　AI 产品输出形式：探索智能技术的多元化展现

人工智能（AI），简而言之，是使机器能够模拟、延伸和扩展人的智能的技术科学。随着算法的不断优化、计算能力的提升及大数据的积累，AI 正逐步从理论走向实践，渗透到各行各业。AI 产品的输出形式，是 AI 技术成果的直接体现，作为连接技术与用户的关键桥梁，其多样性和创新性成为衡量 AI 技术发展水平的重要指标。

一、文字形态：知识的桥梁与创意的源泉

在 AI 的浩瀚宇宙中，文字处理是最早也是最为人熟知的领域之一。从基础的机器翻译到复杂的智能客服，再到创新性的阅读理解与自动撰稿，AI 以文字为载体，展现了其强大的语言理解和生成能力。

1. 机器翻译：跨越语言的桥梁

机器翻译是 AI 在文字处理领域的典型应用之一。它利用深度学习等先进算法技术，实现了自然语言之间的自动转换，打破了语言障碍，促进了全球信息的无障碍流通。从最初的词汇替换到如今的上下文理解、语义辨析，机器翻译的质量不断提升，无论是学术交流、商业合作还是旅游出行，机器翻译都成为人们跨越语言障碍的重要工具。

2. 智能客服：24 小时在线的贴心助手

智能客服系统是 AI 在文字交互领域的又一杰作。通过自然语言处理技术，智能客服能够准确理解用户的问题和需求，提供 24 小时不间断的个性化解答和服务。无论是电商平台的购物咨询、银行的业务办理还是电信运营商的话费查询，以及医疗机构的医患关系，智能客服都能以高效、专业的态度为用户排忧解难。更重要的是，智能客服能够 24 小时不间断地提供服务，极大地提升了企业的服务效率和客户满意度。

3. 阅读理解与自动撰稿：AI 创作的无限可能

阅读理解技术使机器能够像人一样，能够深入理解文本内容，提取关键信息，甚至进行推理判断。而自动撰稿则进一步将这一能力应用于内容

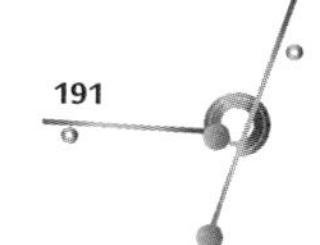

创作，AI 能够根据输入的指令或模板，自动生成符合要求的文章或报告。这一技术的应用不仅提高了内容创作的效率，也为新闻报道、广告文案、科研论文等领域的创新提供了无限可能，为内容生产行业带来了革命性的变化。

4. 拼写补全：细节之处的智能关怀

拼写补全功能广泛存在于各类文本输入的场景，如搜索引擎、办公软件等。拼写补全虽然看似微不足道，但却是提升用户体验的重要一环。无论是手机输入法还是在线编辑工具，AI 都能通过预测用户输入习惯、识别上下文等方式，提供准确的拼写建议。这不仅减少了用户的输入错误，还提高了文本编辑的效率和准确性。

二、语音形态：声音的魔力与交流的便捷

语音作为人类最自然的交流方式之一，也是 AI 技术的重要探索领域。从语音识别到语音合成，再到语音唤醒和语音分离，AI 正以声音为媒介，开启了一场前所未有的交互革命。

1. 语音识别：听懂世界的耳朵

语音识别技术将人类语音转换为可处理的文本信息，是实现人机交互的重要手段。从简单的语音指令识别到复杂的连续语音识别，AI 的语音识别能力不断提升。如今，无论是在智能家居、智能车载还是虚拟助手等领域，语音识别技术让 AI 能够“听懂”人类的语言。它让用户能够通过语音与设备进行交互，享受更加便捷、智能的生活体验。

2. 语音合成：赋予机器声音的灵魂

与语音识别相对应的是语音合成技术，它能够将文本信息转化为自然流畅的语音输出，使 AI 能够“说话”。从简单的语音播报到富有情感的语音表达，语音合成技术的发展为 AI 赋予了更多人性化的特质。在智能客服、有声读物、语音导航等领域，语音合成技术都展现出了巨大的应用潜力，为娱乐、教育等行业带来了全新的体验。

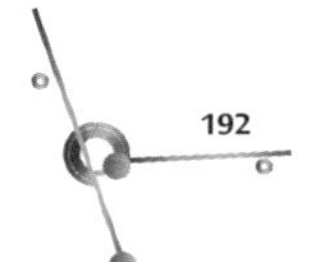

3. 语音唤醒：一触即发的智能响应

语音唤醒技术使 AI 能够在用户发出特定指令时自动响应，无须物理接触即可实现操作。这一技术不仅提高了设备的响应速度，还极大地提升了用户体验。无论是智能手机、智能家居还是可穿戴设备，语音唤醒都已成为用户与设备交互的重要方式之一。通过简单的语音命令，用户即可轻松控制设备、获取信息或享受服务，极大地提升了用户的使用便利性。

4. 语音分离：环境中的清晰对话

语音分离技术解决了在复杂环境中提取清晰语音的难题。它能够从混合声音中分离出目标声源的声音，使 AI 在嘈杂的环境中也能准确识别用户的指令。这一技术的应用场景非常广泛，如电话会议、远程协作、公共场所监控等。通过语音分离技术，AI 能够在各种环境下为用户提供稳定可靠的语音交互体验，具有重要的应用价值。

三、图像形态：视觉的盛宴与智能的洞察

图像作为信息的重要载体之一，在 AI 技术的推动下也焕发出了新的生机。从人脸识别到目标识别，再到场景识别、图像处理和图像融合、图像分割等，AI 正以图像为窗口，探索着视觉世界的无限可能。

1. 人脸识别：身份识别的利器

人脸识别技术通过捕捉和分析人脸特征信息，实现了对个体身份的快速准确验证。这一技术广泛应用于安防监控、门禁管理、支付验证等领域。它不仅提高了身份识别的效率和准确性，还为用户带来了更加便捷、安全的身份验证方式，为社会安全和个人隐私保护提供了有力支持。

2. 目标识别与场景识别：智能分析的视觉触角

目标识别技术使 AI 能够识别出图像中的特定物体或场景，如车辆、动物、建筑等。并对其进行分类和标注。而场景识别则更进一步，能够分析图像的整体内容，判断其所属的场景类型。这些技术广泛应用于自动驾驶、智能安防、智能零售等领域。通过智能分析图像信息，AI 能够更好地

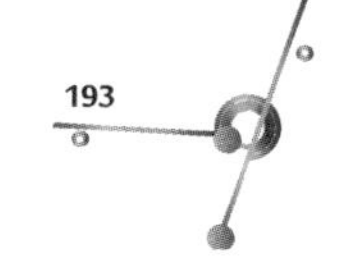

理解周围环境、预测潜在风险并做出相应的决策。

3. 图像处理与图像融合：视觉效果的魔法棒

图像处理技术包括图像增强、图像去噪、图像压缩等多个方面，它能够使图像变得更加清晰、美观和易于处理。而图像融合则是将多幅图像中的有用信息合并到一幅图像中，以增强图像的视觉效果和信息含量。这些技术在医学影像分析、遥感监测等领域具有重要应用价值。

4. 图像分割：探索世界的万花筒

图像分割技术是将图像划分为若干个具有相似特征的区域或对象，以便于后续的分析和处理。图像分割中的特征提取常用方法包括颜色、纹理、形状、深度学习等，根据提取的信息特征，采用合适的分割算法进行图像分割，这一技术在医学影像分析、自动驾驶等领域发挥着重要作用，为精准诊断、安全驾驶等提供有力支持。

四、视频形态：动态的展现与智能的监控

视频作为融合了图像、声音和动态元素的多媒体形式，在 AI 技术的加持下更是展现出了强大的表现力和叙事能力。从行为分析到视频分割再到视频语义理解和智能安防等应用，AI 正在以视频为媒介创建着更加生动、智能的未来社会。

1. 视频行为分析：洞察动态世界的慧眼

视频行为分析技术通过对视频图像中的运动目标进行跟踪、识别和分析，实现对人类行为的智能理解，AI 能够识别出视频中的关键行为并预测其发展趋势。这一技术的应用场景非常广泛，如公共场所监控、交通管理、体育比赛分析、智能安防、智慧城市等领域。通过行为分析技术，能够及时发现异常行为并预警。AI 能够为我们提供更加全面、深入的信息洞察和决策支持。

2. 视频分割与视频语义理解：视频内容的深度挖掘

视频分割技术能够将视频中的不同元素（如人物、场景、动作等），

按照特定规则分离和提取为多个部分或片段，以便于后续的处理和分析。视频语义理解技术旨在理解视频中的深层含义和上下文信息，实现对视频内容的智能解析和推理。这两项技术的应用为视频内容的深度挖掘和个性化推荐提供了重要的技术支持。通过视频分割和语义理解技术，AI能够更好地理解用户需求、提供精准的内容推荐和个性化的观看体验。

3. 目标跟踪与智能安防：守护安全的智慧之眼

目标跟踪技术能够在视频序列中持续跟踪特定目标的位置和状态变化。智能安防是AI技术在视频领域的重要应用之一，通过结合人脸识别、行为分析等技术手段，智能安防系统能够实时监测和预警潜在的安全风险。无论是公共场所的监控管理还是家庭住宅的安全防护，智能安防系统都发挥着至关重要的作用。它们不仅提高了安全防范的效率和准确性，还为用户提供了更加安心、便捷的生活环境。

4. AR/VR：虚拟与现实的梦幻交融

增强现实（AR）和虚拟现实（VR）技术作为视频技术的延伸和拓展，更是为AI的应用提供了无限的想象空间。AR技术能够在现实世界中叠加虚拟信息，如游戏、导航等；而VR技术则能够创建一个完全虚拟的环境，让用户身临其境地体验各种场景。通过AR/VR技术，AI能够将虚拟信息与现实世界进行无缝融合或创造全新的虚拟环境。这一技术的应用为用户带来了更加沉浸式、交互式的体验方式。在游戏娱乐、教育培训、医疗康复等领域，AR/VR技术都展现出了巨大的应用潜力和商业价值。

第三节 AI产品的主要类型

随着科技的飞速发展，AI已逐渐渗透到人们生活的方方面面，从智能手机上的语音助手到自动驾驶汽车，AI产品正以前所未有的方式改变着世界。本节将系统介绍当前AI产品的几大主要类型，包括自然语言处理产品、计算机视觉产品、深度学习产品、智能硬件产品、知识图谱产品，旨在为读者提供一个全面而深入的科普视角。

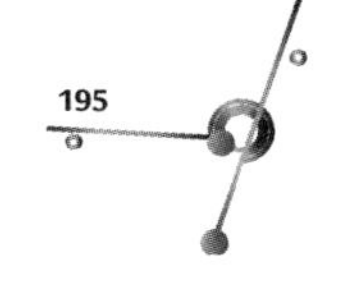

一、自然语言处理产品：智能交互的新篇章

自然语言处理（NLP）是 AI 领域的一个重要分支，它研究的是计算机如何理解、解释和生成人类自然语言的技术。NLP 产品通过模拟人类语言处理机制，使得计算机能够读懂、听懂，甚至写出人类语言，极大地拓宽了人机交互的边界。NLP 产品的应用广泛，从语音助手到智能客服，都离不开 NLP 技术的支持。以下是应用实例分析。

1. 智能客服：重塑服务新生态

智能客服，作为 NLP 技术的杰出代表，正在悄然改变着企业的服务模式。它利用 NLP 技术深度解析用户问题，迅速给出精准答案，极大地提升了客户服务的效率和用户满意度。

案例聚焦：京东的智能客服 JIMI，就是一个典型的例子。面对海量的用户咨询，JIMI 能够迅速理解问题并给出答案，无论是商品查询、物流追踪还是售后服务，它都能轻松应对。更重要的是，JIMI 还能不断学习用户的反馈，优化服务流程，让每一次交互都更加顺畅。它的出现，不仅提升了京东的服务质量，也为用户带来了更加便捷、高效的购物体验。

2. 机器翻译：跨越语言的鸿沟

机器翻译，是 NLP 技术的又一重要应用。通过深度学习等先进技术，机器翻译系统能够实现多种语言之间的自动翻译，人们能够轻松交流，促进全球信息的无障碍交流，促进了全球文化的融合与发展。

案例分享：谷歌翻译，无疑是机器翻译领域的佼佼者，它支持上百种语言的互译，无论是文本、网页、文档，还是图片中的文字，都能迅速、准确地翻译成目标语言。谷歌翻译背后的 NLP 技术，让不同语言不再是交流的障碍，让全球的信息与知识能够更加自由地流动。

3. 智能写作助手：激发创意的火花

智能写作助手，是 NLP 技术在文学创作领域的创新应用。它能够帮助创作者分析文本结构、语言风格，甚至提供创意灵感，让写作变得更加高效与有趣。这类产品能够根据用户输入的关键词或主题，自动生成文章草

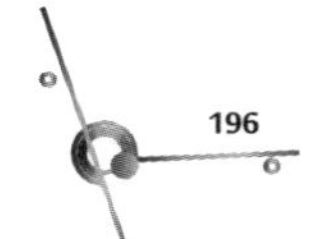

稿，帮助写作者节省时间，提升创作效率。

案例解析：Grammarly，这款广受欢迎的智能写作工具，就是智能写作助手的代表。它不仅能够自动检查拼写、语法错误，还能根据上下文给出词汇替换、句子重构等优化建议。更高级的版本还能分析文章的可读性、风格一致性等，帮助创作者提升写作质量。Grammarly 的成功，证明了 NLP 技术在文学创作领域的巨大潜力。

4. 语音助手：声控生活的魅力

语音助手，是 NLP 技术与语音识别技术的完美结合。它让用户能够通过语音指令控制设备、获取信息，为生活带来了前所未有的便捷。

案例亮点：苹果的 Siri，就是语音助手的典型代表。用户只需轻声呼唤，就能查询天气、播放音乐、设置闹钟提醒等。Siri 的成功，不仅在于其强大的语音识别能力，更在于其背后的 NLP 技术，能够准确理解复杂的语义和上下文信息，让机器能够理解人类的自然语言，让声控生活成为可能。它的出现，不仅改变了人们的交互方式，也为智能家居的发展奠定了基础。

5. 聊天机器人：陪伴与娱乐的新伙伴

聊天机器人，是 NLP 技术在社交娱乐领域的创新应用。它不仅能够与用户进行闲聊解闷，还能提供个性化服务，成为用户生活中的新伙伴。

案例聚焦：微软小冰，就是聊天机器人的杰出代表。她不仅拥有海量的知识储备，还能进行情感交流、创作诗歌等。小冰背后的 NLP 技术，让她能够捕捉用户的情感波动，调整对话策略，让每一次交流都充满温度。她的出现，不仅丰富了用户的社交娱乐生活，也为人工智能的情感化、个性化服务提供了新的思路。

二、计算机视觉产品：重塑世界的“慧眼”

计算机视觉（CV）是 AI 的另一个重要领域，旨在使计算机能够“看”懂图像和视频中的信息。CV 产品广泛应用于图像识别、视频分析、增强现实等领域，为各行各业带来了前所未有的变革与机遇，极大地丰富了人

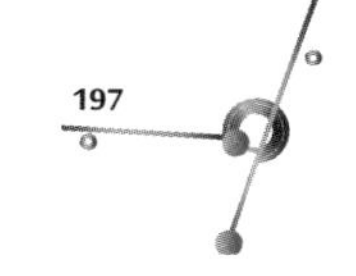

们的视觉体验和信息获取方式。以下是应用实例分析：

1. 人脸识别：身份认证的新纪元

人脸识别技术以高效、便捷、非接触特性，成为身份认证新宠。通过捕捉并分析人脸特征，计算机视觉系统能快速准确识别个体，支持安全监控、金融服务等领域。

案例解析：支付宝人脸支付是典型应用，用户对准屏幕即可秒级支付，背后是强大的计算机视觉和深度学习算法支撑，确保安全与便捷。想象在商场或超市，微笑即可支付，这是计算机视觉带来的便捷惊喜。

面部识别是生物识别代表，苹果 Face ID 和智能手机人脸解锁均采用此技术。生物识别通过个体生物特征验证身份，包括指纹、虹膜、面部、声纹等，因高安全性和便捷性广泛应用于各领域。虹膜识别更为先进、安全，AI 虹膜识别系统为金融、军事等领域提供强有力身份验证。

2. 自动驾驶：未来出行的智能引领

自动驾驶，是计算机视觉技术的又一重要应用领域。通过搭载高清摄像头、激光雷达等传感器设备，自动驾驶汽车能够实时感知周围环境，识别道路标志、行人、车辆等障碍物，从而实现自主导航和智能避障。计算机视觉技术在这一过程中发挥着至关重要的作用。

案例分享：特斯拉的 Autopilot 系统，就是自动驾驶领域的佼佼者。该系统利用计算机视觉技术，通过车载摄像头捕捉道路图像，并实时分析处理，识别出车道线、交通标志、行人等关键信息。同时，结合深度学习算法，Autopilot 系统能够预测周围车辆和行人的运动轨迹，做出合理的驾驶决策。想象一下，在未来的某一天，你坐在自动驾驶汽车里，无须操控方向盘或刹车，只需要享受沿途的风景和音乐的陪伴，而这一切的安全与便捷，都由计算机视觉技术来守护。

3. 安全监控：守护安宁的智慧之眼

在安全监控领域，计算机视觉产品如同一只只不眠不休的智慧之眼，24 小时守护着我们的安宁。通过视频监控系统，计算机视觉技术能够实

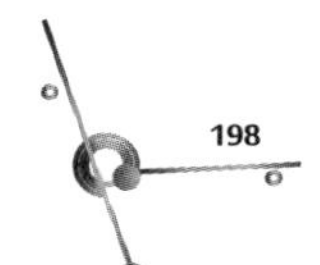

时分析画面中的异常情况，如入侵检测、行为识别等，并及时发出预警信号，有效防范潜在的安全威胁。

案例解析：海康威视的智能监控系统，就充分展示了计算机视觉技术在安全监控领域的强大实力。该系统利用深度学习算法，对监控画面中的目标进行精准识别与跟踪，无论是人脸、车辆还是其他物体，都能实现高效检测与分类。同时，结合大数据分析技术，智能监控系统还能对监控区域进行风险评估与预警预测。想象一下，在一个宁静的夜晚，当所有人都沉睡在梦乡时，这些智慧之眼却保持着高度的警觉。它们能够迅速捕捉到任何异常行为或潜在威胁，并及时向安保人员发出警报，守护着人们的安宁与财产安全。

4. 医学影像分析：精准医疗的得力助手

在医疗领域，计算机视觉技术同样发挥着不可替代的作用。利用 CV 技术，医生可以利用 AI 辅助诊断系统对医学影像资料进行分析与处理，计算机视觉系统能够辅助医生进行疾病诊断、病灶定位等工作，提高医疗诊断的准确性与效率。

案例聚焦：IBM Watson Health，就是计算机视觉技术在医学影像分析领域的一个杰出代表。该系统利用深度学习算法对海量的医学影像资料进行学习与分析，能够自动识别出肿瘤、病变等异常区域，并为医生提供详细的诊断报告与治疗方案建议。想象一下，在繁忙的医院里，医生们面对海量的医学影像资料往往感到力不从心。但有了 IBM Watson Health 的帮助，他们只需将影像资料输入系统，就能迅速得到准确的诊断结果和治疗建议。这不仅大大减轻了医生的工作负担，也为患者带来了更加精准、高效的医疗服务。

三、深度学习产品：重塑未来的智能引擎

在人工智能的浪潮中，深度学习犹如一股强劲的风暴，席卷了科技、商业乃至人们日常生活的每一个角落。作为一种模拟人脑神经网络结构的

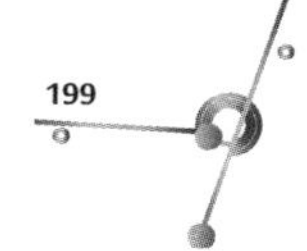

高级技术，深度学习正通过其强大的数据处理和分析能力，催生出一系列令人瞩目的产品，深刻改变着推荐系统、医疗诊断、金融预测、无人驾驶等多个领域。本小节通过分析深度学习产品，探索它们背后的智慧与奇迹。

1. 推荐系统：精准触达，个性化体验的魔法棒

在信息爆炸的时代，如何快速找到用户感兴趣的内容成了各大平台的头等大事。深度学习技术的出现，让推荐系统迎来了前所未有的升级。通过分析用户的浏览历史、购买记录、点击行为等多维度数据，深度学习模型能够精准捕捉用户的兴趣偏好，实现个性化内容的精准推送。

案例聚焦：Netflix 的个性化推荐系统堪称行业典范。借助深度学习算法，Netflix 能够精准预测用户对影片的喜好程度，从而为用户推荐最符合其兴趣的影视作品。这种个性化的推荐服务不仅提高了用户的观影体验，还极大地促进了内容的消费和平台的活跃度。据统计，Netflix 上高达 80% 的观看量来自其强大的推荐系统，这一数字背后是深度学习技术的巨大贡献。

2. 医疗诊断：辅助医生，精准医疗的智囊团

在医疗领域，深度学习正逐步成为医生的得力助手。通过处理和分析海量的医学影像数据，深度学习模型能够辅助医生进行疾病诊断、病灶识别等工作，极大地提高了诊断的准确性和效率。

案例分享：谷歌 DeepMind 开发的 AlphaFold 系统，在蛋白质结构预测领域取得了重大突破。该系统利用深度学习算法，成功预测了多种蛋白质的三维结构，为药物研发和疾病治疗提供了宝贵的信息支持。此外，在医学影像分析方面，深度学习技术也被广泛应用于肺结节检测、糖尿病视网膜病变筛查等领域，为医生提供了更加精准的辅助诊断工具。

3. 金融预测：洞悉未来，智慧投资的导航仪

金融市场的波动性和不确定性使得预测变得尤为困难。然而，深度学习技术的出现，为金融预测提供了新的可能。通过对历史市场数据、交易

记录、宏观经济指标等海量信息的深度挖掘和分析，深度学习模型能够捕捉到市场变化的微妙信号，为投资者提供科学的决策依据。

案例聚焦：高盛集团利用深度学习算法开发了一套智能交易系统，该系统能够实时分析市场动态，捕捉交易机会，并自动执行交易决策。这一创新不仅提高了高盛的交易效率和市场响应速度，还显著降低了交易成本和风险。此外，在信用评分、风险管理等方面，深度学习技术也被广泛应用于金融领域，为金融机构提供了更加精准的风险评估和决策支持。

4. 无人驾驶：智能驾驶，未来出行的引领者

无人驾驶汽车是深度学习技术的又一重大应用场域。通过集成摄像头、雷达、激光雷达等多种传感器数据，深度学习模型能够实时感知车辆周围环境，并进行精准的路径规划和决策控制。这不仅提高了交通安全性，还极大地缓解了城市交通拥堵问题。

案例分享：Waymo 作为无人驾驶技术的领军者，其自动驾驶系统已经在美国多地进行了公开道路测试。该系统利用深度学习算法对传感器数据进行深度挖掘和分析，实现了对车辆周围环境的精准感知和实时决策。在测试中，Waymo 的无人驾驶汽车展现出了出色的驾驶能力和安全性能，赢得了广泛赞誉。未来，随着技术的不断成熟和完善，无人驾驶汽车有望成为未来出行的重要选择。

四、智能硬件产品：未来生活的智慧引擎

在科技日新月异的今天，智能硬件产品正以前所未有的速度应用到人们生活的方方面面，从智能家居到智能穿戴，从智能办公设备到智能安防，再到智能运载工具，它们以智慧之名，重塑着人们的生活方式与未来图景。

1. 智能家居：未来生活的温馨港湾

智能家居，作为智能硬件的重要组成部分，正引领着家居生活的新风尚。通过物联网、人工智能等先进技术，智能家居产品实现了家电、照

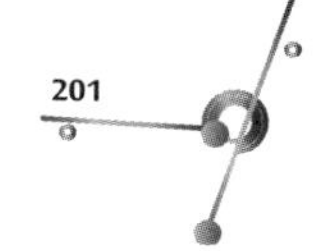

明、安防等设备的互联互通，为用户打造了一个高效、便捷、安全的居住环境。

案例聚焦：以小米智能家庭中心为例，用户只需通过手机 APP，就能轻松控制家中的智能设备。无论是调节空调温度、开关窗帘，还是远程监控家中情况，一切尽在指尖掌控。更令人惊喜的是，小米智能家居还能根据用户的习惯和偏好，自动调整家居环境，如智能灯泡能自动调节亮度和色温，营造出最适合当前场景的氛围。这种智能化的家居体验，不仅提升了生活的便利性，更让家充满了温馨与未来感。

2. 智能穿戴：健康生活的贴身伴侣

智能穿戴设备，作为连接人体与数字世界的桥梁，正日益成为现代人追求健康生活的得力助手。它们通过监测心率、血压、睡眠等生理指标，为用户提供全面的健康管理方案。

案例分享：Apple Watch Series 8，作为智能穿戴领域的佼佼者，不仅具备精准的健康监测功能，还能在用户出现异常情况时及时发出预警。无论是心率过快、血氧含量下降，还是摔倒检测，Apple Watch 都能迅速反应，为用户的健康安全保驾护航。此外，它还支持多种运动模式，能精准记录用户的运动数据，帮助用户更好地规划健身计划。智能穿戴设备，让健康监测变得更加便捷、高效。

3. 智能办公设备：高效工作的得力助手

在快节奏的职场生活中，智能办公设备正逐渐成为提升工作效率的关键。智能打印机、智能投影仪等办公设备通过集成 AI 技术，实现自动排版、远程会议等功能，提升办公效率。它们通过智能化、自动化的技术手段，简化了烦琐的工作流程，让办公变得更加轻松愉快。

案例解析：以科大讯飞智能办公本 X3 Pro 为例，这款设备搭载了先进的 AI 技术，能够实现语音转文字、智能摘要、文档扫描等功能。在会议中，用户只需开启录音功能，设备就能自动将语音转化为文字，并生成会议纪要，大大节省了记录会议内容的时间。同时，它还支持多种文档格式

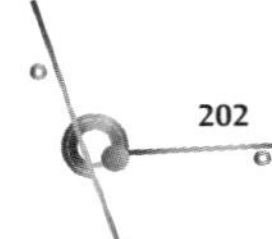

的编辑和分享，让办公协作变得更加便捷。智能办公设备，让工作更加高效、有序。

4. 智能安防设备：家庭安全的守护神

智能安防设备，作为保障家庭安全的重要防线，正通过先进的技术手段为用户提供全方位的安全防护。智能摄像头、智能门锁等安防设备通过集成AI算法，实现智能监控、异常报警等功能，提高家庭和企业安全水平。

案例聚焦：海康威视的智能安防系统，就是一个典型的代表。该系统通过高清摄像头和智能分析算法，能够实时捕捉并识别家中的异常情况。一旦有陌生人闯入或烟雾浓度超标，系统就会立即发出警报，并通过手机APP通知用户。此外，它还支持远程查看家中情况，让用户无论身在何处都能随时掌握家中动态。智能安防设备，让家庭安全无死角、无隐患。

5. 智能运载工具：未来出行的智能引领

智能运载产品主要指能够自主导航、感知环境并做出决策的智能交通工具，如无人驾驶汽车、无人机、智能机器人等。这些产品通过自动驾驶、智能导航等技术手段，让出行变得更加安全、便捷、环保。

案例聚焦：京东无人机是智能运载在物流领域的创新应用。通过AI算法规划最优飞行路线、避障和自主降落等，京东无人机能够高效、准确地完成货物配送任务。这不仅提高了物流效率，还降低了配送成本。

6. 智能机器人

智能机器人是指具备感知、决策、执行和交互等能力的机器人系统。它们能够模拟或延伸人类的部分智能功能，完成各种复杂任务。

应用实例分析：服务机器人在餐厅、酒店等场所，能够完成送餐、迎宾、导览等工作，提升服务质量；教育机器人能够陪伴孩子学习、娱乐，提供个性化的教育服务；医疗机器人则是智能机器人在医疗领域的创新应用。它们能够辅助医生进行手术操作、患者护理等任务，提高医疗水平和服务效率。例如，手术机器人可以通过精准的操作减少手术风险；护理机器人则能够24小时不间断地监测患者的生命体征并提供必要的护理支持。

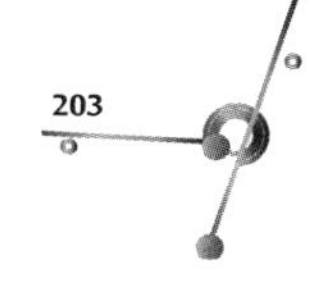

五、知识图谱产品：重塑智能时代的五大应用领域

知识图谱是一种基于图的数据结构，用于描述实体之间的关系。知识图谱产品通过构建和查询这样的知识库，为用户提供精准的信息服务和智能决策支持。在 AI 领域，知识图谱产品能够帮助机器理解和推理复杂的知识信息，进而提供更加智能的服务。以下是应用实例分析。

1. 智能问答系统：知识的智慧回响

智能问答系统：结合 NLP 和知识图谱，准确理解问题并从知识库中检索信息，给出精准答案。具体案例方面，谷歌的搜索问答系统就是一个典型的代表。当用户输入查询时，谷歌的后台系统会利用知识图谱对查询进行语义解析，并从海量数据中提取出与查询意图最匹配的知识片段，以直观、易懂的方式展现给用户。这种基于知识图谱的智能问答系统，极大地提升了用户获取信息的效率和准确性。

2. 搜集引擎系统：知识的精准导航

搜集引擎系统：基于知识图谱的搜索引擎能更准确理解用户查询意图，提供个性化和精准的搜索结果。例如，百度搜索利用知识图谱技术实现深度内容推荐，提升搜索体验。以百度搜索为例，其背后的知识图谱技术使得搜索不再局限于简单的关键词匹配。当用户输入“梵高”时，搜索引擎不仅会返回梵高的基本信息和代表作品，还会根据用户的搜索历史、兴趣偏好等因素，智能推荐与梵高相关的深度文章、展览信息等内容。这种个性化的搜索体验，正是知识图谱赋予的独特魅力。

3. 个性化推荐系统：心灵的贴心伴侣

在个性化推荐系统的舞台上，知识图谱扮演着一位贴心的伴侣角色。它通过分析用户的行为数据、兴趣偏好等信息，构建出用户的个性化知识图谱，并据此为用户提供精准的内容推荐。无论是在电商平台上挑选商品，还是在视频网站上观看影片，知识图谱都能让用户感受到那份来自心底的温暖和关怀。以亚马逊的推荐系统为例，其背后的知识图谱技术能够深入挖掘用户的购买历史、浏览记录、评论反馈等数据，从而精准预测用

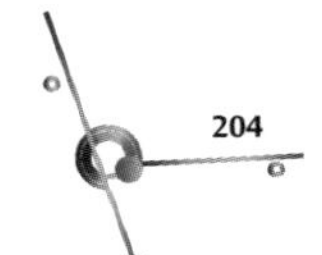

户的潜在需求。

4. 智能教育辅导：知识的智慧灯塔

智能教育辅导：知识图谱整合教育资源，构建学科知识图谱，为学生提供个性化学习路径和资源推荐。例如，Knewton 智能教育平台，利用知识图谱技术制订个性化学习计划和资源推荐，提高学习效率。

5. 金融风险控制：知识的坚固盾牌

金融风险控制：知识图谱整合金融数据，构建风险知识图谱，准确识别潜在风险因素并采取防控措施。例如，蚂蚁金服智能风控系统，利用知识图谱技术快速识别欺诈行为和异常交易模式，降低运营成本和风险损失。

此外，知识图谱还在企业数据治理、客户关系管理等领域发挥重要作用。通过整合企业内部和外部的数据资源，构建统一的知识图谱，企业可以实现数据的快速检索、关联分析和决策支持。

第四节　AI 产品创业与创新：引领未来的智慧浪潮

创新创业是 AI 产品发展的核心驱动力。AI 产品的创业与创新，不仅催生了众多新兴行业，还深刻改变了传统产业的运作模式，为全球经济注入了新的活力。作为推动社会进步与产业升级的核心力量，AI 产品的创业与创新不仅塑造了全新的商业模式，还极大地丰富了人们的生活方式，提升了工作效率。

一、AI 产品创业方向：多元化布局，深耕垂直领域

当前，AI 产品的创业热潮正席卷全球。从初创公司到科技巨头，从风险投资到资本市场，都对 AI 领域充满了浓厚的兴趣和期待。AI 产品的创业项目层出不穷，涵盖了从基础技术研发到应用场景拓展的各个环节。这些创业项目大多聚焦于解决特定行业的痛点问题，通过 AI 技术提供创新性的解决方案。同时，随着 AI 技术的普及和成本的降低，越来越多的中小企业也开始涉足 AI 领域，希望通过 AI 技术实现转型升级和业务拓展。

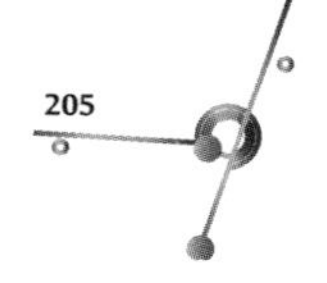

1. 智慧教育

智慧教育是 AI 技术应用的热点之一，旨在通过智能化手段提升教学质量与效率。以“猿辅导”为例，这是一家专注于 K12 在线教育的 AI 企业。猿辅导利用深度学习、自然语言处理等技术，开发出了智能题库、个性化学习路径规划、智能批改等功能。学生可以通过 APP 进行在线学习，系统会根据学生的答题情况，智能分析学习弱点，并推送定制化的学习资源和习题。此外，猿辅导还引入了 AI 助教，为学生提供 24 小时在线答疑服务，极大地提升了学习体验。

2. 智慧交通

智慧交通是 AI 技术改变人们出行方式的重要领域。以“城市大脑”为例，这是阿里巴巴集团提出的一项智慧城市解决方案。“城市大脑”通过集成海量数据，运用 AI 算法进行实时分析，优化城市交通管理。在杭州等城市，“城市大脑”已经成功应用于交通信号灯控制、公共交通调度、道路拥堵预警等方面，有效缓解了交通拥堵问题，提高了出行效率。此外，自动驾驶技术也是智慧交通的重要方向，特斯拉、Waymo 等企业正在积极研发自动驾驶汽车，旨在实现安全、高效的无人驾驶出行。“滴滴出行”作为中国最大的出行平台，它不仅通过算法优化匹配乘客与司机，提高出行效率，还积极探索自动驾驶技术。

3. 智慧医疗

智慧医疗是 AI 技术应用于医疗健康领域的典范。以“寻医问药网”为例，该平台利用 AI 技术进行疾病预测、辅助诊断、个性化治疗方案推荐等。通过大数据分析和机器学习算法，寻医问药网能够精准识别患者健康状况，为医生提供决策支持，同时为患者提供便捷的在线问诊、药品购买等服务，有效缓解了医疗资源紧张的问题，提高了诊断的准确性和效率。此外，AI 技术还在药物研发、个性化治疗方案推荐等方面发挥着重要作用，为医疗健康领域带来了革命性的变化。

4. 智慧农业

智慧农业是运用物联网、大数据、人工智能等先进技术，实现农业生

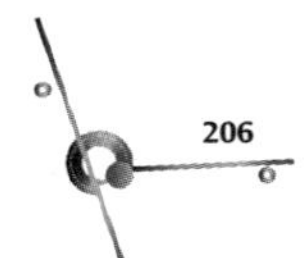

产的智能化管理。应用场景广泛，包括智能农机、智能灌溉、精准施肥、病虫害监测等。具体案例，如山东寿光智能温室大棚，通过手机、电脑远程调控光照、水肥灌溉等，稳定作物生长环境，提高作物品质与经济效益。智慧农业不仅提高了农业生产效率，还促进了农业可持续发展，展现了科技助力现代农业的广阔前景。

5. 智慧文旅

智慧文旅利用云计算、物联网等现代信息技术，实现旅游信息的智能感知、处理和应用，提升旅游体验和管理效率。应用场景包括智能导览、个性化推荐、智慧停车、虚拟现实体验、文化遗产保护等。例如，敦煌莫高窟利用数字孪生技术，让游客在虚拟环境中体验千年壁画，既保护了文物又丰富了游客体验。故宫博物院通过"智慧开放"项目，利用AR、VR技术为游客提供沉浸式体验，同时实现智能导览和票务管理，极大提升了游客的参观体验和服务质量。智慧文旅不仅提升了旅游品质，还促进了文旅产业的数字化转型与升级。

6. 智慧环保

智慧环保作为环保领域的创新模式，巧妙融合了物联网、大数据等先进技术，实现了环境管理的智能化与精细化。它通过建立全方位的环境监测网络，实时感知环境质量变化，为环境保护提供科学决策依据。应用场景广泛，涵盖空气质量监测、水质检测、污染源监控、智能垃圾分类、生态保护等多个方面。具体案例中，有城市利用智慧环保技术，成功构建了水下清淤机器人系统，实现了对排水设施的精准养护，极大提升了清淤效率与安全性。另一沿海城市则通过构建水环境智慧管控体系，有效解决了水污染防治难题，展现了智慧环保在守护绿水青山方面的强大潜力。

二、技术创新：算法迭代，场景拓展

AI技术创新的重要方向是与其他技术的融合发展。例如，将AI与物联网、区块链、5G等技术相结合，可以创造出更加智能、高效、安全的产

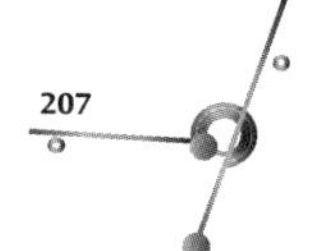

品和服务。这种跨领域的技术融合不仅能够拓展 AI 的应用场景，还能够提升产品的整体性能和用户体验。

1. 算法与模型创新

人工智能技术的核心在于算法与模型的不断优化与创新。以 NLP 为例，近年来，随着 Transformer 等新型神经网络模型的提出，NLP 技术在文本分类、情感分析、机器翻译等方面取得了显著进展。以百度文心大模型为例，该模型基于海量数据和强大算力，训练出了具备强大语言理解和生成能力的 AI 系统。文心大模型能够应用于智能客服、智能写作、智能问答等多个场景，为用户提供更加自然、流畅的交互体验。深度学习算法在图像识别、语音识别、自然语言处理等领域取得了突破性进展，“商汤科技”专注于计算机视觉和深度学习技术的研发，其人脸识别技术已达到国际领先水平，广泛应用于安防、金融、零售等多个行业，有效提升了场景应用的智能化水平。

2. 应用场景拓展

AI 技术的创新不仅体现在算法层面，更在于其应用场景的不断拓展。以“科大讯飞”为例，该公司将语音识别技术应用于教育领域，推出了智能语音评测系统，能够对学生的朗读、发音进行精准评估，并提供个性化改进建议。这一创新应用不仅提高了学生的学习效率，还减轻了教师的批改负担，实现了教育资源的优化配置。以智能家居为例，随着物联网、云计算等技术的快速发展，智能家居已经成为 AI 技术的重要应用场景之一。小米、华为等企业纷纷推出智能家居解决方案，通过 AI 技术实现家居设备的互联互通和智能化控制。用户可以通过手机 APP 或语音助手等方式，轻松控制家中的灯光、空调、电视等设备，享受便捷、舒适的智能生活。

三、模式创新：跨界融合，生态构建

AI 技术正逐渐渗透到各行各业中，跨界融合不断拓展新的应用场景。从智能制造到智慧城市，从智能医疗到智能教育，AI 技术正在为各个行业

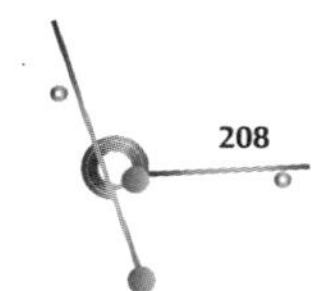

带来深刻的生态构建变革。未来，随着技术的不断进步和应用场景的不断拓展，AI 产品模式创新将会更加贴近人们的生活和工作需求。

1. 跨界融合

产业的模式创新往往伴随着跨界融合的趋势。以“美团”为例，这家原本以餐饮外卖起家的互联网公司，近年来积极拥抱 AI 技术，将智能推荐、无人配送等技术应用于其业务中。同时，美团还涉足智慧旅游、智慧零售等领域，通过跨界合作，构建了覆盖餐饮、住宿、出行、娱乐等多场景的综合服务平台，实现了用户流量的高效转化与价值的深度挖掘。这种跨界融合的模式不仅拓宽了美团的业务范围，还促进了 AI 技术的普及与应用。

2. 生态构建

AI 产业的健康发展离不开完善的生态系统。以“阿里云”为例，阿里巴巴集团依托其强大的技术实力和丰富的数据资源，构建了一个开放、共赢的 AI 生态。阿里云提供了包括机器学习平台、深度学习框架、自然语言处理工具等在内的多种 AI 能力，并面向开发者、企业等合作伙伴开放接口和工具，促进了 AI 技术的普及与应用。同时，百度还通过举办 AI 开发者大会、设立 AI 创新实验室等方式，加强产学研合作，推动 AI 技术的持续创新与发展。

四、服务创新：个性化、智能化体验

随着消费者对个性化、定制化需求的日益增长，AI 产品的创新也开始向这一方向倾斜。通过 AI 技术实现产品的个性化设计和定制化生产，可以满足不同消费者的独特需求，提升产品的市场竞争力和用户满意度。

1. 个性化服务

AI 技术的服务创新，主要体现在为用户提供更加个性化、智能化的服务体验。以“今日头条”为例，该应用利用 AI 算法分析用户的兴趣偏好、浏览历史等信息，为用户推送个性化的新闻资讯和短视频内容。这种个性化的推荐服务不仅提高了用户的满意度和黏性，还促进了内容创作者与用

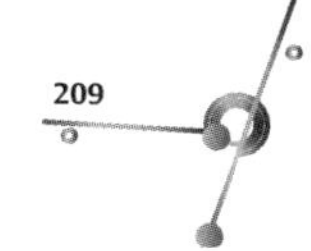

户的精准对接，实现了内容的高效传播与价值变现。“淘宝”这家中国最大的电商平台之一利用 AI 技术进行用户行为分析，根据用户的购物历史、浏览记录等信息，为用户推送个性化的商品推荐和优惠券。这种个性化的服务不仅提高了用户的购物体验和满意度，还促进了商品的销售和转化。此外，AI 技术还在个性化旅游规划、个性化健康管理等领域发挥着重要作用，为用户提供了更加贴心、便捷的服务。

2. 智能化服务

智能化服务，通过智能化手段提升服务效率和质量。以“京东物流”为例，该公司通过引入无人仓、无人车等智能设备，实现了仓储、分拣、配送等环节的自动化与智能化。京东物流利用 AI 算法进行路径规划、订单分配等决策，提高了物流效率和服务质量。同时，京东还利用 AI 技术进行供应链优化、库存管理等，降低了运营成本并提升了用户体验。这种智能化的服务创新不仅降低了企业的运营成本，还提升了用户体验和满意度。

AI 产品的创业与创新，正以前所未有的速度推动着各行各业的变革与发展。从智慧教育到智慧交通，从智慧医疗到智慧农业，AI 技术以其独特的优势和无限的潜力，为传统产业注入了新的活力与希望。未来，随着技术的不断进步和应用场景的持续拓展，AI 产品将在更多领域发挥重要作用，为人类社会的可持续发展贡献更大力量。这让人们期待一个更智慧、美好的未来！

第五节　人工智能赋能 B 端企业

To B（To Business），即面向企业或服务业企业，是专为商家、企业量身打造的服务或产品。在人工智能行业这个充满机遇的红利期，将 AI 技术与各行各业深度融合，正激发出前所未有的联动效应，极大地推动着效率与生产力的飞跃。企业端降本增效需求强烈，应用场景相对明确且单一，并且积累了丰富的行业数据和用户数据，为人工智能的落地提供了肥沃的土壤。

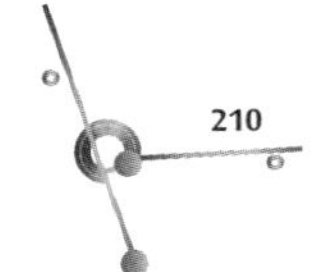

一、人工智能在企业端的落地场景

从企业的安全防护到权限验证，从生产效率的飙升到用户、客户服务的优化，人工智能正以各种形式渗透到人们的日常工作中。例如，那些具备人脸识别功能的门禁摄像头，它们就像忠诚的守卫，让员工从此告别忘带或丢失门禁卡的烦恼；又如，企业的客服机器人，它们如同不知疲倦的助手，轻松应对用户的常见咨询，为客服人员减轻压力。在人工智能的众多落地场景中，可以清晰地看到三大主流应用方向。

1. 非创造性质的劳动场景

创造性劳动往往源自人的主观想法，需要设计者的经验和理解来输出内容，如产品外观设计、系统架构设计等。然而，非创造性劳动则遵循指定的逻辑、标准和规则，不随劳动者的经验和理解而变化。这正是人工智能大展身手的舞台。

例如，会议记录，AI 可将讲话内容实时转换为文字，并区分讲话人，提高会议效率。在冗长的会议中，人工智能如同一位敏锐的记录员，通过先进的翻译技术，不仅将每个人的讲话内容实时转换为文字，还能准确区分不同的讲话人，确保会议记录的完整性和准确性。这对于异地远程办公的团队来说，无疑是一大福音。

再如，写作过程，AI 也能推荐素材、修改错别字，辅助创作者。人工智能可以根据写作内容智能推荐素材，甚至提供错别字修改等功能。创作者只需简单确认，就能完成输入，大大节省了原先人为搜集素材和内容校准的时间。

2. 重复性质的劳动场景

重复性质的劳动场景往往也是非创造性质的，但它们更侧重于“串联”不同的环节，以确保工作任务的高效执行。在这里，人工智能通过机器学习掌握执行规则，将人从烦琐的重复劳动中解放出来。

以工厂生产线为例，人工智能利用图像识别技术，通过摄像头对产品质量进行严格检测。一旦发现残次品，它会立即指挥外接的机械装置将其

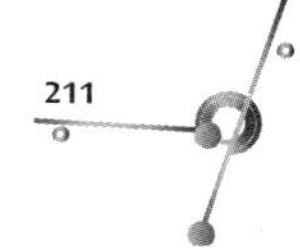

从生产线上剔除。这一过程需要企业多年累积的图像数据及其标注数据来训练人工智能模型。通过卷积神经网络等图像识别模型的训练，人工智能得以替代人眼的识别过程，大大提高了生产效率和产品质量。

类似的应用还包括自动化信息录入、身份认证及生产环境的监控预警等。人工智能正对企业内部的生产工具进行全面升级，替代那些重复、非创造性的劳动。

3. 依赖专家经验的分析场景

人工智能擅长从海量数据中挖掘有价值的规律和内容。对于企业而言，多年的经营积累了大量的经营数据，尤其是互联网公司。然而，人为从这些数据中发现规律并提升企业经营状况是一项极其困难的任务，它高度依赖数据分析师的多年工作经验，并且当数据量级达到一定程度时，人为分析变得不切实际。

这时，人工智能便成了企业的得力助手。它擅长处理大量的结构性数据，辅助工作人员进行决策判断。例如，它可以帮助商务人员从企业累积的客户留言中发现销售线索，或者从企业销售数据中发现产品之间的关联销售规律，从而为用户推荐相关产品。这种基于数据的智能分析不仅提高了企业的运营效率，还为企业带来了更多的商业机会。

二、B 端人工智能产品的形式

在数字化时代，在线化、数据化、信息化已成为企业运营的核心趋势，而人工智能则如同一种智慧的催化剂，不仅加速了信息的处理效率和流转速度，还为企业带来了前所未有的赋能，辅助或替代了企业的部分劳动力。面对企业的需求，人工智能赋能企业的主要产品形式有以下 3 种。

1. 流程自动化解决方案

在企业日常运营的庞大机器中，烦琐的手工劳动和复杂的流程往往成为效率的瓶颈。流程自动化解决方案是人工智能在企业运营中的一大应用亮点。它通过替代手工劳动，将多个环节紧密相连，实现了工作的自动化

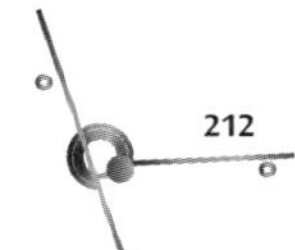

和高效化。这类解决方案需要与企业现有的系统整合，通过理解图片、文本、语音等数据，来连接不同的工作流程，从而实现流程的自动化。

例如，发票报销系统和保险核保理赔系统就是这类产品的典型应用。它们不仅极大地减轻了员工的工作负担，还提高了企业运营的效率和准确性。

传统的发票报销方式，需要员工在纸质报销单上填写信息、粘贴发票，然后提交给财务部门进行审核。而现在，借助人工智能的发票报销系统，员工只需通过手机或计算机上传发票照片，系统便能自动识别发票信息、验证真伪，并计算出报销金额，最后将结果直接推送至财务部门进行审核。这一变革不仅极大地减轻了员工的工作负担，还提高了报销的准确性和速度。

在保险行业，核保理赔同样是一个复杂且耗时的过程。然而，借助人工智能技术，保险公司可以实现自动化核保和快速理赔。系统通过分析投保人的信息、历史理赔记录等数据，可以自动评估风险、确定保费，并在理赔时快速识别事故类型、计算赔付金额。

2. 数据分析助手

数据分析助手是人工智能在企业决策中的另一大助力。它擅长整理、分析、挖掘数据，将隐藏在数据中的宝贵信息提炼出来，并以可视化的方式呈现出来。数据分析助手的应用需要满足对比、趋势洞察和数据分布观测等基本功能。通过这些功能，企业可以更加深入地了解市场、客户和竞争对手，为企业的战略规划和决策提供有力的支撑。它的数据分析应用需要满足以下几个基本功能。

①对比功能。既包括宏观上的数据整体对比，又包括具体数据项的细粒度对比，以发现变量之间的关联关系及其中存在的变化。

②趋势洞察功能。例如，对电商、新闻 APP 中的用户画像进行深入分析，挖掘用户的潜在需求，在数据中发现趋势；同时，它还可以对数据中的异常点进行分析和预测。

③数据分布观测功能。对目标数据的整体分布进行分析，如发散或集

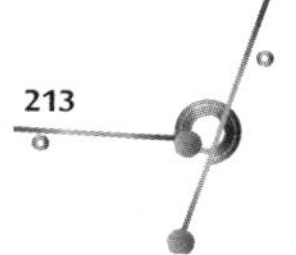

中度、中间值或者某个占比的数据集中度等。观测数据分布能够了解数据的稳定性和集中度，常用于舆情监控、客群需求洞察等数据分析场景。

数据分析助手如同企业的智慧之眼，帮助企业从海量的数据中挖掘出有价值的宝藏，为企业的决策提供有力的支撑。

3. 用户端产品解决方案

在 To C（To Cansumer，面向消费者）领域，人工智能同样发挥着举足轻重的作用。通过为 To C 企业提供人工智能解决方案，最终服务于使用产品的终端用户，人工智能正改变着人们的生活方式。这类用户端产品解决方案如同企业的智慧之翼，让 To C 企业能够借助人工智能的力量，为终端用户提供更加优质、便捷的服务体验。

例如，美颜类型 APP 就是这类产品的典型代表。它们通过高精度的人脸关键点识别技术，能够精确捕捉每一个面部器官。用户只需通过滑动控制条，就可以实现对眼睛、鼻子、嘴唇、下颌的全方位精确“调整”。这一变革不仅让自拍变得更加简单、便捷，还让用户能够轻松拥有更加美丽、自然的自拍效果。这类解决方案不仅提升了用户体验，还为企业带来了更加广阔的市场前景和商业价值。

三、企业落地 AI 的前提条件

在数字化时代的浪潮中，企业对于 AI 的追捧与实践日益升温。然而，要将 AI 技术真正落地于企业运营之中，并非一蹴而就之事。企业需满足一系列前提条件，方能奠定坚实的基石，顺利开启智能转型之旅。

1. 数据规范化：构建智能的基石

企业在建设信息系统时，初衷往往并非直接落地人工智能，而是为了数据的统计、记录和可追溯性。因此，数据不统一、混乱、不标准化的情况屡见不鲜。然而，对于面向具体人工智能落地任务而言，数据的整合与规范化显得尤为重要。在监督式学习的场景中，数据的人工标注更是不可或缺，除非如 AlphaGo 般存在明确的规则来指导机器优化，通过强化学习实现自我提升。

数据的规范化不仅关乎数据的质量，更直接影响到 AI 模型的训练效果与准确性。因此，企业需投入精力进行数据清洗、整合与标注，以确保数据的准确性与一致性，为 AI 的落地奠定坚实的数据基石。

2. 行业知识：加速智能落地的催化剂

在行业场景中落地人工智能，“行业知识”扮演着举足轻重的角色。这些宝贵的知识是从业人员多年经验的积累，虽然烦琐，但对于 AI 的落地却至关重要。行业知识不仅能辅助对数据进行分类与打标签，还能对训练好的模型效果进行评估，确保模型在实际场景中的可用性。此外，当 AI 系统出现异常时，行业知识还能作为保底方案，确保场景任务的执行与验证不至于被完全搁置，从而有效减少企业的损失。

因此，企业在追求 AI 落地的同时，切勿忽视行业知识的积累与传承。只有将行业知识与 AI 技术相结合，才能实现真正的智能化转型。

3. 硬件准备：支撑智能计算的强大后盾

人工智能的计算需求对硬件提出了更高的挑战。许多复杂的 AI 模型需要依托高性能、高并发的计算资源，如 GPU，以实现高效的计算。然而，大部分现有的服务器并未配备专门用于计算加速的芯片，导致 AI 计算的速度无法满足实际需求。特别是在深度学习等应用场景中，对计算性能的要求更是苛刻。

因此，企业在追求 AI 落地时，必须重视硬件的准备与升级。引入高性能的计算资源，如 GPU 等专为机器学习计算优化过的协处理器，成为实现 AI 高效计算的必需品。同时，企业还需考虑如何将 AI 系统融合到现有的计算资源中，以确保 AI 技术的顺利落地与运行。

四、人工智能 B 端产品赋能企业的关键点

在 AI 赋能企业的浪潮中，成功的关键在于“能否帮助客户企业在业务中深入解决存在的问题”，并且确保 AI 服务是可解释、可监控的。为了

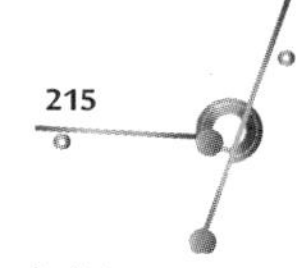

实现这一目标，在 AI 落地的过程中，需要关注以下几个关键点，以确保赋能效果的最大化。

1.“诊断”企业中的真正问题：精准定位，高效赋能

AI 赋能企业的第一步，就是对当前工作或业务场景进行精细拆解，找到能够显著提高效率的关键节点。通过 AI 技术提高操作的效率，替代手工复杂的步骤，是赋能的核心目的。然而，并非所有环节都适合自动化。有些环节虽然可以通过 AI 来自动化完成工作流转，但由于其特殊性，需要人工操作以确保信息同步和可审计。

例如，企业中的报销环节涉及多层级审批流程，这些流程的意义在于确保报销的合理性和归属。因此，在这些场景下，应聚焦于手动填写报销项目和金额等低效环节，利用 AI 进行项目和金额的识别和填写，从而实现效率提升。

2. 评估和治理数据：确保质量，支撑决策

数据是 AI 赋能的基础。在落地前，需要评估是否有与待落地场景相关的业务数据，以及这些数据的质量如何。需要明确哪些数据是与场景相关的，是否缺数据。如果缺数据，这部分数据是否可以通过外部采集或与其他应用、产品进行连接后获得。数据的质量和完整性直接影响到 AI 模型的准确性和效果，因此数据治理是赋能过程中的关键一环。

3. 算法需要具备可解释性：透明决策，降低风险

在企业环境中，做事情需要有所依据。AI 算法的可解释性对于降低容错率和及时发现问题至关重要。尤其是在涉及人身安全等低容错率场景中，0.001% 的意外都是无法接受的。同时，可解释性也使得 AI 系统运行出现问题时能够被及时发现，从而及时止损、修正、复盘。因此，在开发 AI 算法时，需要注重其可解释性，以确保企业能够放心地使用 AI 技术。

4. 需要兼容“古老”系统：无缝整合，降低门槛

当设计好落地方案后，需要考虑如何与现有的系统进行整合。这包括了解原先的系统是通过 API 调用的方式还是 SDK 嵌入的方式使用，部署

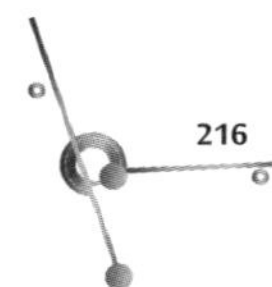

时需要的环境是什么，以及和系统的其他部分是否存在兼容问题。兼容性问题往往是企业引入 AI 技术时面临的重大挑战之一。因此，在开发 AI 产品时，需要注重其与现有系统的兼容性，以降低企业的接入门槛。

5. 围绕评估指标不断优化：持续改进，提升效果

很多人会有一个误区，认为 AI 系统部署好之后就可以带来预想的效果。然而，AI 产品需要一定的数据量和时间进行不断优化。因此，需要建立后续的数据积累和效果反馈的流程，让系统能够从实际落地的场景中进行优化。这包括定期评估 AI 系统的性能、收集用户反馈、对模型进行迭代优化等。通过持续改进和优化，可以不断提升 AI 赋能的效果和价值。

6. 实施、接入门槛低：快速体验，加速落地

很多人工智能公司在为企业客户落地人工智能时，经常由于实施部署的周期过长而令客户失去耐心，这往往是由于对企业的数据、服务器版本和运行环境不够了解及客户对落地效果预期没有维护好等问题导致。为了降低企业客户的实施和接入门槛，需要注重以下几个方面。

①减少客户接入的操作成本。提供简单易用的接入方式，如 SaaS 化的产品，让客户能够通过复制、粘贴代码等方式快速接入系统。同时提供明确的指引步骤，以防止接入过程中出现状态不明、卡顿等问题导致客户流失。

②减少客户的等待时间。数据处理和模型训练阶段涉及大量等待时间，这 2 个阶段最好不要和部署同步进行。可以在部署前通过专人驻场处理等形式完成这些工作，以确保不阻碍企业客户正常工作的进行。

③减少低级错误。提前准备部署环境的安装包，并在和客户环境尽可能一致的场景下测试“跑通”整体流程。这样可以防止当问题出现时需要不断调试和检查问题，从而降低企业的实施风险和时间成本。

第六节　打造用户喜欢的 C 端 AI 产品

To C 即 C 端产品[①]，是指直接面向个人用户提供服务的产品。在面向

① 此处 To C 与上文 To C 不同，上文 To C 指企业性质，此处指个人用户。

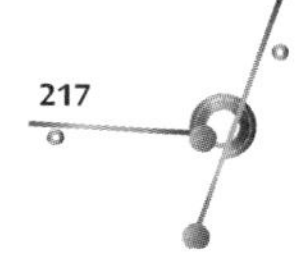

个人用户的 C 端产品中，人工智能的应用正逐步深入，但与此同时，也面临着诸多挑战。例如，家庭服务聊天机器人往往功能单一，缺乏刚性需求；图像类应用，如“ZAO”换脸虽有趣，却存在隐私泄漏风险；语音相关产品，如语音助手，虽能模仿用户语气，却也引发了信任危机。

一、C 端产品中人工智能应用的 3 种形式

C 端产品目前还处在摸索用户需求和教育市场的阶段，抛开用户对产品理解的偏差，人工智能在 C 端产品中主要有以下 3 种形式的应用。

1. 挖掘用户个性化需求，提升用户体验

人工智能为 C 端产品与用户之间搭建了一条“快车道”，通过用户画像、推荐引擎等技术，深入挖掘和筛选用户感兴趣的内容。在商品、服务、信息爆炸式增长的今天，用户获取有价值信息的成本日益增加，对信息的有效性、针对性需求愈发强烈。因此，推荐系统等应用场景应运而生，它们通过预测和匹配用户需求，提高了用户找到所需商品、服务、信息的效率。例如，Pana 公司利用用户的喜好和行为数据，为用户提供住宿、交通、餐饮等方面的个性化推荐，极大地简化了用户表达需求的过程。

2. 降低创作门槛，助力艺术普及

在创作类内容制作场景中，人工智能发挥着重要作用。它不仅能辅助创作者减少内容制作时间，还能让用户轻松创作艺术作品。通过训练得到的模型，用户只需简单几笔绘画，即可实现自动涂鸦；描述心情和音乐时长，即可自动生成音乐。人工智能降低了艺术创作的门槛，让普通用户也能尝试艺术创作。当然，目前的人工智能创作仍受限于训练数据，是基于已有艺术作品的混合创作，尚无法突破人类艺术的水平和高度。

3. 提供新交互方式，丰富产品玩法

人工智能在语音和图像上的突破为 C 端产品增添了新的交互维度，实现了原先无法满足的场景需求。在驾驶过程中，识别语音指令可帮助司机

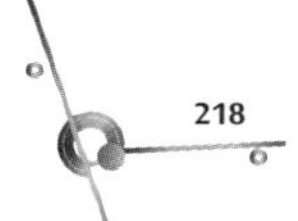

解放双手，实现全语音操控；在办公场景下，人工智能可实现语音转文字、提取文字摘要、关键词检索等功能。这些新的交互方式更加安全、贴近人与人之间的自然交互，给用户带来便利的使用体验。例如，电商网站的“以图搜图”系统让用户通过拍照或上传照片即可找到相似产品，这种输入方式比手动输入文字更加方便、快速。

二、识别C端人工智能落地需求的真伪

在人工智能的狂热浪潮中，C端产品纷纷披上了AI的外衣。然而，这背后却隐藏着大量的“伪”人工智能产品，它们强行将AI技术应用于并不需要的场景，给用户带来了无尽的困扰。为了实现人工智能在C端产品的真正落地，必须深入具体场景，了解用户的真实需求，挖掘并解决那些原本技术无法触及的问题，或者提供更加便捷、智能的交互体验。

1. 洞悉真伪需求：揭开“伪场景”的面纱

曾几何时，一个传统的空调生产商试图给他们的空调增加人脸识别技术，希望通过识别使用者的年龄来调节温度。然而，这种所谓的“智能”场景其实只是人工智能的伪应用。一个简单的遥控器就能轻松解决问题，何必非要引入复杂且不必要的人脸识别技术呢？更何况，这种场景还没有考虑到其他诸多因素，如摄像头无法识别到人脸时该如何处理，是否应该开启空调？再如，如果年轻人生病了，20℃的室温是否还合适？

类似的伪场景在现实应用中屡见不鲜。例如，在酒店中，有些酒店试图通过引入智能引导机器人来帮助客人快速找到与住宿有关的信息，以此减少酒店接待员的工作量。然而，仔细分析后发现，90%以上的客人的问题都集中在早餐时间、Wi-Fi密码和退房时间这3个方面。对于这些问题，只需要一个简单的平板电脑或者显示器就能提供满意的解答。而剩余10%的个性化问题，如“酒店是否提供接机服务”等，交给工作人员处理将更为高效。因为对于这些问题，训练一个“人工智能客服”需要大量的语料和时间，而且短期内可能无法提供令用户满意的体验。

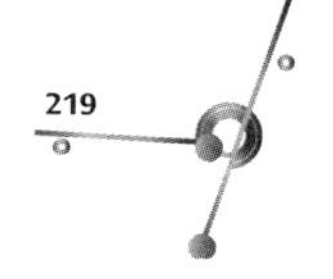

2. 跨越“人工智障”：重塑用户体验的辉煌

除了识别并摒弃“伪场景”外，还必须努力避免产品中出现“人工智障”的情况。这些令人啼笑皆非的“智障”表现无疑会严重损害用户体验。例如，在十字路口的摄像头误将广告牌上的广告人物当作行人进行识别，导致交通情况的错误判断；再如，当用户对个人语音助手说“推荐一个有好吃的的地方”时，语音助手却回应说：“没找到一个叫‘好吃的’的地方。”这种荒谬的回答无疑会让用户感到沮丧和失望。

为了跨越“人工智障”的鸿沟并重塑用户体验的辉煌，可以从以下 3 个角度进行深入的思考和改进。

①洞察并记录用户的规律性操作。每个用户在日常生活和工作中都会形成一些规律性的行为习惯。如果能够洞察并记录这些规律，那么在给用户推荐内容时就能更加精准地满足他们的需求。例如，打车软件可以根据用户最常打车的地点和时间来推荐合适的车辆；再如，餐厅预订应用可以根据用户每月的用餐习惯来推荐他们可能喜欢的菜系和餐馆。

②融合场景与环境信息以理解用户需求。地点、时间、工作安排等场景和环境信息对于理解用户的需求至关重要。当用户想要订机票时，AI 可以结合他们的输入和地理位置信息来准确判断他们的意图。自然语言表达同一个需求的方式多种多样，但对于机器来说理解这些不同的表达方式是一个巨大的挑战。如果能够融合更多的场景和环境信息，那么机器就能更加准确地理解用户的意图并提供满意的答复。

③引入常识信息以提升智能水平。在某些情况下，用户的当前操作可能会违背常识。例如，当用户打车时的出发点与当前 GPS 定位的地点相差较远时，或者用户预订火车票时的出发地点和用户当前位置不一致时，系统都应该及时提醒用户是否出现了错误。通过引入规则库或知识图谱并手动添加这些常识规则，可以大大提升产品的智能水平并减少“人工智障”的情况出现。例如，输入法中的热词词库就是一个很好的例子，它可以通过同步热词、热门人名、地名等信息来提升输入的准确性和便捷性。

三、C 端人工智能产品的设计原则

在设计 C 端人工智能产品时，需要遵循五大核心原则，以确保人工智能能够在具体场景中真正落地，为用户带来前所未有的体验和价值。

1. 营造“新鲜感”：让每次交互都充满惊喜

人工智能的魅力在于其运行结果的不确定性和随机性。这一特性使得人们能够为用户带来全新的体验。通过引入随机成分，可以让展示内容每次都有所不同，从而拓展用户的喜好边界。更重要的是，可以利用这种不确定性设计一些让用户“玩”的内容制作场景，营造“探索”的体验，增加用户的黏性，同时也为产品带来附加的传播价值。

例如，在创作类应用场景下，人工智能能够显著降低用户的创作门槛。无论是文字、图片、视频还是音乐，人工智能都可以辅助用户进行创作，让不具备专业技能的用户也能轻松制作出好玩的作品。这种艺术的生活化和娱乐化将带给用户全新的体验，让每次交互都充满惊喜。

2. 多模态交互：打造自然流畅的交互方式

“多模态”交互是指通过多种感官的融合，让用户和人工智能建立连接。这种交互方式更符合人和人之间自然的交互方式，能够让机器更加了解用户的操作习惯。在智能家居、自动驾驶等场景中，多维度模式的交互可以更好地重构人和周边环境之间的关系。

例如，对于手机上的 APP，人工智能可以让原先的“手动操作”模式发展成“主动提供服务”的模式。只需说一句“我饿了”，APP 就能根据用户的口味和身体状况提供餐厅和菜品选择。这种多模态交互方式不仅提升了用户体验，也让产品更加智能化和人性化。

3. 即时反馈与优化：让用户参与智能进化

在用户使用人工智能产品时，需要不断收集用户的反馈来优化人工智能的运行效果。而收集用户反馈的最佳时机就是在人工智能根据用户输入给出运行结果时。这时候用户最明确自己的意图，并期望人工智能能够根据输入给出执行的动作。

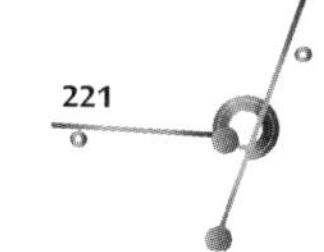

因此，产品需要设计即时反馈入口，让用户能够轻松地提供反馈。同时，也需要解释人工智能做出决策的原因，以增加用户的信任和理解。这种即时反馈和优化机制不仅有助于提升产品的智能水平，也让用户能够参与到人工智能的进化过程中来。

4. 增加“开始按钮”：让用户直观感受智能的存在

有时候，人工智能产品可能隐藏得太“深”了，让用户感受不到如何正确使用。因此，需要增加“开始按钮”或“停止按钮”，来让用户直观感受并能够控制人工智能的“开始”或“结束”。

这种“开始按钮”的形式可以是明确的功能启动按钮，或者人工智能运行结果的解释。这二者都能够对用户提示“目前系统在运行人工智能算法为你提供服务”。同时，“开始按钮”也可以是更加拟人态的交互方式，如语音交互。这种设计不仅有助于引导用户正确使用产品，还能培养用户的使用习惯。

5. 聚焦使用场景：精度比广度更重要

在设计人工智能时，需要准确描述输入、输出和使用流程。因此，场景越大、越不聚焦，在设计时没考虑到的特殊情况就越多。与其追求覆盖所有使用场景但只带给用户 50% 的准确体验，不如只提供 50% 的服务场景但带给用户 100% 的体验。

例如，家中的智能管家，如果用户问了它 20 个问题，它只回答对了 10 个，一定会觉得它不够“智能”。但如果 20 个回答都正确，就算它只能帮助用户完成资料查询、歌曲点播这些特定的功能，带给用户的信任感也会大大提升。因此，产品需要聚焦使用场景，确保人工智能能够在特定的领域提供精准的服务。

第八章　AI 场景思维：人工智能赋能千行百业

在探索人与 AI 高效协同的道路上，关键在于将复杂的日常工作流程细分为独立的模块，并精确识别哪些任务最适合 AI 介入。这些任务范围广泛，从重复性劳动到数据分析密集型工作，再到 AI 能精确执行的其他任务，均蕴含着通过技术创新提升效率的巨大潜力。通过有针对性地引入 AI 工具来替代或辅助完成这些特定环节，不仅能有效减轻人力负担，还能大幅提高工作的精确度和速度。这一策略不仅促进了人与 AI 的深度整合，还为 AI 技术在各行业的广泛应用奠定了基础，推动了千行百业的智能化转型，开启了全新的智能时代篇章。

第一节　智能助手：AI 在工作场景中的应用

目前，普通人常用的 AI 功能包括：文生文（如 ChatGPT 辅助写作）、文生音频（如 Suno 定制音乐）、文生图（如 Midjourney 创作图像）及文生视频（如 Sora 制作短视频）。AI 擅长处理重复性和耗时任务，帮助用户高效完成具体工作，从而专注更具创造性和战略性的事务。

一、创意与设计：激发灵感，优化流程

在创意与设计领域，智能助手正逐渐成为设计师们不可或缺的得力助

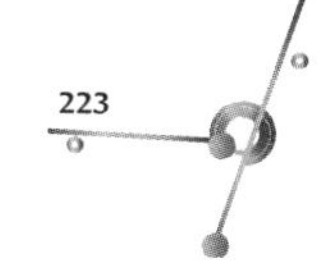

手。它们凭借强大的数据处理能力和深度学习技术，为设计师提供了前所未有的支持与帮助，不仅极大地激发了设计师的灵感，还显著优化了设计流程。

1. 灵感激发与素材提供

智能助手拥有庞大的设计素材库，涵盖了图形、图标、图片、字体等各种设计元素。这些素材经过精心挑选和分类，能够满足设计师在不同项目中的需求。当设计师面临创意枯竭或需要寻找特定风格的设计元素时，智能助手能够迅速提供海量的灵感参考。例如，一些 AI 设计平台能够根据用户输入的关键词或描述，自动生成多种风格的图形或页面布局，为设计师提供丰富的选择。

以某知名设计平台为例，该平台利用 AI 技术分析了数百万张设计作品，提取出其中的创意点和设计元素，形成了庞大的灵感库。设计师只需输入简单的描述，如“现代简约风格的海报设计”，平台就能立即呈现出多种符合要求的设计方案，供设计师选择和参考。

2. 实时反馈与优化建议

在设计过程中，智能助手还能提供实时的反馈和优化建议。它们能够分析设计作品的颜色搭配、构图比例、字体选择等关键因素，并根据设计原则和行业标准，提出具体的改进建议。这种实时的反馈机制，帮助设计师在设计过程中不断调整和优化，从而提升作品的整体质量。

例如，某智能设计助手能够识别设计作品中的色彩搭配是否合理，如果发现某些颜色过于突兀或不协调，它会立即提出调整建议，并给出具体的色彩搭配方案。同样，在构图方面，智能助手也能分析作品的布局是否合理，是否存在过于拥挤或空旷的情况，并提供相应的优化建议。

3. 设计趋势预测与前瞻性思路

除了提供灵感和实时反馈外，智能助手还能通过算法预测设计趋势，为设计师提供前瞻性的设计思路。它们能够分析大量的设计数据和用户行为，挖掘出潜在的设计趋势和流行元素，帮助设计师提前布局，抢占市场先机。

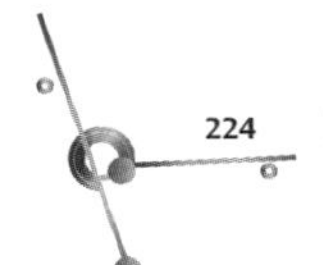

以某时尚品牌为例，该品牌与一家智能设计公司合作，利用AI技术分析了数百万用户的购物行为和偏好，以及社交媒体上的时尚潮流信息。通过这些数据，智能助手成功预测了下一季度的设计趋势，并为该品牌提供了多套符合潮流的设计方案。这使得该品牌在新品发布会上大放异彩，赢得了消费者的广泛好评。

在动画视频方面，来画公司自研的AI动画在线创作平台，可将URL TO VIDEO生成的可控视频变成动画风格，并支持二次创作，简单拖曳与编辑，就能将各类素材组成一个动画视频。支持AI语音、AI字幕、AI设计、AI抠图等多种AI功能。支持PPT转动画视频，一键导入立即出片。支持团队在线协作功能，实现多人共同创作、在线审核、一键分发。

二、阅读与写作：提升效率，优化内容

在信息化时代，阅读和写作已成为职场人士不可或缺的技能。随着智能助手的广泛应用，这一领域也迎来了显著的变革。智能助手不仅提升了用户的阅读效率，还优化了用户的写作内容，成为人们工作和学习中的得力助手。

1. 阅读：个性化推荐与摘要服务

智能助手在阅读方面的应用，首先体现在个性化推荐上。它们能够分析用户的阅读习惯和兴趣偏好，通过算法为用户推荐符合其口味的文章和书籍。这种个性化的推荐服务，不仅节省了用户寻找阅读材料的时间，还提高了阅读的针对性和满意度。

以某知名阅读应用为例，该应用通过智能助手分析用户的阅读历史和点击行为，为用户推荐了多本与其兴趣相符的书籍和多篇文章。这些推荐内容不仅涵盖了用户关注的领域，还根据用户的阅读进度和反馈，不断调整和优化推荐列表，确保用户始终能够获取到最新、最有趣的阅读材料。

除了个性化推荐外，智能助手还能提供摘要服务。它们通过自然语言处理技术，快速提取文章的关键信息和核心观点，生成简洁明了的摘要。

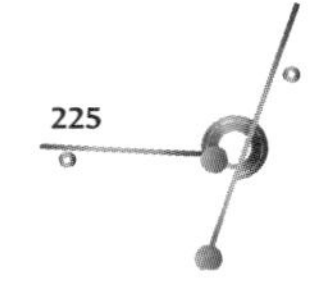

这种摘要服务不仅帮助用户快速掌握阅读内容，还方便用户进行后续的资料整理和知识积累。

2. 写作：得力助手与原创保障

在写作方面，智能写作工具通过自然语言处理和机器学习技术，能够快速生成论文的初步框架和主要内容，极大地提升了写作效率。它们还能够提供写作指导、语法检查、文风优化等服务，帮助用户提升文章的质量和可读性。

智能助手通过分析用户的写作风格和语言习惯，能够给出针对性的写作建议。例如，对于初学者来说，智能助手可以提供基本的写作框架和段落结构建议；对于有一定写作基础的用户来说，智能助手则可以更加注重文风的优化和语言的精练。这种个性化的写作指导服务，不仅提高了用户的写作效率，还帮助用户逐渐形成了自己的写作风格。

此外，智能助手还能通过比对海量语料库，检测文章中的重复内容，确保原创性。在学术研究和商业文案等领域，原创性是至关重要的。智能助手的抄袭检测功能，不仅帮助用户避免了无意中的抄袭行为，还提高了文章的可信度和价值。

以某知名写作平台为例，该平台引入了智能助手作为写作辅助工具。用户可以在平台上进行写作，并随时调用智能助手的各项功能。通过智能助手的帮助，用户不仅能够快速完成文章的撰写和修改，还能确保文章的原创性和质量。这种便捷的写作体验，使得该平台受到了广大用户的喜爱和好评。

在新闻编辑领域，AI 同样发挥着重要作用。新闻机构可以利用 AI 写作工具在短时间内生成客观、准确的新闻稿件，满足新闻行业的时效性需求。这些工具能够自动整理信息，生成符合新闻规范的稿件，大大减轻了编辑的工作压力。

三、数据分析与决策支持：精准洞察，科学决策

在企业管理中，数据分析与决策支持是关乎企业生死存亡的重要

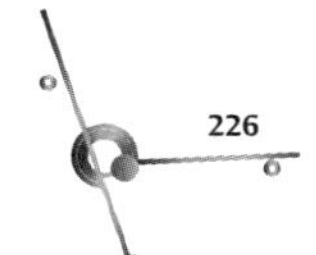

环节。智能助手在这一领域的应用，能够帮助企业实现精准洞察和科学决策。

1. 精准洞察：挖掘数据背后的隐藏规律

智能助手能够收集并处理来自各种渠道的数据信息，这些数据涵盖了市场趋势、用户行为、产品销售等。通过大数据分析技术，智能助手能够深入挖掘出数据背后的隐藏规律和关联关系，为企业提供有价值的洞察和预测。同时，智能助手还能将这些分析结果以直观易懂的图表形式展示出来，帮助企业决策者更好地理解数据和把握趋势。

以电商平台为例，智能助手能够分析用户的浏览记录、购买历史、搜索关键词等信息，从而洞察用户的消费偏好和购买意图。这种精准的洞察能力，使得电商平台能够为用户提供更加个性化的推荐服务，提高用户的购买满意度和忠诚度。同时，智能助手还能分析产品的销售数据和市场反馈，帮助企业及时调整产品策略和优化库存管理，降低运营成本和提高盈利能力。

2. 科学决策：提供明智的决策方案

在决策支持方面，智能助手同样发挥着举足轻重的作用。它们能够根据分析结果和企业目标，为企业提供多种决策方案和建议。这些方案不仅考虑了市场的实际情况和企业的资源状况，还评估了不同方案的潜在风险和收益，为企业决策者提供了全面的决策依据。

以金融机构为例，智能助手能够分析客户的信用记录、财务状况、投资偏好等信息，从而为客户提供个性化的金融产品和服务推荐。同时，智能助手还能监测市场的动态变化和风险状况，及时调整投资策略和风险控制措施，确保金融机构的稳健运营和持续发展。这种科学的决策支持能力，使得金融机构能够在复杂的市场环境中保持敏锐的洞察力和灵活的应变能力。

3. 实时监控与调整：确保决策的有效性

此外，智能助手还能在决策过程中进行实时监控和调整。它们能够跟

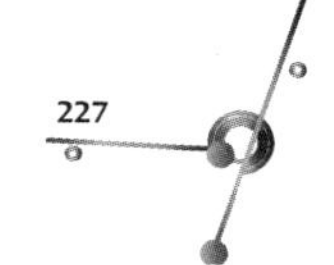

踪决策的执行情况和市场反馈，及时发现潜在的问题和风险，并为企业决策者提供相应的调整建议。这种实时监控和调整的能力，确保了决策的有效性和适应性，使得企业能够在不断变化的市场环境中保持竞争优势。

以医疗机构为例，智能助手能够分析患者的病历数据、检查结果、治疗方案等信息，从而为医生提供个性化的诊疗建议。同时，智能助手还能监测患者的病情变化和治疗效果，及时调整治疗方案和用药剂量，确保患者的安全和健康。这种实时监控和调整的能力，提高了医疗机构的服务质量和效率，赢得了患者的信任和好评。

四、自动化归纳文档：提升效率，规范管理

在日常工作中，文档管理是一项既烦琐又至关重要的任务。传统的文档处理方式往往依赖人工操作，不仅费时费力，而且容易出错。智能助手 AI 可以通过机器学习和深度学习算法实现文档的自动分类和归类。企业可以将海量合同、报告等文档归类为不同的类别，并利用 AI 技术对其进行自动归档、索引和检索。这一功能在提高工作效率、减少人力成本方面具有显著优势。

1. 自动识别与分类：智能助手的高效整理

智能助手能够自动识别并分类存储在各类设备和平台上的文档资料。无论是本地文件、云存储还是电子邮件附件，智能助手都能轻松应对。它们根据文档的内容、格式、时间等属性进行归类整理，使得原本杂乱无章的文档变得井然有序。

以某大型企业为例，该企业每天需要处理大量的文档资料，包括合同、报告、会议纪要等。在过去，这些文档的整理和归档工作占据了员工大量的时间和精力。然而，自从引入了智能助手后，文档的整理和归档工作变得轻松高效。智能助手能够自动识别文档的类型和属性，并将其归类到相应的文件夹中，大大节省了员工的时间和精力。

2. 索引与摘要：快速查找与阅读

除了自动识别和分类外，智能助手还能生成索引和摘要信息，方便用

户快速查找和阅读文档。它们通过自然语言处理技术，对文档内容进行深度分析，提取出关键信息和关键词汇，生成简洁明了的摘要。这样，用户无须打开整个文档，就能快速了解文档的主要内容和核心思想。

在某科研机构中，研究人员经常需要查阅大量的学术论文和研究报告。然而，这些文档往往篇幅冗长，信息量大。自从引入了智能助手后，研究人员只需输入关键词或主题，智能助手就能快速生成相关的摘要和索引信息。这样，研究人员就能在短时间内找到所需的信息，大大提高了工作效率。

3. 版本控制与权限管理：确保安全与合规

在文档管理过程中，版本控制和权限管理也是至关重要的环节。智能助手能够对文档进行版本控制，记录每次修改的详细信息和时间戳，确保用户能够随时回溯到之前的版本。同时，它们还能对文档的访问和编辑权限进行精细化管理，确保文档的安全性和合规性。

在某金融机构中，文档的版本控制和权限管理一直是一个棘手的问题。然而，自从引入了智能助手后，这些问题得到了有效的解决。智能助手能够自动记录每次文档的修改情况，并生成相应的版本历史。同时，智能助手还能根据用户的角色和权限，对文档的访问和编辑进行限制，确保只有授权用户才能访问和修改文档。

4. 内容分析与提取：便捷高效的阅读体验

在自动化归纳文档的过程中，智能助手还能对文档进行内容分析和提取。智能助手能够识别文档中的关键信息和关键词汇，提取出文档的要点和核心思想。这样，用户无须逐字逐句地阅读整个文档，就能快速掌握文档的主要内容和观点。此外，智能助手还能通过比对历史文档和当前文档的差异点，帮助用户及时发现问题和纠正错误。

五、翻译与沟通辅助：打破语言障碍，促进国际合作

在全球化的浪潮下，企业间的国际合作变得日益频繁和紧密。然而，

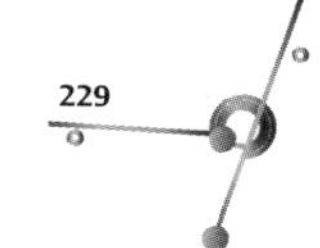

语言障碍却常常成为制约合作进程的一大难题。为了打破这一障碍，辅助沟通智能助手应运而生，通过自然语言处理技术和机器翻译技术，为企业提供了强大的翻译与沟通辅助工具。

1. 实时翻译：跨越语言鸿沟

智能助手在翻译方面展现出了惊人的能力，能够提供高质量的实时翻译服务。它们能够识别并理解多种语言的文本和语音信息，无论是英语、法语、西班牙语还是其他语种，智能助手都能轻松应对。通过先进的机器翻译技术，能够将这些信息快速准确地翻译成目标语言，使得跨语言沟通变得轻松自如。

以一家跨国企业为例，该企业经常需要与来自不同国家的合作伙伴进行沟通。在过去，由于语言障碍，沟通常常出现误解和延误。然而，自从引入了智能助手后，这些问题得到了有效解决。智能助手能够实时翻译双方的对话内容，确保信息的准确传递，大大提高了沟通效率和合作质量。

2. 智能调整：确保翻译准确流畅

值得注意的是，智能助手在翻译过程中并不仅仅依赖简单的词汇替换。它们还能根据上下文和语境进行智能调整和优化翻译结果。这意味着，即使面对复杂的句子结构和专业的术语表达，智能助手也能给出准确且流畅的翻译结果。

在某次国际医学研讨会上，一位专家用英文发表了一篇关于新型药物的演讲。然而，现场的部分听众并不擅长英语。这时，智能助手发挥了重要作用。它们不仅能够实时翻译专家的演讲内容，还能根据医学领域的专业术语和语境进行智能调整，确保听众能够准确理解演讲的核心内容。

3. 沟通辅助：搭建国际合作桥梁

除了翻译功能外，智能助手还成了用户与国际合作伙伴之间的桥梁。它们能够模拟人类对话的交互方式，帮助用户与不同语言和文化的合作伙伴进行有效沟通。这意味着，即使双方存在文化差异和语言障碍，也能通过智能助手的辅助实现顺畅的交流。

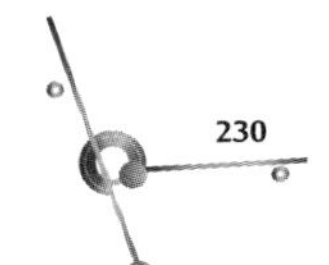

在一家跨国公司的项目中，团队成员来自不同的国家有不同的文化背景。为了确保项目的顺利进行，他们需要使用同一种语言进行沟通。然而，由于语言和文化差异，沟通常常出现困难。这时，智能助手发挥了重要作用。不仅提供了实时翻译服务，还能根据双方的文化背景和沟通习惯进行智能调整，确保双方能够顺畅地交流想法和意见。

4. 语音交互与远程会议：便捷高效的沟通体验

此外，智能助手还通过语音识别和语音合成技术，实现了语音交互和远程会议等功能。这意味着，用户无须手动输入文字，就能通过语音与智能助手进行交互，大大提高了沟通效率和便捷性。同时，智能助手还能支持远程会议功能，使得团队成员能够随时随地参与会议，无需受地域限制。

科大讯飞与谷歌翻译在跨语言沟通领域均展现出显著优势。科大讯飞凭借其先进的语音识别与机器翻译技术，成功应用于会议同传、商务洽谈及跨国贸易等多场景，以高效、准确、流畅的翻译体验赢得用户赞誉，成为连接不同语言世界的桥梁。而谷歌翻译作为知名机器翻译工具，利用神经网络技术实现多语种自动翻译，用户只需输入需要翻译的文本或语音，谷歌翻译即可快速生成准确的翻译结果。广泛应用于商务交流、学术研究及旅游出行等领域。两者均通过技术创新，有效打破了语言障碍，促进了全球信息的无缝流通，为跨语言沟通提供了有力支持。

六、智能日程管理：合理规划，高效执行

在快节奏的现代生活中，日程管理成了人们生活中不可或缺的一部分。然而，传统的日程管理方式往往依赖记忆或手动记录，这种方式不仅容易出错，而且效率低下。随着 AI 技术的不断发展，智能日程管理应运而生，为人们提供了更加高效、便捷的日程管理方式。

1. 自动化提醒与整合：告别烦琐，拥抱智能

智能助手在日程管理方面的首要优势，在于其能够自动接收和解析日

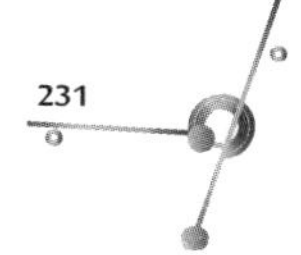

程信息。无论是来自电子邮件、日历应用还是其他平台的日程安排，智能助手都能轻松识别并整合到用户的统一日程表中。这意味着用户无须再手动输入或复制粘贴，大大节省了时间和精力。

以某职场人士为例，他每天需要处理大量的会议邀请、工作任务和个人安排。在过去，他常常因为忘记某个会议或任务而陷入尴尬境地。然而，自从使用了智能助手后，这些问题便迎刃而解。智能助手能够自动接收并解析他的日程信息，根据优先级和时间要求智能排序，并通过手机、计算机等多种设备提醒他完成各项任务。

2. 智能排序与优先级管理：让时间更有价值

除了自动化提醒与整合外，智能助手还能根据用户的优先级和时间要求，对日程进行智能排序。这意味着用户无须再手动调整日程顺序，智能助手会根据实际情况为用户做出最优安排。

对于经常需要出差的商务人士来说，智能助手的这一功能尤为实用。他们可以通过智能助手轻松规划行程，包括航班、酒店、会议等安排。智能助手会根据时间、地点和优先级等因素，为他们生成最优的行程方案，确保他们能够高效地完成各项工作任务。

3. 个性化服务与实用工具：提升生活品质

除了基本的日程管理功能外，智能助手还提供了多种个性化服务和实用工具。例如，能够为用户提供交通出行、天气预报等实用信息，帮助用户更好地规划出行路线和准备相应的衣物。同时，智能助手还能根据用户的习惯和偏好，推荐合适的餐饮和娱乐场所，让用户的生活更加丰富多彩。

在某次周末出游中，一位用户通过智能助手规划了整天的行程。智能助手不仅为他提供了详细的交通出行方案，还根据当地的天气预报为他推荐了适合的衣物和防晒用品。此外，智能助手还根据他的口味和偏好，为他推荐了几家当地特色的餐厅和景点。这些个性化的服务让用户感受到了前所未有的便捷和舒适。

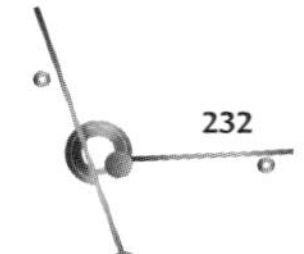

4. 数据分析与预测：未来需求，提前知晓

值得一提的是，智能助手还具备数据分析与预测的能力。它们能够通过分析用户的历史数据和行为习惯，预测用户的未来需求并提供相应的解决方案。这意味着用户无需再为未来的安排而烦恼，智能助手会为他们提前做好准备。

例如，对于经常需要加班的用户来说，智能助手可以通过分析他们的工作时间和任务量，预测他们未来几天的加班情况。然后，智能助手会为他们提供相应的建议，如调整工作时间、安排休息等，以确保他们的身心健康和工作效率。

第二节　智慧生活：AI 在生活场景中的应用

一、智能家居：AI 让家更懂你

智能家居是指通过智能化设备和系统，对家庭环境、安全、娱乐、能耗等方面进行管理和控制，提高生活便利性、舒适度和节能环保性能。AI 在智能家居中的应用，使得家庭设备和系统的操作更加简单和便捷，极大地提升了居住体验。

1. 语音控制与智能家电

语音控制是智能家居的主要控制方式。智能音箱、智能电视、智能空调等家电设备通过 AI 语音助手，能够识别用户的语音指令，实现远程操控。例如，用户只需简单说出“打开电视”“调高空调温度”等指令，即可实现家电设备的自动化操作。这种操作方式不仅简化了操作流程，还提高了生活的便捷性。

2. 安全监控与智能安防

AI 在智能家居中的另一大应用是安全监控与智能安防。智能摄像头通过人脸识别、行为分析等技术，能够实时监测家庭安全状况，一旦发现异常情况，立即触发警报并通知用户。此外，智能门锁通过指纹、密码、虹膜等生物识别技术，实现家庭门锁的自动解锁和锁定，进一步提升了家庭

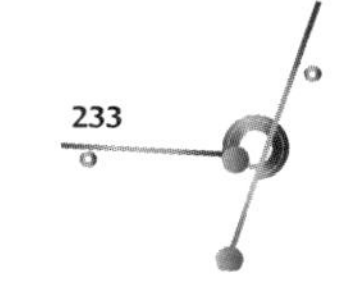

的安全性。

3. 环境感知与自适应调节

智能家居设备还能通过 AI 技术感知环境变化，并自动调整设备设置以适应不同的生活需求。例如，智能灯具可以根据室内光照强度和时间自动调整亮度；智能窗帘可以根据室外光线强弱自动开合；智能温控系统可以根据室内温度自动调节空调或暖气的工作模式，为用户提供一个舒适宜人的居住环境。

4. 具体案例分析

案例一：智能音箱与语音助手

智能音箱是智能家居的代表性产品之一，它能够通过语音识别技术实现语音控制。以某知名品牌的智能音箱为例，用户只需通过简单的语音指令，就能控制家中的灯光、空调、电视等设备，甚至还能查询天气、播放音乐、设置闹钟等。大模型技术的应用，使得语音助手能够理解更复杂的指令，提供更精准的反馈，从而实现了更加人性化的交互体验。

案例二：智能安防系统

智能安防系统是智能家居安全的重要保障。当监控摄像头检测到有人闯入时，会立即将画面推送给用户，并触发报警系统。大模型的引入，使得安防系统能够更准确地识别异常行为，提高家庭安全水平。

二、智慧出行：AI 让出行更便捷

智慧出行是指利用 AI 技术优化交通系统，提高出行效率、安全性和便捷性。AI 在智慧出行中的应用，涵盖了智能导航系统、自动驾驶技术等多个方面。

1. 自动驾驶汽车

自动驾驶汽车是 AI 技术在交通领域应用的杰出代表。通过先进的传感器技术和 AI 算法，自动驾驶汽车能够实时感知周围环境并做出相应决策，实现自动驾驶。这种技术不仅提高了交通运行效率，减少了交通事故的发生，还为人们带来了更加便捷的出行体验。例如，在长途旅行中，乘客可以充分利用时间休息或娱乐，而无需担心驾驶问题。

2. 智能导航与路线规划

AI 技术还可以应用于智能导航和路线规划。通过大数据分析用户的出行习惯和目的地偏好，智能导航系统能够为用户提供个性化的路线推荐和交通信息提示。此外，智能导航系统还能实时监测路况信息，为用户提供最优的出行方案，减少拥堵和等待时间。

3. 具体案例分析

案例一：智能导航系统

智能导航系统是现代出行中不可或缺的一部分。它基于 AI 技术，能够实时分析路况、天气、交通管制等信息，为驾驶者提供最优的行驶路线。以某知名地图应用为例，其智能导航系统不仅能够提供实时路况信息，还能根据用户的出行习惯和需求，推荐个性化的路线方案。大模型技术的应用，使得导航系统能够更准确地预测路况变化，提供更加精准的导航服务。

案例二：自动驾驶技术

自动驾驶技术是 AI 在智慧出行领域的又一重要应用。通过搭载高精度传感器、雷达和摄像头等设备，自动驾驶汽车能够实时感知周围环境，自主完成转向、加速、减速等操作。以百度公司的“萝卜快跑”自动驾驶出租为例，其已经在多个城市实现了商业化运营，为乘客提供了安全、便捷的出行体验。大模型的引入，使得自动驾驶系统能够更准确地识别交通标志、行人等障碍物，从而提高道路安全性。

三、智能教育：AI 让学习更高效

智能教育是指利用 AI 技术优化教育资源配置，提高教学效果和学习效率。AI 在教育领域的应用，涵盖了个性化教学、智能评分、智能辅导等多个方面。

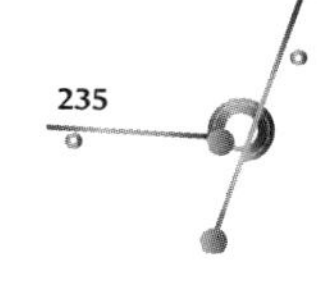

1. 个性化学习路径

AI 技术可以根据学生的学习习惯和进度为其定制个性化的学习路径。通过大数据分析和机器学习算法，AI 系统能够实时跟踪学生的学习情况并调整教学策略和难度等级。这种个性化的学习方式不仅可以提高学生的学习兴趣和动力，还可以帮助他们更快地掌握知识和技能。

2. 智能辅导与答疑

AI 技术还可以为学生提供智能辅导和答疑服务。智能语音助手和聊天机器人可以通过自然语言处理技术理解学生的问题和需求，并给出相应的解答和建议。这种即时的反馈机制不仅提高了学生的学习效率，还减轻了教师的负担。

3. 虚拟实验室与仿真教学

通过模拟真实的实验环境和操作过程，AI 系统可以为学生提供更加直观、生动的学习体验。这种教学方式不仅可以降低实验成本和风险，还可以帮助学生更好地理解抽象概念和理论知识。例如，利用 AR/VR 技术模拟实验场景，让学生身临其境地感受实验过程；利用语音识别技术实现师生之间的无障碍交流；利用大数据分析学生的学习行为和成绩变化，为教师提供精准的教学建议。

4. 具体案例分析

案例一：个性化教学系统

个性化教学系统通过大数据分析学生的学习行为和习惯，AI 能够为每名学生提供定制化的学习资源和课程设置。以某在线教育平台为例，其个性化教学系统能够根据学生的学习进度和成绩，智能推荐适合的学习资料和习题，帮助学生提高学习效果。例如，在学生完成作业时，AI 会先分析学生的答题情况，识别出学生的知识短板和难点，然后为学生提供针对性的练习和解析。这不仅能提高学生的学习效率和质量，还能减轻教师的负担。大模型技术的应用，使得个性化教学系统能够更准确地分析学生的学习需求，提供更加精准的教学方案。

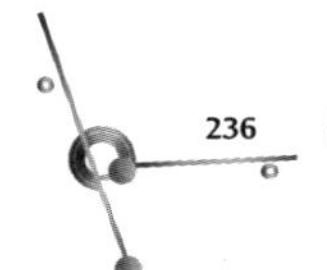

案例二：智能评分系统

智能评分系统是减轻教师负担、提高教学效率的有效手段。通过自然语言处理和机器学习技术，AI 能够自动对学生的作业和试卷进行评分和反馈。以某智能阅卷系统为例，其能够快速准确地识别学生的答案，并给出详细的评分和解析。大模型的引入，使得智能评分系统能够更准确地理解学生的答案和解题思路，提高评分的准确性和公正性。

四、智能医疗：AI 让健康更有保障

智能医疗是指利用 AI 技术优化医疗资源配置、提高医疗服务的效率和质量。AI 在医疗领域的应用，涵盖了辅助诊断、个性化治疗、健康管理等多个方面。

1. 个性化健康管理的实现

人工智能在健康领域的应用日益广泛，为我们的健康保驾护航。通过智能手环、智能秤等设备，我们可以实时监测心率、血压、睡眠质量等生理指标，了解自己的身体状况。同时，AI 技术还可以根据个人的身体状况、生活方式和健康目标，提供个性化的健身和饮食建议。例如，智能餐饮可以根据个人的饮食偏好和健康目标定制饮食计划，帮助用户实现健康饮食。

2. 疾病预测与预防的智能化

AI 在疾病预测和预防方面也发挥着重要作用。通过分析患者的病历、症状和体征等信息，AI 可以帮助医生预测疾病的发展趋势，进而调整治疗方案。此外，AI 还可以通过分析个体的基因组信息，预测其患病风险，提供及时的预防措施。这种智能化的预测和预防手段，有助于人们更好地管理自己的健康。

3. 智能医疗辅助系统的应用

在医疗领域，AI 还可以辅助医生进行疾病诊断和治疗方案制定。通过分析病人的病历、症状和体征等信息，AI 可以辅助医生进行更快速、精确

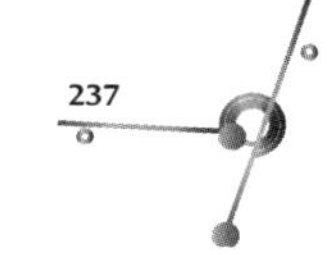

的诊断，并为患者提供个性化的治疗方案。此外，AI 还可以帮助医院进行智能化管理，提高医疗资源的利用效率。

4. 心理健康的关怀

心理健康是人体健康的重要组成部分。AI 技术可以帮助人们更好地监测情绪和心理状态。例如，智能心理辅导可以通过分析个人的情绪和行为习惯，提供个性化的心理疏导和建议。同时，AI 还可以帮助人们更好地管理压力和情绪，提高生活质量。

5. 具体案例分析

辅助诊断系统是 AI 在医疗领域的重要应用之一。通过深度学习技术，AI 能够分析患者的医疗记录、影像资料等信息，为医生提供诊断建议。以某知名医院的 AI 辅助诊断系统为例，其已经成功应用于多种疾病的诊断中，显著提高了诊断的准确性和效率。大模型技术的应用，使得辅助诊断系统能够更准确地识别病变区域和病理特征，为医生提供更加精准的诊断支持。

五、智能娱乐：AI 让娱乐更丰富

智能娱乐是指利用 AI 技术丰富娱乐内容和形式，提高娱乐体验。AI 在娱乐领域的应用，涵盖了智能音乐创作、智能图像生成、智能游戏等多个方面。

1. 内容创作与自动化生成

AI 技术可以模拟人类的创作过程生成各种类型的内容，如音乐、绘画、电影剧本等。这些由 AI 生成的内容不仅具有独特的艺术风格，还可以根据观众的喜好和反馈进行不断优化和调整。例如，智能摄影和修图，火山引擎技术团队利用 AI 标识技术，优化了影片的清晰度、流畅度和色彩。此外，AI 还能通过假人物、假背景和假照明生成完全虚构的照片，为摄影创作提供更多可能性。应用于影视制作中，实现自动化剪辑、特效合成和场景渲染等后期制作流程，提高制作效率和质量。

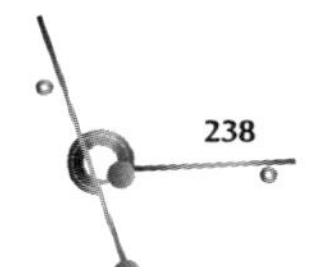

智能创造广泛用于各种行业。例如，利用 AI 技术可以自动生成新闻稿、剧本、广告文案等文本内容；利用 AI 图像生成技术可以创作出逼真的虚拟场景和角色；利用 AI 音乐创作技术可以生成符合特定风格的音乐作品。这些自动化创作工具不仅提高了创作效率和质量，还降低了创作门槛和成本。

2. 虚拟现实与增强现实的沉浸式体验

AI 技术与虚拟现实（VR）和增强现实（AR）的结合，为用户创造了更加沉浸式的娱乐体验。通过 VR 头盔或 AR 设备，用户可以进入虚拟世界或与虚拟内容进行互动，创造出全新的娱乐体验。例如，在游戏领域，AI 技术可以用于游戏角色的智能化控制，增强游戏的真实感和挑战性。

3. 游戏体验与互动

AI 不仅可以用于游戏角色的智能化控制，还可以通过对玩家行为的分析，实现个性化游戏体验和自适应难度调整。这种智能化的游戏设计，可以模拟学习并适应玩家的游戏习惯和策略为玩家提供更加真实、有趣的游戏体验。例如，在一些角色扮演游戏中 AI 技术可以模拟 NPC（非玩家角色）的行为和决策过程让玩家感受到更加丰富的游戏世界。

4. 个性化推荐与营销

通过 AI 技术的大数据分析和机器学习，可以实现对用户兴趣和偏好的精准分析，从而为用户提供个性化的娱乐推荐。例如，音乐、电影、电视剧等娱乐内容，平台可以利用 AI 技术根据用户的历史偏好和行为数据，推荐符合其口味的内容，提高用户的娱乐体验。此外，AI 技术还可以通过社交媒体等渠道，实时追踪和分析用户的反馈和互动情况，为娱乐产品的优化和改进提供有力支持。

5. 具体案例分析

案例一：智能音乐创作

AI 可以辅助创作者进行内容创作，包括文本生成、图像生成、视频剪辑等。例如，百度文心一言可以为用户提供对话问答、文本生成等服务；

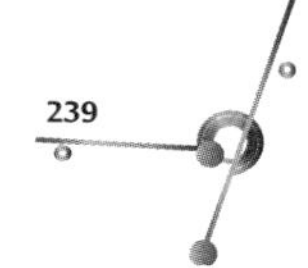

清华大学联合生数科技发布的大模型 Vidu 可以一键生成视频。智能音乐创作是 AI 在娱乐领域的一大亮点。通过深度学习技术，AI 能够模仿人类的创作风格和技巧，创作出具有独特风格的音乐作品。以某智能音乐创作平台为例，其能够根据用户的输入和偏好，自动生成符合要求的音乐曲目。大模型技术的应用，使得智能音乐创作系统能够更准确地理解用户的创作意图和需求，创作出更加符合用户期待的音乐作品。

案例二：智能游戏

智能游戏是 AI 在娱乐领域的另一重要应用。通过 AI 技术，游戏开发者能够创造出更加复杂和有趣的游戏玩法和角色。以某知名游戏为例，其内置的 AI 系统能够根据玩家的行为和策略进行实时调整和优化，为玩家提供更加真实和沉浸式的游戏体验。大模型的引入，使得智能游戏系统能够更准确地理解玩家的游戏意图和需求，提供更加个性化的游戏体验和挑战。

六、智慧旅游：AI 让旅行更精彩

智慧旅游是指利用 AI 技术优化旅游资源配置、提高旅游服务的效率和质量。AI 在旅游领域的应用，涵盖了智能推荐、智能导览、智能客服等多个方面。

1. 智慧景区与虚拟游览

智慧景区通过 AI 技术实现景区管理的智能化和游客服务的个性化。例如，通过智能移动终端、可穿戴设备等实现数字虚拟游览体验让游客在游览前就能了解景区的历史文化和自然景观；通过智能语音交互和大数据技术为游客提供实时的旅游信息和服务如酒店预订、交通导航、天气预报等。

2. 个性化旅游规划与推荐

AI 技术还可以根据用户的出行习惯和偏好为其推荐个性化的旅游计划和景点。通过分析用户的社交媒体数据、在线搜索行为等信息 AI 系统可以了解用户的兴趣点和需求，并为其量身定制旅游计划。此外，AI 系统还可以从海量的旅游信息中筛选出最适合用户的景点、酒店和餐厅等，为其

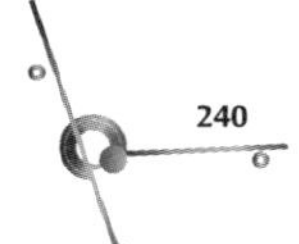

提供更加精准的推荐服务。

3. 智能导游与翻译服务

智能导游和翻译服务也是智慧旅游的重要组成部分。通过 AI 技术实现的智能导游可以为游客提供实时的讲解和导览服务；而翻译服务则可以帮助游客解决语言沟通问题，让其在异国他乡也能轻松交流。

4. 具体案例分析

案例一：智能推荐系统

智能推荐系统是智慧旅游的重要应用之一。通过大数据分析用户的旅游行为和偏好，AI 能够为用户推荐合适的旅游目的地、酒店和景点。以某在线旅游平台为例，其智能推荐系统能够根据用户的搜索历史和浏览行为，智能推荐符合用户需求的旅游产品和服务。大模型技术的应用，使得智能推荐系统能够更准确地理解用户的需求和偏好，提供更加精准的推荐服务。

案例二：智能导览系统

智能导览系统是提升游客旅游体验的有效手段。通过 AI 技术，游客可以在景区内实现语音导览、自动导航等功能。以某知名景区的智能导览系统为例，其能够根据游客的实时位置和兴趣点，提供个性化的解说和推荐服务。大模型的引入，使得智能导览系统能够更准确地理解游客的需求和兴趣点，提供更加贴心和个性化的导览服务。

第三节　产业重构：推动产业升级与转型

从智能制造到智慧农业，从智慧金融到智慧环保，从智慧安防到智能交通，再到低空经济和新能源汽车等新兴领域，AI 技术正以前所未有的深度和广度赋能千行百业，推动产业升级与转型，塑造全新的经济形态和发展模式。

一、智能制造：工业 4.0 的效率革命

智能制造是新一代信息技术与先进制造技术深度融合的产物，它通过

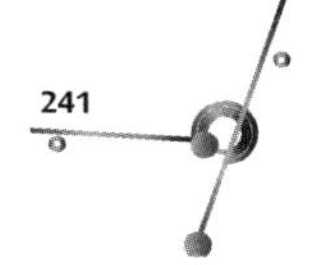

高度集成和协同的制造系统，实现制造过程的自动化、智能化和柔性化。AI 在智能制造中的应用涵盖了机器学习、深度学习、自然语言处理、计算机视觉等先进技术，这些技术为制造业带来了革命性的变化。

1. 技术应用

①智能工厂：通过 AI 技术，企业可以构建智能工厂，实现生产设备的互联互通、生产数据的实时采集与分析，以及生产过程的智能调度与优化。

②生产线优化：AI 技术可以通过实时监测生产数据，运用机器学习算法进行异常检测和预警，提高生产线的稳定性和效率。例如，某汽车制造企业利用机器学习技术对焊接过程进行监测和优化，显著提高了焊接质量和生产效率。

③设备预测性维护：利用 AI 技术对设备运行数据进行建模和分析，提前预测设备的故障风险，实现预测性维护，减少非计划停机时间，降低维护成本，提高设备利用率。

④智能质量控制：通过深度学习算法对历史生产数据进行分析，建立质量预测模型，实现对生产质量的实时监控和预警，可以大幅提升检测的准确性和效率，提高产品合格率。例如，涂装车间的 AI 摄像机质量检查系统，能够在极短时间内拍摄大量照片，并通过 AI 算法快速识别瑕疵。

⑤个性化定制：AI 技术使得大规模个性化定制成为可能，通过智能调度和优化生产流程，满足不同客户的个性化需求。

2. 市场现状与发展趋势

智能制造市场规模不断扩大，应用领域不断拓展，已经成为制造业转型升级的重要方向。未来，智能制造将更加注重个性化定制、柔性化生产和绿色化发展，同时 AI、5G 等技术将与智能制造深度融合，推动制造业向更高水平发展。

3. 大模型应用及案例分析

案例一：华为盘古大模型在制造业的应用

华为推出的盘古大模型在制造业中的应用堪称典范。在制造行业，过去单产线制订器件分配计划往往需要花费数小时，而盘古制造大模型则能在 1 分钟内做出未来 3 天的生产计划。这一应用极大地提高了生产效率和响应速度，降低了生产成本。此外，盘古大模型还能通过机器学习预测设备故障，减少意外停机时间，进一步提升了生产线的稳定性和可靠性。

案例二：华晨宝马沈阳铁西工厂

华晨宝马沈阳铁西工厂是 AI 赋能智能制造的典范。该工厂通过引入 AGV 机器人、无人天车、机械臂等智能设备，实现了生产线的智能化改造。AGV 机器人能够自主扫码上下电梯，精准搬运镀锌卷材；机械臂则熟练地完成贴标签、粘胶带等任务。同时，工厂还上线了 AI 摄像机质量检查系统，能够在 100 秒内拍摄 10 万张照片，通过 AI 算法快速识别瑕疵，大大提高了生产效率和质量检测精度。

二、智慧农业：引领农业现代化

智慧农业，是利用物联网、大数据、云计算等先进技术，为农业生产提供精准化、智能化的解决方案。智慧农业的发展，对于提高农业生产效率、保障粮食安全、促进乡村振兴具有重要意义。

1. 技术应用

①精准种植：AI 通过分析历史气象数据、土壤条件和作物生长周期，确定最佳播种时间、肥料用量和灌溉策略，实现精准种植，提高作物产量和品质。

②病虫害识别与防治：利用图像识别和深度学习技术，AI 可以快速识别和定位农作物病虫害，为农民提供及时的防治建议，减少农药的过量使用，降低环境污染。

③智能农机：智能农机设备是智慧农业的重要组成部分。例如，无人驾驶拖拉机、收割机等设备能够自主完成翻耕、播种、收割等任务。通过机器视觉和传感器技术，这些设备能够精准控制作业轨迹和深度，提高农业生产效率和质量。同时，无人机通过高清摄像头拍摄农田图像，利用 AI 图像识

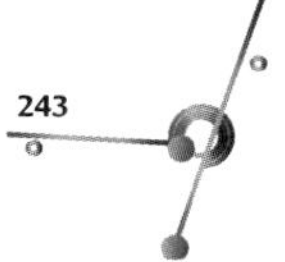

别技术快速分析作物生长状况和病虫害情况，为农民提供精准的植保服务。

④智能监测与智能管理：通过搭载高光谱设备的无人机或地面传感器，AI 通过传感器监测温度、湿度、光照等参数，以及实时监测农作物的生长状况、病虫害情况等，结合天气预报，为农业生产提供智能管理，优化生产环境，减少资源浪费。

2. 挑战与对策

智慧农业的发展面临基础设施落后、数据融合难、隐私安全等问题。政府和企业应共同投入，建设高标准的基础设施，搭建统一的农业大数据平台，加强数据隐私和安全保护，同时简化技术应用流程，降低使用门槛，提高农民的技术素养和应用能力。

3. 案例分析

（1）神农大模型在智慧农业中的应用

神农大模型是中国农业大学推出的智慧农业核心成果，它集成了育种、种植、养殖、农业遥感及气象等多个应用场景，为农业生产提供全方位支持。

其中，“神农·筑基”种植大模型结合物联网技术，实现了种植环境的智能化监测与精准调控，通过传感器收集土壤湿度、光照强度、温度等环境参数，模型能够实时分析数据，为农民提供精准的灌溉、施肥和病虫害防治建议，确保作物在最佳环境下生长。以某农场为例，通过部署传感器收集数据，并传输至神农大模型进行分析，模型能够实时提供灌溉、施肥和病虫害防治建议。应用该模型后，农场玉米产量和品质显著提升，同时优化了种植管理策略，提高了资源利用效率，降低了生产成本。

（2）厦门“AI+ 高光谱”赋能农业

厦门奥谱天成利用“AI+ 高光谱”技术，通过无人机搭载高光谱设备对农田进行逐点扫描，收集光谱数据。后台的人工智能技术分析这些数据，快速生成农作物的健康指数报告，帮助农民及时发现病虫害和缺水缺肥等问题。此外，该技术还能通过 GPS 定位系统实现农药的精准喷洒，减

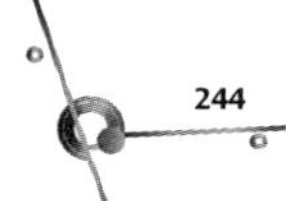

少对农作物和土壤的污染。这一应用不仅提高了农业病虫害的管理效率，还促进了农业生产的可持续发展。

三、智慧金融：提升服务效率与风险管理

智慧金融，它利用大数据、机器学习等技术手段，优化金融服务流程，提高服务效率和风险管理水平。AI 大模型在智慧金融中发挥着重要作用，能够根据客户的行为模式和历史数据，提供个性化的金融服务和风险预警。

1. 技术应用

①智能风控：大数据风控是 AI 在信贷领域的重要应用。通过收集和分析大量用户数据，AI 能够构建出更加精准的风险评估模型，帮助金融机构识别潜在的风险点并采取相应的防控措施。这不仅能降低不良贷款率和欺诈风险，还能提高金融机构的风险管理水平和运营效率。例如，智能信贷系统可以根据借款人的信用记录和行为数据，评估其还款能力和风险等级。

②智能投顾：智能投顾是 AI 在财富管理领域的重要应用。通过大数据分析和机器学习算法，智能投顾能够根据投资者的风险偏好、财务状况和投资目标等信息，提供个性化的投资建议和资产配置方案。这不仅能降低投资者的投资门槛和成本，还能提高投资回报率和风险控制能力。

③智能客服：AI 可以通过自然语言处理技术，实现与客户的智能交互，提供 24 小时不间断的客服服务。智能客服的应用，提升了客户体验，降低了人力成本。

④合规监管：AI 技术能够自动化地进行合规检查，降低违规风险，提高金融机构的合规性。

2. 发展与挑战

智慧金融的应用不仅提升了金融服务的效率和准确性，还增强了金融机构的竞争力。然而，技术的安全性、数据隐私保护等问题仍需关注。金融机构需要不断加强技术防护，确保系统的稳定性和安全性，同时加强数据隐私保护，赢得客户的信任。

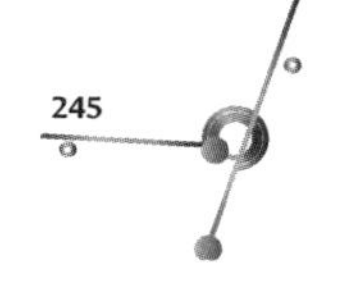

3. 案例分析：蚂蚁金服智能风控

蚂蚁金服智能风控大模型，作为其核心风控体系，依托大数据与 AI 技术，为金融业务提供全面精准的风险防控。该模型融合多种算法，能高效识别欺诈、盗用等风险，保障交易安全，具有高精度与快速响应的特点。同时，它具备自我学习与优化能力，能动态调整风控策略，不断提升效果。

蚂蚁金服利用 AI 对多维度用户数据进行深度挖掘与分析，实现风险点的精准识别与预警，降低了坏账率和欺诈风险，提高了资金安全性和使用效率。此外，AI 技术还优化了信贷审批流程，提升了审批速度和效率，为用户提供更便捷高效的金融服务。

蚂蚁金服智能风控大模型广泛应用于金融、电商等领域，为用户提供了安全便捷的交易体验，增强了用户信任度，这是蚂蚁金服保障业务安全、提升运营效率的重要支撑。

四、智慧环保：守护绿色地球

智慧环保，利用物联网、大数据、云计算等技术手段，实现对环境质量的精准监测和智能治理。AI 大模型在智慧环保中发挥着重要作用，能够通过对环境数据的分析，预测污染趋势，提供科学的治理方案。

1. 技术应用

①智能垃圾分类：AI 技术通过计算机视觉和机器学习算法，实现自动化和智能化的垃圾分类，提高分类效率和准确性。

②环境监测与预警：AI 可以实时监测大气、水体和土壤中的污染物，通过数据分析预测污染水平，及时发出预警。

③智能水务系统：AI 技术能够优化水资源的利用，发现水务系统中的问题，提出解决方案，如智能检测自来水管道的泄漏情况，及时修复漏水问题。

④环保意识推广：AI 技术通过社交媒体和智能应用，广泛传播和推广环保意识，引导公众采取更环保的生活方式。

2. 政策支持与社会参与

政府对环保事业的重视和支持是推动智慧环保发展的关键。政府可以出台相关政策，鼓励企业研发和应用环保型的AI技术，推动环保产业的升级和发展。同时，社会各界也应加强合作，共同推动环保事业的发展，实现绿色、可持续的未来。

3. 案例分析：盘古气象大模型在气象预测中的应用

盘古气象大模型是首个精度超过传统数值预报方法的AI预测模型。在气象领域，AI大模型通过分析气象数据，能够更准确地预测台风等极端天气事件的路径和强度。这一应用不仅提高了气象预测的精度和时效性，还为防灾减灾工作提供了有力支持。

相比传统数值预报方法，盘古气象大模型能够提供更加精准、实时的天气预报，广泛应用于农业、交通、环保等多个领域。其高精度和快速响应的特点，使得人们能够更充分地应对极端天气事件，保障生命财产安全。此外，盘古气象大模型还在国际平台上得到了展示和应用，受到了广泛关注和好评。华为盘古气象大模型以其卓越的性能和广泛的应用场景，正引领气象预报领域迈向更加智能化、精准化的发展阶段。

五、智慧安防：守护社会安全

智慧安防，它利用人脸识别、行为识别等技术手段，实现对安全风险的实时监控和智能预警。AI大模型在智慧安防中发挥着重要作用，能够通过对视频数据的分析，识别异常行为和潜在威胁。

1. 技术应用

①智能监控：AI技术结合摄像头和传感器，实现智能监控，自动识别异常行为并发出预警。

②人脸识别：通过人脸识别技术，可以快速识别人员身份，提高安防管理的准确性。

③智能预警：AI技术能够分析历史数据，预测潜在的安全风险，提前

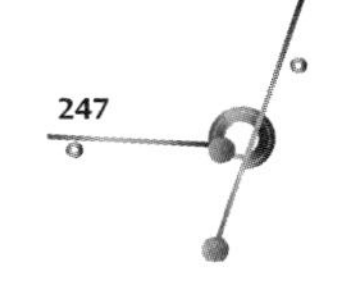

采取措施进行防范。

2. 发展与挑战

智慧安防的应用极大地提高了安防管理的效率和准确性，为社会安全提供了有力保障。然而，数据安全、隐私保护等问题仍需关注。在推动智慧安防发展的同时，需要加强数据管理和安全防护，确保用户隐私不被泄露。

3. 案例分析：360 智慧安防大模型

360 智慧安防大模型，依托 360 集团 AI 技术，经大规模数据训练优化，专为安防领域打造。该模型具备卓越视觉识别能力和多场景适用性，能准确识别视频中的关键信息，如人脸、车辆、行为等，显著提升安防系统的预警与响应速度。

结合 360 智脑与视觉大模型，该模型实现安防设备的智能升级，使设备不仅能“看见”，更能“看懂”并进行分析判断。在家庭安防方面，提供远程监控、异常告警等功能；在商业安防方面，为中小微企业提供五大场景解决方案，提升企业安全管理能力和经营效率。

六、智能交通：优化城市交通流动

智能交通是 AI 技术在城市交通管理中的应用，通过实时监测和分析交通数据，提供智能交通控制和信息服务。它利用物联网、大数据、云计算等技术手段，实现对交通系统的智能化管理和优化。AI 大模型在智能交通中发挥着重要作用，能够通过对交通数据的分析，优化交通流量，缓解拥堵问题。

1. 技术应用

①智能交通管理系统：AI 技术通过实时监测和分析交通流量、道路状况等数据，优化信号灯控制、路口管理，减缓交通拥堵。

②自动驾驶：自动驾驶技术通过 AI 算法，实现车辆的智能行驶，提高道路安全性和通行效率。

③智能停车系统：利用传感器和摄像头技术，AI 算法帮助驾驶者快速找到停车位，提高停车效率。

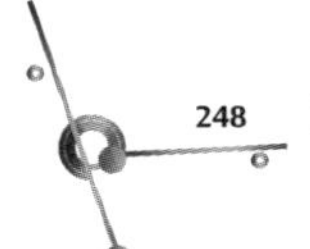

2. 环境影响与未来展望

智能交通系统的应用不仅有助于优化交通流动，还对环境产生积极影响。通过降低拥堵和优化行车路线，减少了交通产生的空气污染和温室气体排放。未来，随着技术的不断进步和城市规划的优化，智能交通系统将为城市居民提供更加便捷、高效的出行体验。

3. 案例分析：自动驾驶的飞跃——萝卜快跑引领出行新风尚

百度旗下的“萝卜快跑”作为自动驾驶技术的先驱，正引领出行方式变革。依托 Apollo 平台，萝卜快跑实现复杂路况下稳定自动驾驶，L4 级技术领先，有效降低运营成本，加速无人驾驶出租车商业化进程。目前，萝卜快跑已在北京、上海等一线城市实现试点运营，并计划拓展至更多地区。乘客可通过多平台预约，享受便捷、安全、高效的自动驾驶出行体验。

自动驾驶汽车是智能交通的重要成果，AI 大模型通过深度学习等技术，使车辆能准确识别障碍物并做出正确行驶决策，提高交通效率，减少事故。未来，随自动驾驶技术不断成熟普及，智能交通将带来更便捷、安全、绿色的出行体验。

七、低空经济：开辟空中出行新路径

低空经济是指利用无人机等低空飞行器进行货物运输、空中拍摄、应急救援等活动的经济形态。AI 大模型在低空经济中发挥着重要作用，能够通过对飞行数据的分析，优化飞行路径，提高飞行效率和安全性。

1. 技术应用

①无人机配送：无人机物流配送是 AI 在低空经济中的典型应用。通过引入 AI 技术，无人机能够实现自主飞行、精准定位、避障避碰等功能，确保货物安全、准时地送达目的地。这不仅能降低物流成本和提高配送效率，还能解决偏远地区物流配送难题。

②低空监测：无人机搭载 AI 系统，可以对城市环境、交通状况等进行实时监测，为城市管理提供决策支持。

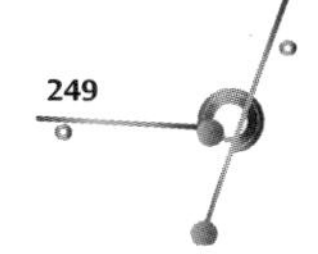

③低空旅游：AI 技术可以提升低空旅游的安全性和体验度，为游客提供更加丰富的旅游体验。

④智能救援：AI 可以辅助无人机进行智能救援，包括搜救失踪人员、监测灾情等。智能救援的应用，提高了应急救援的效率和准确性。

2. 发展与挑战

低空经济作为新兴领域，具有广阔的发展前景。然而，技术成熟度、空域管理、安全监管等问题仍需关注。在推动低空经济发展的同时，需要加强技术研发和法规建设，确保低空飞行的安全性和合规性。

3. 案例分析：顺丰无人机在物流配送中的应用

顺丰无人机在物流配送中展现出显著创新力，结合 AI 大模型实现高效配送。以合肥低空货运航线为例，无人机仅需 15 分钟即可完成配送，大幅缩短传统地面运输时间。AI 大模型在此过程中发挥关键作用，优化飞行路径，实时分析复杂因素，确保无人机安全高效完成任务。同时，AI 还参与货物分拣、装载等环节，实现物流全流程自动化和智能化。

顺丰无人机配送不仅限于城市区域，还拓展至景区、医疗、应急救援等领域，在医疗救援中迅速送达急需物资，为患者争取宝贵时间。这一应用不仅提升物流效率，更彰显顺丰的科技创新能力。

随着电商行业发展，物流配送成为重要市场。顺丰无人机搭载 AI 大模型，自主规划飞行路径，避开障碍物和禁飞区，实现快速准确配送。这一应用提高了物流配送效率，降低物流成本，为电商行业带来更多商业机会。

八、新能源汽车：驱动绿色出行

新能源汽车是汽车产业的重要发展方向之一，它利用电能等非石油燃料作为动力源，减少了对传统化石能源的依赖和排放。AI 大模型在新能源汽车中发挥着重要作用，能够通过对电池状态、行驶数据等的分析，优化电池管理策略，提高续航里程和安全性。

1. 技术应用

①智能驾驶：智能驾驶辅助系统是 AI 在新能源汽车中的重要应用。

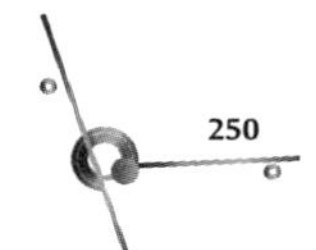

通过引入AI技术，新能源汽车能够实现自适应巡航、车道保持、自动泊车等功能。这些功能不仅提高了驾驶的便捷性和安全性，还降低了驾驶员的驾驶负担和疲劳感。同时，AI还能通过数据分析和学习不断优化驾驶策略，提高车辆的燃油经济性和续航能力。

②智能充电：AI可以优化新能源汽车的充电过程，实现智能调度和充电管理。智能充电的应用，提高了充电效率和充电设施的利用率。

③智能运维：AI可以实时监测新能源汽车的运行状态，预测潜在故障并进行预警。智能运维的应用，降低了运维成本并提高了车辆的使用寿命。

④个性化服务：AI技术可以根据用户的驾驶习惯和偏好，提供个性化的服务体验。

2. 市场前景与政策支持

新能源汽车作为未来汽车产业的发展方向，具有广阔的市场前景。政府通过出台相关政策，如购车补贴、税收优惠等，推动新能源汽车的普及和发展。同时，新能源汽车的智能化技术也将为汽车产业带来新的增长点。

3. 案例分析：MY-BYD比亚迪刀片电池及BMS智能电池管理系统

比亚迪，中国新能源汽车领军者，利用AI大模型创新智能电池管理系统，为产业注入活力。该系统集成高精度传感器、先进算法与AI技术，实时监控电池状态，精准管理。通过AI优化算法，系统动态调整充放电策略，延长电池寿命，如同优化新能源汽车的“智能心脏”，提升续航和安全。同时，AI赋能故障诊断与预警，提前识别潜在故障，保障行车安全。

智能电池管理系统是新能源汽车的关键部分，AI大模型实时监测电池状态，预测剩余电量和寿命，提供准确电量信息和充电建议，优化充电策略，延长电池寿命和性能。这不仅提高续航里程和安全性，还降低使用和维护成本。

比亚迪与AI大模型的深度融合，提升了电池管理水平，为行业智能化转型树立标杆。

第九章　AI 商业思维：重塑未来商业版图

AI 带来了商业模式的快速变迁。可以说，AI 技术的飞速发展正在重塑商业模式，从自动工厂到无人驾驶，从精准营销到智能风控，AI 正逐步渗透到商业生态的每一个角落。这种快速变迁，每个人都有机会在“AI+细分领域”中找到自己的专长并不断深化，从而开拓广阔的机会。无论是医疗、教育、金融、艺术还是工程，在人们的专业领域里，思考如何用非传统的方式应用 AI，可能会发现全新的商业模式或服务模式。

第一节　AI 商业底层逻辑：从数据到价值的深度剖析

AI 不仅为企业带来了前所未有的机遇，也对其商业模式和运营方式提出了全新的挑战。为了在这个充满变数的环境中立足并发展，企业必须深入理解并践行 AI 商业的五大底层逻辑：市场导向思维、数据驱动思维、智能化思维、跨界融合思维及持续创新思维。以下是对这五大逻辑的深度阐述，结合具体案例，以期为企业家们提供有益的启示。

一、市场导向思维：精准捕捉需求，引领行业变革

市场导向思维是商业成功的基石，尤其在 AI 技术日益普及的今天，其重要性愈发凸显。企业需时刻保持敏锐的市场洞察力，精准捕捉消费者

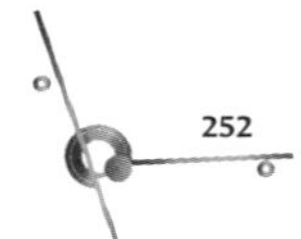

需求的微妙变化，并迅速做出响应。AI 技术的融入，为企业提供了更强大的数据分析能力，助力企业更准确地把握市场趋势，预测消费者行为，从而制定出更加贴合市场需求的产品和服务策略。

1. 精准捕捉市场需求

在 AI 时代，企业需充分利用 AI 技术的优势，对市场数据进行深度挖掘和分析。通过社交媒体、在线调查等多种渠道，收集消费者的反馈和意见，及时调整产品和服务策略，以满足市场的动态需求。这种基于数据的决策方式，使企业能够更加精准地捕捉市场需求，提升市场竞争力。

案例分析：小米手机的崛起

小米手机作为近年来中国智能手机市场的佼佼者，其成功很大程度上得益于对市场需求的精准捕捉。在小米手机问世之前，市场上智能手机价格普遍较高，而消费者对性价比高的智能手机有着强烈的需求。小米手机通过深入的市场调研和数据分析，敏锐地发现了这一需求缺口，并迅速推出了高性价比的智能手机产品。同时，小米还通过线上销售模式，降低了渠道成本，进一步提升了产品的性价比。这一策略迅速赢得了消费者的青睐，使小米手机在短时间内实现了市场份额的快速增长。

2. 个性化服务与体验

在市场竞争日益激烈的今天，提供个性化服务与体验已成为企业脱颖而出的关键。企业需根据消费者的不同需求和偏好，提供定制化的产品和服务，以满足消费者的个性化需求。AI 技术的应用，为企业提供了更加精准的用户画像和数据分析，使企业能够更好地了解消费者的需求和偏好，从而提供更加个性化的服务和体验。

案例分析：亚马逊的个性化推荐系统

亚马逊作为全球最大的在线零售商之一，其成功在很大程度上归功于个性化推荐系统的应用。亚马逊通过 AI 技术，对消费者的购买历史、浏览记录、搜索关键词等信息进行深度分析，为消费者提供个性化的商品推荐。这种推荐系统不仅提高了消费者的购物体验，还增加了消费者的购买

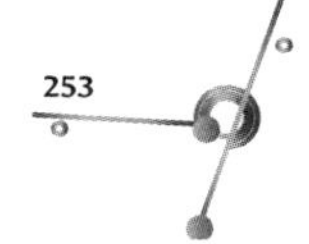

意愿和忠诚度。据统计，亚马逊的个性化推荐系统为其带来了显著的销售额增长。

3. 引领市场变革

市场导向思维不仅要求企业适应市场需求，更要求企业勇于引领市场变革。在 AI 时代，企业需通过技术创新、产品创新和服务创新，不断推动市场的进步和发展。只有不断创新，才能在激烈的市场竞争中保持领先地位。

案例分析：特斯拉的电动汽车革命

特斯拉作为电动汽车行业的领军企业，其成功在很大程度上归功于对市场变革的引领。在特斯拉问世之前，电动汽车市场一直处于边缘地位，消费者对电动汽车的认知度和接受度都较低。特斯拉通过技术创新和产品创新，推出了高性能、长续航的电动汽车产品，打破了消费者对电动汽车的固有印象。同时，特斯拉还利用 AI 技术，建设了超级充电站、提供了智能化服务等，提升了电动汽车的使用便捷性和舒适性。这些举措不仅推动了电动汽车市场的快速发展，还使特斯拉成了电动汽车行业的领军企业。

4. 综合案例分析：苹果公司的市场导向战略

苹果公司作为全球最具价值的品牌之一，其成功在很大程度上归功于市场导向思维的应用。苹果公司不仅精准捕捉了消费者对智能手机、平板电脑等产品的需求，还通过技术创新和产品创新，不断引领市场的变革。例如，苹果公司推出的 iPhone 产品，不仅具有出色的性能和外观设计，还通过 App Store 等生态系统，为消费者提供了丰富的应用和服务。这种综合性的市场导向战略，使苹果公司在全球市场上取得了巨大的成功。

此外，苹果公司的成功还体现在对个性化服务与体验的重视上。苹果公司通过 iCloud、iTunes 等服务，为消费者提供了个性化的数据存储和娱乐体验。同时，苹果公司还注重与消费者的互动和反馈，不断优化产品和服务，以满足消费者的需求。这种以消费者为中心的市场导向思维，使苹果公司在全球市场上保持了领先地位。

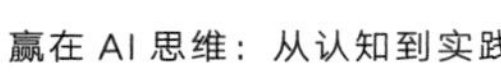

综上所述，市场导向思维是企业在AI时代取得商业成功的关键。企业需精准捕捉市场需求、提供个性化服务与体验、引领市场变革，并综合运用这些策略，才能在激烈的市场竞争中脱颖而出，实现持续发展。

二、数据驱动思维：挖掘价值，优化决策

在当今这个信息爆炸的时代，数据已经成为企业和个人决策的重要依据。数据驱动思维，即基于数据进行决策和优化的思维方式，正逐渐成为各行各业的核心竞争力。

1. 数据挖掘与价值发现

数据挖掘是从大量数据中提取有用信息和知识的过程。通过数据挖掘，可以发现数据中隐藏的模式、趋势和关联，从而为企业创造价值。

①模式识别：数据挖掘技术能够识别出数据中的重复模式，如消费者购买行为、市场趋势等。这些模式有助于企业预测未来趋势，制定相应策略。

②关联分析：通过关联分析，可以发现不同数据之间的内在联系。例如，在零售业中，关联分析可以帮助企业了解哪些商品经常一起被购买，从而优化商品布局和促销策略。

③异常检测：数据挖掘技术还能帮助企业识别出数据中的异常值，这些异常值可能代表着潜在的风险或机会。例如，在金融领域，异常检测可以帮助银行识别出潜在的欺诈交易。

案例分析：亚马逊的个性化推荐系统

亚马逊利用数据挖掘技术，分析用户的购买历史、浏览记录等信息，为用户推荐相关商品。这一策略不仅提高了用户的购物体验，还显著提升了亚马逊的销售额。

2. 数据驱动的决策优化

数据驱动的决策优化是指基于数据分析结果，对决策过程进行改进和优化。这种决策方式更加科学、客观，有助于降低决策风险，提高决策

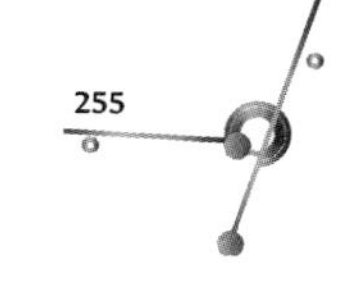

效率。

①决策支持系统：通过建立决策支持系统，企业可以将数据分析结果以直观的方式呈现给决策者，帮助他们更好地理解数据，做出更明智的决策。

②预测模型：利用机器学习等技术，企业可以建立预测模型，对未来市场趋势、客户需求等进行预测。这些预测结果可以为企业的战略规划提供有力支持。

③优化算法：在决策过程中，企业还需要考虑如何优化资源配置、降低成本等问题。通过运用优化算法，企业可以在满足约束条件的前提下，找到最优解或近似最优解。

案例分析：滴滴出行的智能调度系统

滴滴出行利用大数据和机器学习技术，对乘客需求、司机位置、路况等信息进行实时分析，为司机提供最优的接单建议。这一策略有效提高了滴滴出行的运营效率和服务质量。

3. 精细化管理与运营

精细化管理与运营是指通过数据分析，对企业运营过程中的各个环节进行精细化管理，以提高运营效率和效果。

①客户细分：通过数据分析，企业可以对客户进行细分，了解不同客户群体的需求和偏好，从而为客户提供更加个性化的产品和服务。

②运营监控：通过建立运营监控体系，企业可以实时掌握运营状况，及时发现并解决问题。这有助于降低运营风险，提高运营效率。

③绩效考核：数据分析还可以用于绩效考核。通过设定合理的考核指标和数据标准，企业可以对员工的工作表现进行客观评价，从而激发员工的积极性和创造力。

案例分析：京东的智能化仓储管理

京东利用物联网、大数据等技术，对仓储过程中的各个环节进行实时监控和优化。这一策略有效提高了京东的仓储效率和准确率，降低了运营成本。

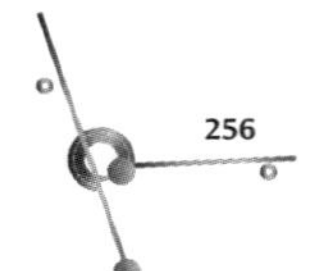

4. 数据驱动思维综合案例：沃尔玛 AI 驱动的供应链优化

案例描述：沃尔玛作为全球知名的零售巨头，利用 AI 技术优化供应链管理，通过需求预测模型和 AI 驱动的库存管理系统，显著提高了运营效率和市场响应能力。沃尔玛的 AI 系统能够实时分析销售数据、库存水平和消费者购买趋势，从而准确预测未来需求，避免库存积压和缺货现象。据统计，沃尔玛的 AI 技术应用使库存持有成本降低了 20%，缺货率减少了 16%。这种数据驱动的决策模式不仅降低了运营成本，也提升了顾客满意度和忠诚度。

数据驱动思维已经成为现代企业决策和运营的核心。通过数据挖掘与价值发现、数据驱动的决策优化及精细化管理与运营，企业可以更好地应对市场挑战，提升竞争力。

三、智能化思维：赋能业务，提升效率

智能化思维已成为推动企业转型升级、提升核心竞争力的关键力量。它不仅能够优化业务流程，提高运营效率，还能为企业提供智能化决策支持，助力企业在复杂环境中精准施策。更重要的是，智能化思维能够激发企业的创新活力，推动业务模式与服务的根本性变革，为企业开辟全新的增长空间。智能化思维的应用，不仅限于生产环节，还渗透到企业的各个层面，包括研发、销售、客服等。

1. 业务流程优化：从烦琐到高效，释放生产力

在传统企业中，业务流程往往复杂冗长，涉及多个部门之间的协作与沟通，这不仅消耗了大量的人力物力，还严重影响了企业的响应速度与运营效率。而智能化思维的引入，为业务流程的优化提供了全新的解决方案。

以制造业为例，通过引入智能机器人、自动化生产线及物联网（IoT）技术，企业可以实现生产流程的自动化与智能化，大幅减少人工干预，提高生产效率与产品质量。例如，德国的西门子公司，在其工厂中广泛应用了“数字双胞胎”技术，通过模拟真实世界的生产过程，优化生产流程，

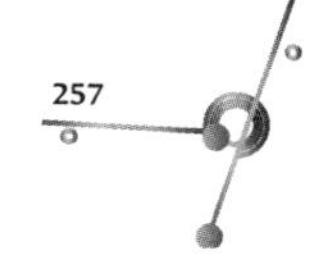

减少故障停机时间，实现了生产效率的显著提升。此外，智能化思维还能够帮助企业实现供应链的透明化管理，通过大数据分析预测市场需求，优化库存管理，降低运营成本。

2. 智能化决策与支持：从经验到数据，精准施策

在快速变化的市场环境中，企业的决策效率与准确性直接关系到其生存与发展。传统的决策方式往往依赖于管理者的经验与直觉，难以应对复杂多变的市场挑战。而智能化思维，通过引入 AI 算法与大数据分析，为企业提供了更加科学、精准的决策支持。

以医疗健康行业为例，谷歌的 DeepMind 团队与英国国家医疗服务体系（NHS）合作，利用机器学习算法对数百万份眼科扫描图像进行分析，成功研发出能够准确检测 50 多种眼科疾病的 AI 系统。这一系统不仅提高了眼科疾病的诊断效率与准确性，还为医生提供了更加个性化的治疗方案建议，极大地提升了医疗服务的质量与效率。

3. 创新业务模式与服务：从单一到多元，开拓新市场

智能化思维不仅优化了企业的内部流程与决策机制，更推动了企业业务模式与服务的根本性变革。在智能化时代，企业可以通过技术创新，打破传统行业的边界，开拓全新的市场空间。

以零售业为例，中国的盒马鲜生通过引入智能化技术，实现了线上线下的一体化运营。其智能推荐系统根据顾客的购物历史与偏好，为顾客提供个性化的商品推荐与优惠信息，提升了顾客的购物体验与忠诚度。同时，盒马鲜生还利用大数据分析，实现了库存的智能管理与补货，降低了运营成本，提高了运营效率。

综上所述，智能化思维正以其独特的优势，深刻地改变着企业的运营模式与市场竞争格局。通过优化业务流程、提供智能化决策支持及创新业务模式与服务，智能化思维为企业带来了前所未有的发展机遇。

四、跨界融合思维：打破边界，创新模式

在 AI 时代，跨界融合成为企业创新发展的重要途径。通过跨界合作，

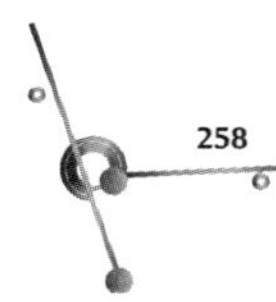

企业可以打破行业壁垒，整合不同领域的资源和技术，创造出全新的商业模式和服务体验。跨界融合思维的应用，为企业带来了前所未有的发展机遇。

1. 打破行业壁垒：拓宽视野，共创未来

在传统行业中，企业往往受限于自身的业务领域和思维模式，难以突破行业界限，实现跨越式发展。然而，在跨界融合的背景下，企业需要勇于打破这些束缚，积极寻求与其他行业的合作机会，共同创造新的商业价值。

以腾讯为例，作为一家以社交和娱乐为主业的公司，腾讯并未局限于自身的业务领域，而是积极寻求与金融、零售、医疗等多个行业的跨界合作。通过与这些行业的深度融合，腾讯不仅拓宽了自身的业务范围，还为用户提供了更加便捷、全面的服务体验。例如，腾讯与多家银行合作推出的“微粒贷”产品，就是将 AI 技术与金融行业相结合，为用户提供了智能化的信贷服务，打破了传统金融行业的壁垒。

2. 整合资源与技术：实现优势互补，提升竞争力

跨界融合的核心在于资源的共享与技术的互补。通过跨界合作，企业可以充分利用各自在不同领域的优势资源和技术积累，共同打造更加完善的解决方案和服务体系。这种合作模式不仅有助于提升企业的竞争力，还能为用户带来更加优质、高效的服务体验。

以阿里巴巴为例，作为一家以电商为主业的公司，阿里巴巴积极寻求与物流、金融、云计算等多个行业的跨界合作。通过与这些行业的深度融合，阿里巴巴成功打造了智能化的物流体系、金融服务平台和云计算解决方案，为用户提供了全方位、一体化的服务体验。同时，阿里巴巴还通过开放自身的技术平台和数据资源，与众多合作伙伴共同探索新的商业模式和服务方式，实现了资源与技术的有效整合。

3. 创新商业模式与服务：开拓新市场，引领潮流

跨界融合思维还为企业带来了商业模式和服务方式的创新。通过跨

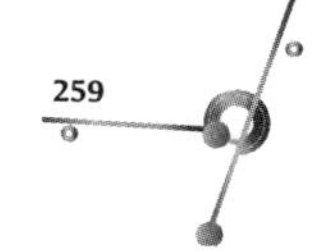

界合作，企业可以借鉴其他行业的成功经验，结合自身的技术优势，打造出全新的商业模式和服务体验。这种创新不仅有助于企业开拓新的市场空间，还能引领行业的潮流和趋势。

以美团为例，作为一家以外卖为主业的公司，美团并未局限于外卖领域，而是积极寻求与旅游、酒店、出行等多个行业的跨界合作。通过与这些行业的深度融合，美团成功打造了多元化的服务平台，为用户提供了餐饮、旅游、住宿、出行等一站式服务体验。同时，美团还利用自身的数据优势和技术实力，推出了智能化的推荐系统和个性化服务，提升了用户的使用体验和满意度。这种创新的商业模式和服务方式不仅为美团带来了巨大的商业价值，还引领了行业的潮流和趋势。

4. 跨界融合思维案例：小米生态链的构建

小米作为一家以智能手机为主业的公司，通过跨界融合思维成功构建了庞大的生态链体系。小米不仅在手机领域取得了显著的成就，还积极寻求与智能家居、智能硬件、生活消费等多个领域的跨界合作。通过与这些领域的深度融合，小米成功打造了智能化的家居生态系统和智能硬件产品矩阵，为用户提供了全方位、智能化的生活体验。小米成功打造了多元化的产品线和服务体系，满足了用户多样化的需求。同时，小米还利用自身的品牌优势和技术实力，推动了整个生态链的协同发展，实现了商业价值的最大化。

综上所述，跨界融合思维正以其独特的魅力引领着企业向更加多元化、智能化的方向发展。通过打破行业壁垒、整合资源与技术、创新商业模式与服务，跨界融合思维为企业带来了前所未有的发展机遇和增长空间。

五、持续创新思维：探索未知，引领未来

在快速变化的AI商业环境中，持续创新是企业保持竞争力的关键。企业需要不断探索新技术、新模式和新市场，以创新思维推动产品和服务

的持续升级。只有不断创新，才能在激烈的市场竞争中立于不败之地。

1. 探索新技术与应用：解锁未来的钥匙

探索新技术与应用，是持续创新思维的基石。在当前科技飞速发展的时代，每一项新技术的出现都可能颠覆现有的行业格局，为企业带来前所未有的发展机遇。以 AI 为例，这一技术正逐渐渗透到人们生活的每一个角落，从智能家居到自动驾驶，从医疗诊断到金融风控，AI 的应用场景不断拓宽，为企业创造了巨大的商业价值。

案例分析：百度 Apollo 自动驾驶

百度 Apollo 自动驾驶项目是全球领先的自动驾驶开放平台，通过不断探索和应用最新的 AI 技术，如深度学习、计算机视觉、自然语言处理等，实现了自动驾驶技术的持续突破。Apollo 不仅在国内多个城市开展了自动驾驶测试，还与国际合作伙伴共同推进全球自动驾驶商业化进程。这一案例展示了企业在探索新技术与应用方面的决心和实力，为自动驾驶行业的未来发展奠定了坚实基础。

2. 升级与优化产品与服务：满足用户需求的永恒追求

升级与优化产品与服务，是持续创新思维的另一个重要方面。在这个消费者主权时代，用户的需求和体验成了企业关注的核心。只有不断升级与优化产品与服务，才能满足用户日益增长的需求和期望，从而赢得用户的信任和忠诚。

案例分析：阿里巴巴新零售战略

阿里巴巴新零售战略通过线上线下融合、大数据驱动等方式全面升级了传统零售模式。通过引入智能推荐、人脸识别、移动支付等新技术，阿里巴巴为消费者提供了更加便捷、个性化的购物体验。同时，阿里巴巴还通过新零售战略推动传统零售业的数字化转型，帮助商家提升运营效率和盈利能力。这一案例展示了企业在升级与优化产品与服务方面的创新实践和成果。

3. 引领行业发展趋势：成为变革的先锋

引领行业发展趋势，是持续创新思维的最高境界。在这个快速变化的

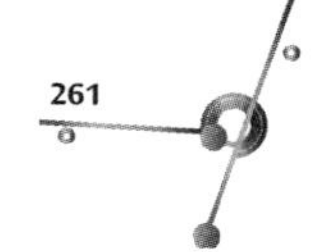

时代，只有那些能够敏锐洞察行业趋势、敢于引领变革的企业，才能成为行业的领导者和标杆。

案例分析：腾讯云 AIoT 平台

腾讯云 AIoT 平台通过整合云计算、大数据、人工智能等先进技术，为物联网行业提供了全面的解决方案和服务。腾讯云 AIoT 平台不仅推动了智能家居、智慧城市、工业制造等领域的快速发展，还引领了整个物联网行业的智能化转型和升级。通过持续的技术创新和市场拓展，腾讯云 AIoT 平台正逐步塑造未来物联网行业的竞争格局。

通过以上案例分析可以看出，持续创新思维是企业保持竞争力、实现可持续发展的关键。通过不断探索新技术与应用、升级与优化产品与服务及引领行业发展趋势，企业可以不断解锁新的发展机遇、满足用户需求、成为变革的先锋。AI 商业逻辑的五大思维——市场导向思维、数据驱动思维、智能化思维、跨界融合思维和持续创新思维在商业实践中发挥着重要作用。

第二节　人工智能的产业价值链

一、基础层：AI 的基石

基础层是人工智能产业价值链的起点，也是整个 AI 生态系统得以运转的基石。基础层是 AI 的基石，主要包括数据、算法和算力三大要素。数据是 AI 的“燃料”，算法是 AI 的“大脑”，算力则是 AI 的“肌肉”。没有这些基础，AI 便无法运作。

①数据资源：数据是 AI 的“燃料”，大量高质量的数据是训练出高效、准确 AI 模型的基础。随着大数据技术的不断发展，数据的获取、存储和处理能力得到了显著提升，为 AI 的发展提供了强有力的支持。

②计算能力：算力是支撑 AI 运算的基础设施，包括高性能计算集群、云计算平台等。AI 模型的训练和推理需要强大的计算能力作为支撑。云计算、边缘计算等技术的发展，以及 GPU、FPGA 等专用计算芯片的应用，

极大地提升了AI计算的效率和速度。

③算法模型：算法是AI技术的核心，它决定了AI模型如何学习和决策。随着机器学习、深度学习等算法的不断发展，AI模型的精度和效率不断提高，能够解决越来越复杂的问题。

④基础层的企业，如科大讯飞、阿里云、百度云等，主要提供算力和数据服务。这些企业通常偏硬件和底层技术，技术人员众多，对云计算、芯片、CPU/GPU/FPGA/ASIC等硬件技术及行业数据收集处理等底层技术和框架有深入的了解。凭借其在硬件与底层技术上的深厚积累，为AI产业提供了强大的算力与数据处理支持，是AI生态中不可或缺的基础设施提供者。

二、技术层：AI产业的中间环节

技术层是AI产业的中间环节，是连接基础层和应用层的桥梁，主要提供各种AI技术接口和解决方案。它主要包括AI平台、开发工具和中间件等。

①AI平台：AI平台提供了从数据处理、模型训练到部署应用的一站式服务，降低了AI应用的门槛。通过AI平台，开发者可以更加便捷地利用AI技术，加速产品的创新和迭代。

②开发工具：开发工具是AI应用开发的重要辅助，它包括编程语言、框架、库等，技术范畴涵盖了计算机视觉、自然语言处理、语音识别等多个关键领域，这些技术构成了AI应用的基础框架与“工具箱”。这些工具的存在，使得开发者能够更加高效地编写AI应用，提高开发效率和质量。

③中间件：中间件是连接AI应用和基础层的关键组件，它提供了数据通信、服务调用等功能，使得AI应用能够更加顺畅地运行在不同的环境和设备上。

④技术层的企业，如商汤、依图等，凭借强大的技术研发能力，为各行各业提供定制化的AI技术解决方案。通过开发和优化各种AI技术，为上层应用提供“建筑材料”。这些企业的特点是技术能力强，大部分业

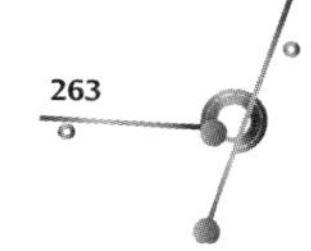

务都是 ToB 服务。AI 产品经理在这一层需要具备丰富的技术知识，了解 TensorFlow、Caffe、SciKit-learn 等机器学习框架，并能够根据业务需求进行技术选型和方案设计。

三、应用层：AI 产业的最终价值体现

应用层是 AI 产业价值链的最终环节，也是 AI 技术的价值得以体现的地方。在这一层，AI 技术被应用到各个领域，如医疗、教育、金融、零售等，形成了各种实际的产品和服务。

①行业解决方案：针对不同行业的需求，提供定制化的 AI 解决方案。例如，智能制造、智慧城市、医疗健康、金融等领域的 AI 应用，推动传统产业升级转型。

②产品与服务创新：基于 AI 技术的创新产品与服务不断涌现，如智能音箱、智能家居、自动驾驶汽车等。这些创新产品不仅提高了用户体验，也为企业带来了新的商业机会。

③市场与渠道拓展：随着 AI 技术的成熟和市场认知度的提升，企业需积极拓展市场和渠道，加强与产业链上下游企业的合作，共同推动 AI 产业的繁荣发展。

④应用层的企业，如阿里巴巴、腾讯、抖音、快手、京东等应用层巨头，凭借庞大的用户基础与深厚的市场洞察力，将 AI 技术巧妙融入产品与服务中，实现了用户体验与运营效率的双重提升。他们大多数直接面向 C 端用户。它们关注的是如何结合市场特点，利用 AI 技术创造性地设计出符合市场需求的产品。这些企业通过 AI 技术赋能传统产业，推动其数字化转型与升级，通过创新的产品与服务，提升用户体验和运营效率，实现了商业价值的最大化。

四、产业分析：人工智能市场的结构与规模

聚焦“人工智能 +”行业应用，推动新质生产力发展。

1. AI 产业化是大趋势

人工智能产业已构建起以大数据和算力为基础，大模型为核心，垂类模型为场景的新型产业链。最前沿的大模型参数量已达到万亿至十万亿量级，推动了从人脸识别、目标检测到数字人生成、AI 机器人的技术升级，显著提升了生产效率与产业竞争力。

①市场结构。人工智能市场主要由硬件、软件和服务 3 个部分组成。硬件部分包括 AI 芯片、传感器等；软件部分包括 AI 平台、开发工具等；服务部分包括 AI 咨询、培训、运维等。随着 AI 技术的不断成熟和应用场景的不断丰富，软件和服务部分的占比将逐渐提升。

②市场规模。2023 年，我国生成式人工智能的企业采用率已达 15%，市场规模约为 14.4 万亿元，已经体现出了新质生产力的蓬勃生机。专家预测，2035 年生成式人工智能有望为全球贡献近 90 万亿元的经济价值，其中我国将突破 30 万亿元。目前，在我国已经建成的 2500 多个数字化车间和智能工厂中，经过 AI 改造的工厂研发周期缩短了约 20.7%、生产效率提升了约 34.8%，在人工智能的"加持"下，开辟出传统生产力向新质生产力涅槃重生的新路径。

③区域分布。从区域分布来看，全球人工智能市场呈现出多极化的发展格局。北美、欧洲和亚洲是全球 AI 市场的主要区域，其中亚洲市场尤其是中国市场的发展速度尤为迅猛。随着 AI 技术的不断普及和应用场景的不断拓展，未来将有更多的国家和地区加入 AI 市场的竞争中来。2023 年，我国 AI 核心产业规模已达 5784 亿元，其中上海的 AI 企业数量及产值均位居前列。随着 AI 关键核心技术的不断突破，尤其是通用大模型、垂类大模型、算力芯片等领域的创新，大模型的闭环迭代正在加速，为 AI 产业化提供了新的动能。

2. 产业 AI 化是主战场

尽管在 AI 核心能力上，我国尚处于跟随阶段，但 AI 技术赋能各行各业的优势在于我国拥有全球最齐全、最完整的工业体系。政府工作报告曾

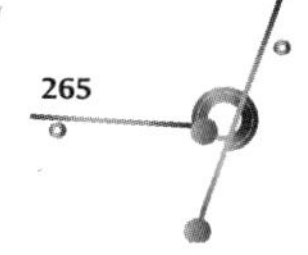

明确提出要深化 AI 研发应用，开展“人工智能 +”行动，打造国际竞争力的数字产业集群。

当前，传统产业正从数字化向 AI 化过渡，AI 在农业、工业、交通、医疗、教育等领域快速应用，涌现出各类行业大模型和 AI 机器人，促进了 AI 与实体经济的深度融合。AI 改造的工厂在研发周期和生产效率上均实现了显著提升，正在加速形成新质生产力。然而，产业 AI 化也面临成本问题，需要政府构建 AI 基础设施体系，加速部署 AI 大模型算法算力基础设施，支撑各类大模型在更多行业场景的应用。

3. AI 新产业是新方向

与互联网、区块链和大数据技术不同，AI 技术具有生成式特征，随着应用时间的积累和数据的不断扩充，AI 将日趋智能。基于生成式人工智能的经济新形态，除了 AI 产业化、产业 AI 化外，还将涌现出一批 AI 新产业。这些新产业是由 AI 技术所产生的全新产业，如 AI 制造、AI 教育、AI 金融等，它们将装备具身智能机器人，实现智能预测决策。

为迎接 AI 发展带来的治理挑战，AI 治理领域也将产生大量新产业，以促进人机和谐友好并遵循人类共同价值观为原则，创造有利于 AI 技术研发和应用的市场环境、决策机制和治理规则。

综上所述，聚焦“人工智能 +”行业应用，推动新质生产力发展，需要在 AI 产业化、产业 AI 化及 AI 新产业 3 个方向上持续发力，以点带面赋能千行百业，形成可复制、可推广的模式，为数字经济发展注入新动力。

第三节　国产大模型的商业落地三重奏：共舞 AI 新篇章

国产大模型是由国内企业或机构开发的大规模预训练模型，相对于国外大模型如 ChatGPT、Google PaLM2 等而言，具有显著优势。这些优势包括数据资源优势、行业应用深度、政策与产业支持及技术创新与迭代速度。特别是国产大模型能够更好地适应中文语境和中国文化，理解中文语

言的复杂性和多样性，因此在中文自然语言处理领域具有强大的竞争力和广阔的市场前景。随着 OpenAI 公司的 ChatGPT 引发全球人工智能新浪潮，国内也涌现出百度文心一言、科大讯飞星火、华为盘古、腾讯混元、阿里通义千问、360 脑智、百川智能等近 300 多家大模型，形成了“百模大战”的局面。

一、通用大模型：AI 世界的“全能选手”

通用大模型是指设计用来处理多种任务和数据类型的大型人工智能模型。这些模型通常在大量文本、图像、声音等多模态数据上进行训练，以便能够理解和生成多种格式的内容。这些模型通常由深度神经网络构建而成，拥有数十亿甚至数千亿个参数，通过训练海量数据来学习复杂的模式和特征，从而具备更强大的泛化能力和预测性能。它能够在不同的任务和领域间自由穿梭，用其智慧解决各种复杂问题。在自然语言处理、图像识别、语音识别等多个领域，通用大模型都展现出了惊人的潜力和无限的可能。

1. 定义与特征

通用大模型，如同一位站在 AI 巅峰的“全能选手”，它不以特定领域为限，而是旨在跨越多个任务和应用，展现出无与伦比的广泛性和适应性。这些模型如同深邃的海洋，容纳了海量的多领域数据集，通过深度学习架构的赋能，它们能够捕捉到复杂数据中的微妙模式，如同一位博学多才的学者，不断吸收、理解着来自四面八方的知识，从而具备强大的泛化能力。

2. 应用场景

通用大模型的应用场景如同星辰大海，无边无际。在自然语言处理领域，通用大模型如同“语言大师”，能够理解和生成高质量的文本，执行问答、翻译、文本生成、对话交互等多种任务，成为搜索引擎优化、内容生成、智能客服等领域的得力助手。在计算机视觉方面，通用大模型同样表现出色，如同“画师”，能够识别图像内容、进行图像生成与编辑，为

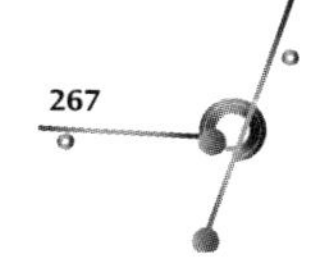

艺术创作、视觉问答等场景带来创新解决方案。此外，在智能推荐、语音交互等领域，通用大模型也发挥着重要作用，不断推动着 AI 技术的边界。通用大模型在各种领域都有广泛的应用，如智能客服、内容审核、在线教育、社交媒体分析、电子商务、智能家居控制等。

3. 优势分析

通用大模型的优势在于其广泛适用性和强大的泛化能力。如同一位多才多艺的表演者，能够在多种任务中表现出色，降低了开发成本和维护成本。同时，通用大模型具备灵活的架构和可扩展性，可以方便地进行微调以适应不同的任务需求。这种适应性使得通用大模型成为 AI 领域的重要基础工具，推动着技术的不断创新和进步。

然而，通用大模型并非完美无缺。其在特定领域的专业性上可能稍逊一筹，无法像行业垂直大模型那样深入洞察领域内的细微差别。但正是这种"广而不精"的特点，赋予了通用大模型无限的可能性和广泛的应用前景。

4. 通用大模型案例分析

想象一下，你正在撰写一篇关于未来科技的论文，遇到了灵感枯竭的困境。这时，ChatGPT 就像一位随时待命的导师，为你提供丰富的素材、独特的观点和深入的分析。它不仅能够帮助你完成论文的撰写，还能在对话中激发你的创造力，让你的思路豁然开朗。如同你正站在一个充满未知问题与挑战的迷宫入口，而通用大模型就是那把能打开所有门的"万能钥匙"。无论是需要理解复杂的文本信息，还是识别迷宫中的图像线索，或是听懂迷宫守护者的语音提示，通用大模型都能轻松应对。

案例：ChatGPT——对话的艺术

提到通用大模型，不得不提的就是 ChatGPT。这个由 OpenAI 开发的聊天机器人，以其流畅的对话能力、准确的信息检索和丰富的创造力，在全球范围内引发了巨大的轰动。ChatGPT 不仅能够回答各种知识性问题，还能进行多轮对话、生成文本、编写代码，甚至参与到创意写作中。这种

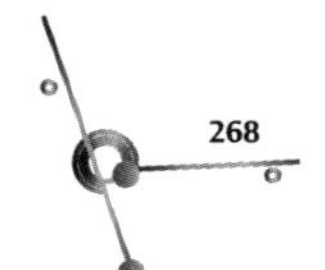

广泛的适用性和强大的泛化能力，使得通用大模型成为AI领域中的“多面手”。

5. 国内知名大模型

①华为盘古大模型。华为盘古大模型是一款基于深度学习技术的大型预训练模型，具备强大的自然语言处理能力。该模型通过海量数据训练，积累了丰富的语言知识，能够高效、准确地应对各种自然语言任务。其特点包括中英文理解能力强、多轮对话自然流畅、常识推理准确等。盘古大模型致力于金融、政务、制造、矿山、气象、铁路等领域，将行业知识与大模型能力结合，提供行业专属解决方案。

②百度文心一言大模型。百度文心一言是百度基于其强大的“文心”大模型技术推出的生成式AI产品。它具备跨模态、跨语言的深度语义理解与生成能力，能够与人对话互动，回答问题，协助创作等。其功能包括文本生成、对话交互、语言理解、知识问答、内容创作辅助等。助力金融、能源、媒体、政务等千行百业的智能化变革，提供定制化解决方案。

③阿里通义千问大模型。阿里通义千问大模型在文本理解、知识推理、文本生成等方面具有显著优势，能够高效处理复杂问题，提供精准答案。通义千问大模型已广泛应用于电商、金融、教育等多个行业，为企业和个人提供高效、便捷的AI服务。

④科大讯飞星火大模型。科大讯飞星火大模型在语音识别、语音合成、自然语言处理等方面表现出色，能够实现高效的语音交互和文本处理。它还支持多模态输入，如图像、视频等，为用户提供更加丰富的交互方式。星火大模型已广泛应用于智能客服、智能家居、智能医疗等多个场景，为用户带来更加智能、便捷的生活体验。

⑤腾讯混元大模型。腾讯混元大模型是腾讯推出的一款综合性人工智能大模型，涵盖了自然语言处理、计算机视觉、语音识别等多个领域。它采用先进的算法和架构，能够高效地处理大规模数据，为企业和个人提供精准的AI服务。混元大模型的应用场景丰富，包括智能推荐、智能客服、

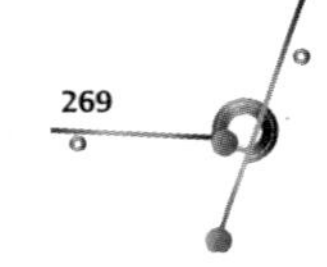

智能语音助手等。混元大模型已广泛应用于社交、游戏、金融等多个行业，助力企业实现智能化转型和升级。

⑥字节跳动豆包大模型。字节跳动豆包大模型是字节跳动公司研发的一款多模态人工智能大模型，旨在为用户提供更加自然、流畅的交互体验。豆包大模型在多模态交互、个性化推荐等方面具有独特优势，能够根据用户的兴趣和行为，提供精准的推荐和服务。它还支持多语言处理，满足不同国家和地区用户的需求。它具备聊天机器人、写作助手、英语学习助手等核心能力，豆包大模型已广泛应用于短视频、新闻资讯、电商等多个场景，为用户带来更加个性化、智能化的体验。

⑦智谱 AI 大模型。智谱 AI 大模型是由智谱 AI 公司研发的一款综合性人工智能大模型。智谱 AI 大模型在自然语言处理、计算机视觉等领域具有深厚的积累，能够为企业提供高效、精准的 AI 服务。它还支持自定义模型训练和推理，满足企业不同场景的需求。智谱 AI 大模型已广泛应用于金融、医疗、教育等多个行业，助力企业实现智能化升级和转型。

⑧商汤商量大模型。商汤商量大模型是商汤科技推出的一款专注于自然语言处理领域的人工智能大模型。商汤商量大模型 SenseChat 是多模态对话交互平台，利用视觉、语言等技术提供沉浸式人机交互体验。在对话理解、文本生成、知识问答等方面表现出色，能够为企业提供高效的对话交互和问题解决能力。商量大模型已广泛应用于智能客服、智能教育、智能医疗等多个场景，为企业带来更加智能、高效的服务。

⑨百川智能大模型。百川智能大模型是百川智能公司研发的一款综合性人工智能大模型。百川智能大模型涵盖了自然语言处理、计算机视觉、语音识别等多个领域，能够为企业提供全方位的 AI 服务。它还支持跨平台部署和定制化开发，满足企业不同场景和需求。百川智能大模型已广泛应用于金融、电商、教育等多个行业，助力企业实现智能化转型和升级。

⑩ 360 智脑大模型。360 智脑大模型是 360 公司推出的一款人工智能语言模型，它基于 360 自研的认知型通用大模型“360 智脑”。在文本理解、

知识问答、文本生成等方面具有显著优势，它采用先进的深度学习技术和算法，能够为用户提供高质量的回复和解决方案。它还支持多语言处理和跨平台部署，满足不同用户和场景的需求。360 智脑大模型已广泛应用于搜索引擎、智能客服、智能家居等多个场景，为用户和企业提供精准的 AI 服务。

二、行业垂直大模型：深耕细作的〝领域专家〞

在行业垂直大模型的世界里，每一位都是特定领域的“专家”。它们在自己的领域内深耕细作，掌握了丰富的专业知识和实践经验。当遇到该领域的问题时，它们能够迅速给出专业、准确的解答。

1. 定义与特征

与通用大模型不同，行业垂直大模型更像是AI世界中的“领域专家”。它们专注于特定行业或领域，通过深入学习该领域内的专业知识和数据，展现出高度的专业性和精准性。这些模型如同“灯塔”，为该领域提供着明亮而精准的指导。它们基于领域内的高质量数据集进行训练，以确保在特定场景下的出色表现。

2. 应用场景

行业垂直大模型的应用场景丰富多样，几乎涵盖了所有需要高精度和专业性解决方案的领域。在医疗领域，如同医生的得力助手，能够辅助医生进行疾病诊断、药物研发甚至预测疾病进展；在金融领域，则如同风险分析师，用于风险评估、信用评分、投资策略分析等关键任务；在教育领域，行业垂直大模型则如同个性化教学导师，致力于个性化教学内容的生成和评估，提升教学质量和学习效果。此外，在法律、制造、农业等众多领域，行业垂直大模型也发挥着不可替代的作用。

3. 优势分析

行业垂直大模型的优势在于其专业性和针对性。由于专注于特定领域，行业垂直大模型能够更深入地理解该领域内的知识和规律，从而提供更加精准和专业的解决方案。这种专业性不仅提高了模型在特定场景下的

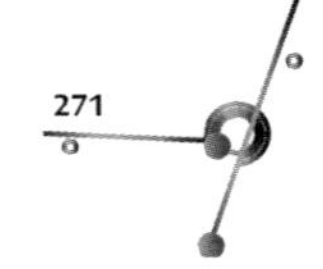

表现精度，还降低了误判和偏差的风险。此外，行业垂直大模型通常具有更简单的架构和更少的参数，使得训练和推理过程更加高效。

然而，行业垂直大模型也面临着一些挑战。首先，数据获取和标注难度较大，尤其是在一些新兴或小众领域。其次，模型更新和维护成本较高，需要持续投入资源以保持其竞争力。尽管如此，行业垂直大模型仍以其卓越的专业性和精准性赢得了市场的广泛认可和应用。

4. 行业大模型案例分析

与通用大模型不同，行业垂直大模型更像是某个领域的深耕者。其专注于某一特定行业或领域，通过深入学习和理解该领域的知识和数据，为该领域内的用户提供更加精准、专业的服务。在金融、医疗、教育等行业，行业垂直大模型正发挥着越来越重要的作用。

在医疗领域，百度推出的灵医大模型成了行业内的佼佼者。这款医疗AI 大模型，通过深度学习医疗领域的专业知识和海量病历数据，具备了辅助医生进行疾病诊断、治疗方案推荐等能力。它不仅能够提高医疗服务的精准性和效率，还能在一定程度上缓解医疗资源紧张的问题。

在矿山领域，华为与云鼎科技联合推出的盘古矿山大模型同样令人瞩目。这款 AI 大模型针对矿山行业的特殊需求进行了深度定制和优化，能够实现对矿山生产过程的全面监控和智能调度。它不仅能够提高矿山生产的效率和安全性，还能降低生产成本和环境污染。

5. 国内知名行业大模型

针对特定行业或领域进行深度优化的大模型，不仅提高了行业的智能化水平，还为企业带来了前所未有的发展机遇。行业垂直大模型，涵盖旅游、金融、医疗、法律、教育、交通、能源、零售、智能制造和媒体娱乐等不同领域，笔者在此列举国内知名的行业大模型，并详细阐述它们的功能、特点及具体应用场景。

（1）旅游大模型：携程问道旅游行业的智能导航

①功能特点：携程问道是国内首个旅游行业的垂直大模型，由携程集

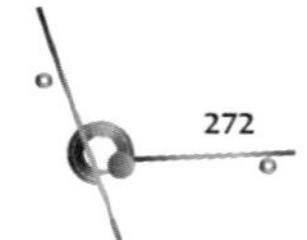

团自主研发。该模型基于 200 亿高质量非结构性旅游数据，结合携程的实时结构性数据、历史训练机器人和搜索算法，为用户提供个性化的旅游推荐服务。携程问道不仅能够根据用户的兴趣和需求推荐适合的旅游路线和景点，还能直接对接携程的预订系统，实现机票、酒店等一站式预订服务。

②应用场景：用户只需简单输入旅游需求，如“带孩子出国玩有什么推荐？”或“有什么适合家庭游的景点？”，携程问道就能迅速生成并推荐个性化的旅游方案，包括行程规划、景点介绍、餐饮住宿等全方位信息，极大地提升了用户的旅游体验。

（2）办公大模型：金山 WPS 办公大模型

①功能及特点：金山 WPS 办公大模型是一款集文案营销设计、演示内容自动生成、文字润色、要点概括、大纲生成、文档内容问答、文学创作等功能于一体的办公协同大模型。这一大模型的特点在于能够显著提升办公效率和质量，满足用户多样化的办公需求。

②应用场景：在文案营销领域，WPS 办公大模型可以为用户提供个性化的营销方案和设计建议；在演示内容制作方面，大模型可以自动生成高质量的演示文稿；在文档编辑方面，大模型可以为用户提供文字润色和要点概括等辅助功能；在文学创作方面，大模型可以辅助用户进行创作和构思。

（3）金融大模型：盘古金融领域的智能决策支持系统

①功能特点：盘古金融大模型是华为推出的针对金融行业的垂直大模型，具备强大的数据处理和模型训练能力。该模型能够对银行的各种操作、政策、案例文档进行预训练，自动生成流程和操作指导，显著降低柜台工作人员的操作难度和时间成本。

②应用场景：在银行业务处理过程中，盘古金融大模型能够根据客户的需求和问题，自动生成操作流程和指导建议，帮助柜员快速准确地完成业务办理，提高服务效率和质量。

（4）医疗大模型：医渡科技医疗垂域大模型

①功能及特点：医渡科技医疗垂域大模型是国内首个面向医疗垂直领

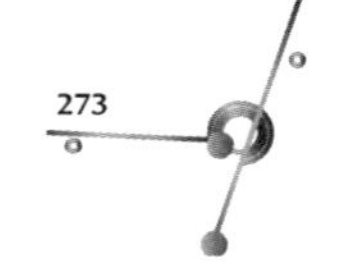

域多场景的专业大语言模型。它依托医渡科技自主研发的 YiduCore 数据智能基础设施，对获得授权的大规模多源异构医疗数据进行深度处理和分析，为医疗行业提供智能化解决方案。这一大模型的特点在于能够覆盖医疗行业的多个场景，如疾病诊断、药物研发、健康管理等，为医疗行业带来全方位的智能化升级。

②应用场景：在疾病诊断领域，医渡科技医疗垂域大模型可以辅助医生进行病情分析和诊断决策；在药物研发领域，大模型可以加速药物筛选和研发过程；在健康管理领域，大模型可以为用户提供个性化的健康管理建议和服务。

（5）教育大模型：科大讯飞智能教育大模型

①功能及特点：智能教育大模型通过深度学习技术，对海量的教育资源进行整合和分析，为学生提供个性化的学习路径推荐和辅导服务。这一大模型的特点在于能够根据学生的学习情况和兴趣偏好，制订符合其个性化需求的学习计划，并通过智能分析技术不断优化学习效果。

②应用场景：在学校教育中，智能教育大模型可以辅助教师进行课程设计和学生管理；在课外辅导领域，大模型可以为学生提供个性化的学习辅导和答疑服务；在终身学习领域，大模型可以为用户提供持续的学习资源和支持。

（6）音乐大模型：昆仑万维 AI 音乐大模型

①功能及特点：昆仑万维 AI 音乐大模型是一款专注于音乐创作的垂直大模型。它利用深度学习技术对音乐元素进行深度挖掘和分析，为音乐人及音乐爱好者提供多元且独特的音乐作品创作支持。这一大模型的特点在于能够激发音乐创作灵感、提升音乐作品质量并降低创作门槛。

②应用场景：在音乐创作领域，昆仑万维 AI 音乐大模型可以为用户提供旋律生成、和声编排、歌词创作等全方位的支持；在音乐教学领域，大模型可以为学生提供个性化的音乐学习资源和辅导服务；在音乐产业领

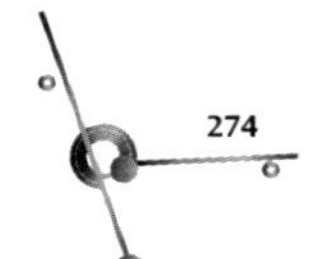

域，大模型可以助力音乐制作人和唱片公司进行音乐作品的筛选和推广。

（7）商业分析大模型：智谱华章智谱清言

①特点与功能：智谱华章智谱清言是一款融合海量知识的 AI 大模型，可用于商业分析、决策辅助、客户服务等领域，其核心能力包括通用对话、多轮对话、虚拟对话、创意写作、代码生成等。

②具体案例场景：在金融领域，智谱清言可以作为智能投顾助手，为客户提供个性化的投资建议。它可以根据客户的投资偏好和风险承受能力分析市场数据并给出投资建议。同时，它还能与客户进行多轮对话交流，不断优化投资建议以满足客户需求。

（8）智能客服大模型：容联云赤兔大模型

①特点与功能：容联云赤兔大模型是面向企业应用的垂直行业多层次大语言模型。它能够赋能企业搭建专属智能客服和数智化营销系统，实现从“降本增效”到“价值创造”的进化。其核心能力包括智能性、可控性和投产比等。

②具体案例场景：在零售行业，赤兔大模型可以帮助商家构建智能客服系统。当消费者咨询商品信息或售后服务时，智能客服能够迅速响应并提供准确解答。同时，它还能根据消费者的购买历史和浏览行为推荐相关商品或优惠活动，提升销售转化率。

（9）商业查询大模型：天眼妹商业查询的智能助手

①功能特点：天眼妹是由天眼查与华为云共同推出的商查行业垂直大模型，旨在为企业提供精准、高效的商业信息查询服务。该模型利用预训练语言模型中的自然语言理解能力和思维链推理能力，结合天眼查的中控技术，精准识别用户真实意图，并返回商业知识库中的商查数据和商查知识结果。

②应用场景：企业在进行市场调研、合作伙伴筛选、风险评估等场景时，可以通过天眼妹快速获取目标公司的详细信息，包括工商信息、法律诉讼、经营状况等，为企业决策提供有力支持。

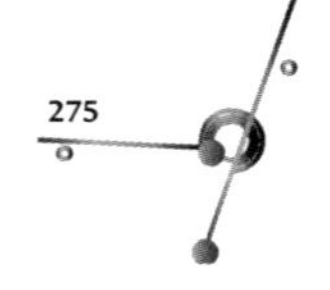

三、私有化大模型：企业内部专属的“AI 伙伴”

私有化大模型是未来企业的主要方向，就像是企业的专属“AI 伙伴”。私有化大模型与企业紧密相连，深入了解企业的需求和痛点，用公有数据与私有数据融合。通过定制化的开发和优化，能够为企业提供更加贴合实际业务需求的解决方案。私有化定制大模型能够深入理解企业的业务流程和数据特点，为企业提供更加个性化、精准的服务。在金融、制造、零售等行业，私有化定制大模型正逐渐成为企业数字化转型的重要推手。

1. 定义与特征

私有化大模型是企业根据自身业务需求定制开发的模型，它们部署在企业自己的服务器或私有云上，如同企业内部的“智慧大脑”。这些模型不仅承载着企业的核心数据和业务逻辑，还具备高度的数据安全性和隐私保护能力。通过私有化部署，企业可以如同掌控自己命运的舵手，更加灵活地控制模型的使用和更新过程，确保业务的稳定性和安全性。

2. 应用场景

私有化大模型的应用场景主要集中在企业内部的关键业务领域。在金融领域，如同企业的守护者，可以用于风险评估、欺诈检测等高风险任务；在制造领域，则可能如同生产指挥家，用于智能调度、质量控制等生产流程优化任务；在零售领域，私有化大模型则可能如同精明的商人，用于个性化推荐、库存管理等客户关系管理任务。无论在哪个领域，私有化大模型都致力于为企业提供更加精准、高效和安全的智能解决方案。

3. 优势分析

私有化大模型的优势在于其数据安全性和隐私保护能力。通过将模型和数据部署在企业内部环境中，私有化大模型如同坚固的堡垒，有效降低了数据泄露和安全风险。同时，私有化部署还允许企业如同定制服装一样，根据自身业务需求进行定制化开发和部署，提高模型的灵活性和适应性。此

外，在硬件和网络设施的优化方面，私有化大模型也能够如同赛车手一样，满足高性能计算和低延迟的需求，提升模型的推理速度和响应时间。

然而，私有化大模型的开发和维护成本相对较高。企业需要如同投资者一样，投入大量资源来构建和维护自己的大模型平台，包括硬件设备、软件工具和专业团队等。此外，随着业务的发展和技术的进步，私有化大模型还需要如同升级装备一样，不断升级和优化以适应新的需求和挑战。尽管如此，私有化大模型仍以其独特的优势在企业内部发挥着不可替代的作用。

4. 私有化大模型案例分析

在金融领域，一些企业选择开发私有化定制大模型来进行风险控制和欺诈检测。这些大模型通过学习企业的交易数据和业务流程，能够准确识别潜在的风险事件和欺诈行为，并及时发出警报。私有化大模型的出现，极大地提高了企业的风险防控能力和业务安全性。例如，一名不法分子试图通过伪造身份和虚假交易来骗取银行资金。然而，在风控大模型的严密监控下，他的每一个动作都被尽收眼底。一旦他的行为触发了预警规则，风控大模型就会立即向银行发出警报，让银行有足够的时间来采取应对措施并阻止欺诈行为的发生。

案例一：某银行的风控大模型——金融的安全卫士

在金融领域，某银行为了提升风险防控能力，定制开发了一款风控大模型。这款大模型通过对银行交易数据的深度学习和分析，能够自动识别潜在的欺诈行为和风险事件，并及时向银行发出预警信号。它的出现，极大地提高了银行的风险防控效率和准确性，保障了客户的资金安全。

案例二：某制造企业的智能调度大模型——生产的指挥官

在制造领域，某企业为了优化生产流程和提高生产效率，定制开发了一款智能调度大模型。这款大模型通过对生产数据的实时分析和处理，能够自动调整生产计划、优化资源分配并实时监控生产进度。它的出现，让

企业的生产调度变得更加智能、高效和灵活。

通用大模型提供了广泛的基础能力和泛化能力，为 AI 应用提供了坚实的基础。行业垂直大模型则在特定领域内深耕细作，为行业用户提供了更加专业、精准的服务。而私有化大模型则根据企业的特定需求进行定制开发，实现了 AI 与业务的深度融合。这三者在 AI 领域中各自扮演着重要的角色。它们相互补充、相互促进，共同推动着 AI 技术的不断创新和应用拓展。

第四节　AI 商业模式的四大核心价值

AI 商业模式，简而言之，就是基于人工智能技术构建和优化的商业运营方式。它涵盖了从产品设计、生产、营销到服务的全过程，旨在通过 AI 技术的引入，提升企业的运营效率、降低成本、增强用户体验，并创造新的商业价值。AI 商业模式的核心在于利用 AI 技术的智能化、自动化和数据分析能力，为企业带来前所未有的竞争优势。

一、优化运营流程：智能驱动，效率倍增

1. 自动化与智能化并进

AI 技术通过自动化处理重复性高、劳动密集型的任务，如数据录入、客服响应等，显著提高了工作效率。同时，AI 还能根据业务场景进行智能决策，如动态调整库存、优化物流路径等，确保资源的最优配置。

2. 实时监控与预警

借助 AI，企业能够实时监控运营过程中的关键环节，如设备状态、市场趋势等，一旦发现异常，立即触发预警机制，及时采取措施，有效避免潜在风险。

3. 案例分析：京东智能物流

京东利用 AI 技术构建了智能物流体系，通过大数据分析预测订单量，智能调度仓储和配送资源，实现了库存的精准管理和物流路径的优化。此

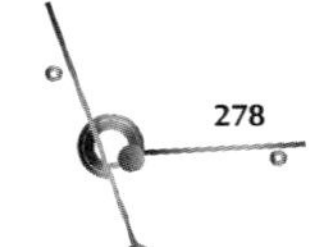

外，京东还引入了无人仓、无人机等智能化设备，进一步提升了物流效率，降低了运营成本。

二、产品升级创新：智能赋能，引领潮流

1. 个性化定制

AI 能够根据用户的偏好和需求，提供个性化的产品和服务，满足市场的多元化需求。通过机器学习算法，AI 能够分析用户行为，预测用户喜好，从而为企业打造更具吸引力的产品。

2. 智能融合创新

AI 与其他技术的融合，如物联网、区块链等，为产品创新提供了无限可能。这种跨界的融合创新，不仅提升了产品的性能，还为用户带来了全新的体验。

3. 案例分析：百度文库

百度文库是国内早期接入生成式 AI 能力，并将其应用到全流程内容创作的 AI 产品。通过“研究报告生成”“智能思维导图”“多文档合并”等功能，实现了内容创作的智能化和高效化。这些功能不仅提高了内容创作的效率，还确保了内容的质量和准确性。百度文库已逐步演进为“一站式 AI 内容获取和创作平台”，累计 AI 用户数已超 1.4 亿，累计 AI 新功能使用次数超 15 亿。

三、提质降本增效：智能优化，精益管理

1. 质量提升

AI 在质量检测、故障诊断等方面的应用，极大地提高了产品的质量和可靠性。通过 AI 算法，企业能够实现对生产过程的精细化管理，及时发现并解决潜在问题，确保产品质量的稳定提升。

2. 成本降低

AI 通过优化生产流程、提高资源利用率等方式，有效降低了企业的运

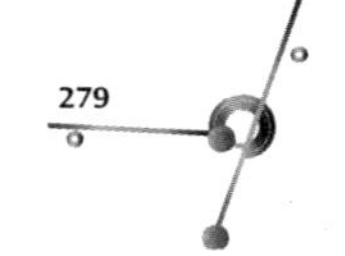

营成本。同时，AI 还能帮助企业进行精准营销，降低获客成本，提高市场竞争力。

3. 效率提升

AI 技术能够加速产品的研发和迭代速度，缩短产品上市周期，从而提高企业的市场响应能力和盈利能力。

4. 案例分析：快手 AI 营销

快手 AI 营销，通过 AI 脚本生成、智能高光切片和全模态检索大模型，帮助客户实现 AI 自动生成营销视频。这一模式显著提升了营销转化率，降低了获客成本，并推动了全站智能投放下优质商家的 GMV 增长。营销转化率提升 33%，AIGC 视频客户渗透率达 24%，获客成本降低 62%。

四、提升用户体验：智能互动，贴心服务

1. 智能客服

AI 客服能够 24 小时不间断地为用户提供服务，及时响应用户需求，解决用户问题。通过自然语言处理和机器学习算法，AI 客服能够准确理解用户意图，提供个性化的解决方案，提升用户满意度。

2. 智能推荐

AI 能够根据用户的浏览历史、购买记录等信息，为用户推荐相关的产品和服务。这种个性化的推荐不仅提高了用户的购买意愿，还增强了用户对品牌的忠诚度。

3. 智能场景应用

AI 技术还能够融入各种场景应用，如智能家居、智能出行等，为用户提供更加便捷、舒适的生活体验。通过 AI 技术的加持，这些场景应用变得更加智能化、人性化，满足了用户对高品质生活的追求。

4. 案例分析：亚马逊智能购物助手 Alexa

亚马逊推出的智能购物助手 Alexa，通过 AI 技术实现了与用户的智能互动。用户可以通过语音指令与 Alexa 进行交互，查询产品信息、下单购

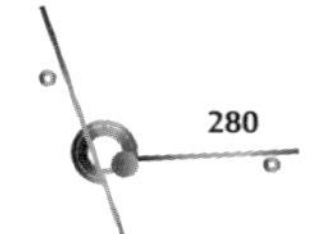

物、查询物流状态等。Alexa 还能根据用户的购物习惯和偏好，为用户推荐相关的产品和优惠信息。这种智能化的购物体验不仅提高了用户的购物效率，还增强了用户对亚马逊品牌的忠诚度。

第五节　人工智能 + 商业应用

“人工智能 +”这一概念代表了一种新的范式，它强调的是人工智能技术的跨界融合与深度应用。它不仅仅局限于技术层面的结合，更涉及商业模式、服务方式、产品形态等多方面的变革。通过人工智能技术与其他领域的有机结合，可以催生出全新的应用场景和服务模式，为社会、经济和科技带来新的发展动力，以创造更多创新和价值。

一、人工智能 + 云计算：打造智能服务新基石

1. 云计算为 AI 提供强大算力

云计算是指通过互联网提供各种计算资源和服务的技术，能让用户随时随地访问和使用数据与应用。云计算为人工智能的发展提供了可靠的基础设施，使人工智能可以处理大量复杂的数据，运行复杂的算法，实现高效的分布式计算。云计算以其弹性可扩展、按需付费的特点，为 AI 提供了强大的算力支持。阿里云、腾讯云等云服务商，通过构建大规模的云计算中心，集成了高性能的 GPU、FPGA 等加速硬件，为 AI 模型的训练和推理提供了坚实的基础。这些云计算平台不仅降低了 AI 应用的开发成本，还加速了 AI 技术的普及和应用。

2. AI 优化云计算服务

未来人工智能将更加依赖云计算平台，并不断提高性能，降低成本，提升可扩展性，加强安全性。同时，AI 也在不断优化云计算服务。通过机器学习算法，云计算平台能够自动调整资源配置，提高资源利用率，降低能耗。此外，AI 还能够实现智能故障预测和自动修复，提高云计算服务的稳定性和可靠性。这种双向融合，使得人工智能与云计算在商业应用中发

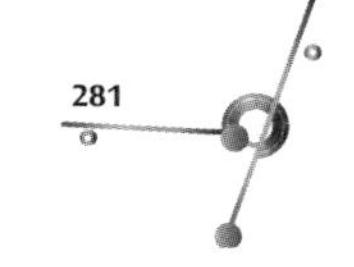

挥出更大的价值。

3. 案例分析：阿里云 ET 城市大脑

阿里云 ET 城市大脑是一个典型的 AI 与云计算深度融合的案例。它利用云计算的强大算力，对海量城市数据进行实时处理和分析，通过 AI 算法优化城市交通、能源、公共安全等领域的管理。这种融合不仅提高了城市管理的效率和智能化水平，还为城市居民带来了更加便捷、安全的生活体验。

二、人工智能 + 物联网：构建智能生态新网络

1. 物联网为 AI 提供丰富数据

物联网通过传感器、RFID 等技术，将物理世界与数字世界紧密相连，实现信息交换和通信的技术，为 AI 提供了丰富的数据来源。这些数据涵盖了设备状态、环境参数、用户行为等多个方面，为 AI 模型的训练和优化提供了宝贵的资源。例如，通过人工智能可以实现对家庭、办公室等场景中的温度、湿度、光照、空气质量等参数的自动调节，或者实现对交通、物流、制造等领域中的车辆、货物、设备等状态的实时监测和预测。

2. AI 提升物联网应用价值

AI 与物联网的结合，使得物联网设备不仅能够采集数据，还能够对数据进行智能处理和分析。通过机器学习算法，物联网设备能够自动识别异常状态、预测维护需求、优化运行策略等，从而提高物联网应用的价值和效率。例如，通过语音、图像、手势等方式与物联网设备进行自然交互，或者通过个性化、推荐、学习等方式提升物联网服务的质量和满意度。

3. 案例分析：智能家居系统

智能家居系统是一个典型的 AI 与物联网结合的案例。通过智能音箱、智能灯光、智能门锁等设备，智能家居系统能够实时采集家庭环境数据和用户行为数据。利用 AI 算法，这些数据被转化为智能化的控制指令，实

现家居设备的自动调节和优化。这种结合不仅提高了家居生活的便捷性和舒适性，还为用户节省了能源和成本。

三、人工智能 + 大数据：驱动智能决策新引擎

1. 大数据为 AI 提供训练材料

大数据是 AI 发展的基石之一。通过大数据分析和挖掘技术，可以从海量数据中提取出有价值的信息和模式，为 AI 模型的训练和优化提供丰富的材料。这些数据和模式不仅能够帮助 AI 更好地理解世界，还能够提高 AI 的预测和决策能力。

2. AI 提升大数据处理效率

同时，AI 也在不断提升大数据处理的效率。通过机器学习算法和并行计算技术，AI 能够加速大数据的清洗、整合、分析等过程，提高大数据处理的准确性和时效性。这种融合使得大数据和 AI 在商业应用中发挥出更大的协同效应。

3. 案例分析：金融风控系统

金融风控系统是一个典型的 AI 与大数据结合的案例。通过收集和分析用户的交易数据、信用记录、社交网络信息等大数据资源，金融风控系统能够利用 AI 算法识别潜在的欺诈风险和信用风险。这种结合不仅提高了金融服务的安全性和稳定性，还为金融机构带来了更高的收益和更低的损失。

四、人工智能 + 生物科技：探索生命科学新边疆

1. AI 在生物科技中的应用

AI 与生物科技的结合正在推动医学研究的革新。通过机器学习算法和深度学习模型，AI 能够分析海量的基因序列数据、蛋白质结构数据等生物信息学数据，揭示出疾病的发病机制和治疗方法。此外，AI 还能够辅助医生进行疾病诊断和治疗方案的制定，提高医疗服务的准确性和效率。

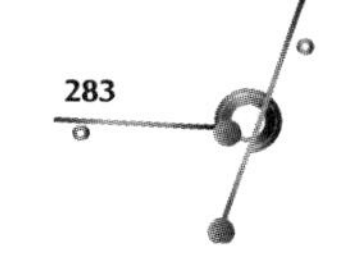

2. 生物科技为 AI 提供新灵感

同时，生物科技也在为 AI 提供新的灵感和思路。通过模仿生物体的结构和功能，研究人员正在开发出更加智能、高效的 AI 算法和模型。这种交叉融合使得 AI 和生物科技在商业应用中展现出更大的潜力和前景。

3. 案例分析：基因测序与疾病预测

基因测序与疾病预测是一个典型的 AI 与生物科技结合的案例。通过 AI 算法对基因序列数据进行分析和挖掘，可以揭示出与疾病相关的基因变异和遗传风险。这种结合不仅为疾病的早期预防和治疗提供了有力的支持，还为个性化医疗和精准医疗的发展奠定了基础。

五、人工智能 + 社会科学：促进社会治理新智慧

1. AI 在社会科学研究中的应用

AI 与社会科学的结合正在推动社会科学研究的创新。通过机器学习算法和大数据分析技术，AI 能够分析社会现象、揭示社会规律、预测社会趋势。这种结合使得社会科学研究更加精准、高效和具有前瞻性。

2. 社会科学为 AI 提供人文关怀

同时，社会科学也在为 AI 提供人文关怀和伦理指导。通过研究人类行为、心理、价值观等社会科学问题，研究人员能够更好地理解人类的需求和期望，从而设计出更加人性化、可信赖的 AI 系统和应用。这种结合使得 AI 在商业应用中更加符合人类的价值观和利益。

3. 案例分析：社交媒体情感分析

社交媒体情感分析是一个典型的 AI 与社会科学结合的案例。通过 AI 算法对社交媒体上的用户评论、情感标签等数据进行分析和挖掘，可以揭示出用户的情感倾向和态度变化。这种结合不仅为企业提供了市场洞察和用户反馈的宝贵信息，还为社交媒体平台的运营和管理提供了有力的支持。

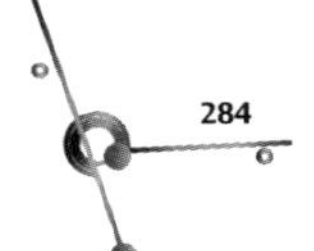

六、人工智能 + 艺术文化：点燃创意产业新活力

1. AI 在艺术创作中的应用

AI 与艺术文化的结合正在推动艺术创作的创新。通过机器学习算法和生成模型，AI 能够创作出富有感染力和个性的艺术作品，如音乐、绘画、诗歌等。这些作品不仅展示了 AI 的创造力和想象力，还为艺术创作带来了新的风格和形式。

2. 艺术文化为 AI 提供灵感和审美

同时，艺术文化也在为 AI 提供灵感和审美指导。通过研究艺术作品的风格、技巧、情感等元素，研究人员能够设计出更加具有艺术感和审美价值的 AI 系统和应用。这种结合使得 AI 在商业应用中更加具有吸引力和感染力。

3. 案例分析：AI 作曲与音乐生成

AI 作曲与音乐生成是一个典型的 AI 与艺术文化结合的案例。通过 AI 算法对大量音乐数据进行分析和学习，可以生成富有创意和个性的音乐作品。这些作品不仅为音乐创作者提供了灵感和素材，还为音乐产业的创新和发展带来了新的机遇和挑战。

七、人工智能 + 数字人：解锁元宇宙孪生身份

数字孪生是一种基于数字化技术的新型技术，它通过传感器、数据分析和模拟技术等手段，对现实世界中的物理实体进行建模和仿真，创建出一个与之相对应的虚拟实体。这个虚拟实体在数字世界中能够实时反映物理实体的状态和行为，从而实现对现实世界的实时监控、预测和优化。数字孪生技术广泛应用于制造业、城市规划、医疗健康等领域，为复杂系统的管理和决策提供有力支持。

1. AI 在数字人技术中的赋能

①形象生成与优化。AI 通过计算机图形学、深度学习等技术，能够生成高度逼真的数字人形象。这些形象不仅在外观上与真人无异，还能在

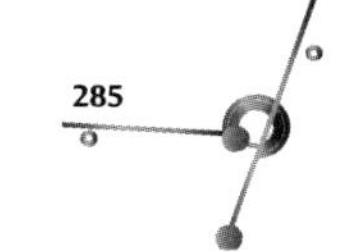

表情、动作等方面实现自然流畅的变化。此外，AI 还能不断优化数字人形象，使其更加符合用户的审美和使用需求。

②交互能力增强。AI 赋予数字人强大的交互能力，使其能够与用户进行自然流畅的对话和互动。这包括语音识别、自然语言处理、情感计算等技术的应用，使得数字人能够理解用户的意图和情绪，并给出恰当的回应。这种交互能力不仅提高了用户的使用体验，还为数字人在各种场景下的应用提供了可能。

③智能决策与推理。AI 通过知识图谱、机器学习等技术，使数字人具备一定的智能决策与推理能力。在面对复杂问题时，数字人能够综合各种信息，进行快速准确的判断和分析，为用户提供有价值的建议或解决方案。这种能力使得数字人在教育、医疗、金融等领域具有广泛的应用前景。

2. 数字人在直播短视频方面的功能

①实时互动与娱乐。数字人可以作为直播或短视频的主角，与用户进行实时互动。它们可以回答用户的问题、参与游戏、表演才艺等，为用户带来全新的娱乐体验。这种实时互动不仅提高了用户的参与度和黏性，还为直播或短视频平台带来了更多的流量和用户黏性。

②内容创作与生产。数字人还可以根据预设的脚本或用户输入，自动生成直播或短视频内容。这种自动化的内容创作方式降低了人力成本和时间成本，提高了内容生产的效率和质量。同时，数字人还可以根据用户反馈进行内容优化和迭代升级，以满足用户不断变化的需求。

③个性化定制与推广。用户可以根据自己的喜好和需求，定制个性化的数字人形象。这些形象可以在直播或短视频中代表用户进行展示和推广，提高用户的品牌影响力和知名度。同时，数字人还可以作为虚拟代言人参与各种广告宣传活动，为企业带来更多的商业机会和收益。

3. 数字人应用场景落地

①娱乐产业。数字人可以作为虚拟偶像、主播或演员参与音乐、电

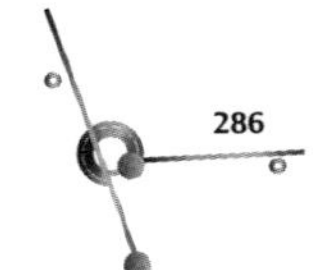

影、游戏等内容的创作和表演；为用户提供沉浸式的娱乐体验。

②客户服务。在金融、电商等行业领域作为虚拟客服代表提供24小时不间断的客户服务；解答用户疑问、处理投诉等提高客户满意度。

③教育培训。在教育领域，作为虚拟教师或助教提供个性化的学习辅导和模拟实验环境；辅助医学、飞行、技术等领域的专业培训，提高教学效果和学习体验。

④广告营销。在广告行业作为虚拟代言人参与广告大片的拍摄和内容营销活动；吸引用户关注、提升品牌形象和产品销量，如直播带货等。

⑤医疗健康。在医疗领域作为虚拟医生或健康助手提供健康咨询、病情模拟和治疗方案优化等服务；提高医疗服务质量和患者治疗效果。

⑥老年陪伴。数字人根据老年人的兴趣爱好和性格进行个性化交流，为老年人提供贴心陪伴；在智慧养老领域情感陪伴和社交互动方面发挥重要作用。

4. 国内知名的数字人平台

①腾讯智影。腾讯旗下数字人平台，提供丰富的数字人制作工具和服务，适用于多种商业场景。

②科大讯飞。利用语音识别和合成技术，提供高品质的数字人语音和表情同步，适用于教育、娱乐等多个领域。

③百度曦灵。支持快速生成2D和3D数字人形象，用户可通过上传照片或一句话语音描述快速生成数字人，可应用于多种场景。

④商汤如影。商汤科技推出的数字人内容制作平台，以其高效的内容生产能力和多模态交互体验受到市场青睐。

⑤闪剪。提供一键生成数字人短视频的功能，操作简单易用，满足各行业口播场景需求。

⑥硅基智能。在数字孪生技术和智能交互平台方面有着深入研究，提供高质量的数字人服务，尤其在智能客服和虚拟助手方面表现出色。

⑦奇妙元数字人平台：专注于数字人短视频创作，提供一键生成数字

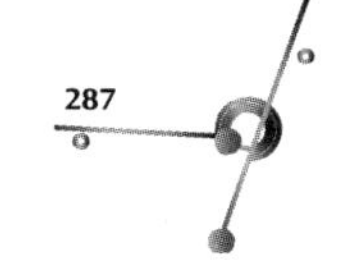

人讲解视频的功能，拥有多种数字人形象和声音选择。

这些平台均具备先进的技术实力和丰富的应用场景，能够为用户提供高质量的数字人服务。请注意，以上推荐仅供参考，具体选择时还需结合个人或企业的实际需求进行评估。

5. 案例分析：生产数字人教程（以腾讯智影为例）

①注册与登录。首先需要在腾讯智影平台注册账号并登录。

②形象生成。上传自己的照片或视频素材到平台中，利用平台的数字人生成技术自动生成数字人形象。用户可以根据需要对形象进行调整和优化。

③动作与表情绑定。将数字人的动作和表情与预设的脚本或用户输入进行绑定。这包括语音驱动和动作捕捉等技术的应用，使得数字人能够根据输入做出相应的动作和表情变化。

④内容创作与编辑。利用平台的内容创作工具进行直播或短视频内容的创作和编辑。用户可以根据需要添加背景、特效、音乐等元素来丰富内容的表现形式。

⑤发布与分享。完成内容创作后，可以将其发布到平台或其他社交媒体上进行分享和推广。同时，用户还可以根据用户反馈进行内容优化和迭代升级。

请注意，不同平台的数字人生产教程可能会有所不同，具体步骤和细节需要根据平台提供的官方文档或教程进行操作。

八、人工智能 + 机器人：同创人机共生新时代

2024 世界机器人大会在北京开幕，主题为“共育新质生产力　共享智能新未来”。此次大会人形机器人集中亮相，标志着其已步入小批量生产新阶段，正引领智能制造与医疗健康等领域的深刻变革。工业和信息化部印发的《人形机器人创新发展指导意见》指出，人形机器人技术加速发展，成为科技竞争新高地、产业新赛道、经济新引擎。我国人工智能产业

赋能千行百业，促进产业转型升级，为新质生产力提供支撑。

在人工智能技术的强劲推动下，机器人技术实现了飞跃式发展，标志着人机共生新时代的到来。AI与机器人的深度融合，不仅在生产和生活方式上带来了革命性变革，更深刻地重塑了人与机器之间的关系。与机器人共同生活、人机共存的时代正在逐步成为现实。

1. 生产方式的变革

5G、大数据、云计算等新一代信息技术的融合应用，为机器人提供了更强大的数据处理和通信能力。机器人已经不再是简单的执行预设任务的工具，而是具备了更高的自主性和智能性。这些机器人能够处理更复杂的信息，执行更多样化的任务，甚至开始具备一定程度的学习和适应能力。这使得机器人能够更加高效地与人类互动，更好地适应复杂多变的环境。

在工业制造领域，智能机器人已成为生产线上的核心力量。它们能够高效、精准地完成各种复杂任务，显著提升生产效率和产品质量。从物料搬运到精密加工，智能机器人无处不在，展现着它们的卓越能力。同时，借助AI技术，机器人能够自主学习和优化，根据生产需求进行灵活调整，进一步提升生产线的智能化水平。

2. 生活方式促进人机共存

随着全球人口老龄化的加剧，劳动力短缺问题日益凸显。机器人作为一种高效、可靠的劳动力补充，能够在医疗、护理、家政等多个领域发挥重要作用，满足社会对劳动力的需求。工业和信息化部等17个部门印发的《“机器人+”应用行动实施方案》明确提出推动机器人融入养老服务不同场景和关键领域，提升养老服务智慧化水平。这些政策的出台为机器人在养老产业中的应用提供了有力支持和保障。

例如，在日常生活中，智能机器人也逐渐成为人们的得力伙伴。根据机器人的不同分类，如服务机器人、家用机器人等，它们正逐渐融入人们生活的各个方面。从智能家居的清扫、烹饪到智能出行的导航、驾驶辅助，机器人为人们提供了个性化的服务，让人们的生活更加便捷、舒适。

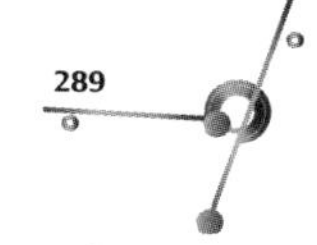

家庭服务机器人可以承担家务劳动，陪伴老人和儿童，提高家庭生活的幸福感。

3. 人机共生的重新定义

在人机共生的新时代，人与机器之间的关系已经超越了传统的工具和使用者模式。通过 AI 技术的赋能，机器人具备了更加丰富的感知和交互能力。它们能够理解人们的情感、需求和意图，与人们进行自然、流畅的交互。这种深层次的人机交互不仅提升了使用体验，更在情感层面上建立了人与机器之间的紧密联系，使得机器人成为我们生活中不可或缺的一部分。

4. 应用场景的多样化

随着 AI 与机器人技术的不断发展，机器人的应用场景也日益多样化。在教育领域，机器人可以成为学生的学习伙伴，提供个性化的辅导和陪伴；在娱乐领域，机器人则可以成为人们的游戏伙伴，为人们带来欢乐和放松。在医疗领域，医疗机器人作为精准医疗的得力助手，可以协助医生进行手术、康复训练等，根据其不同功能，又分为手术机器人、辅助诊疗机器人、康复机器人、医疗服务机器人和护理机器人等。

5. 案例分析：猎户星空机器人

猎户星空已发布了自主研发的机器人平台 OrionStar OS 和一系列自研产品，包括猎户星空 AI 智能服务机器人“豹小秘”、餐厅营销服务机器人“招财豹”、新零售服务机器人“智慧咖大师”等。截至 2021 年年底，猎户星空已有近 30 000 名机器人上岗，日均语音交互频次超 1500 万次，总服务人次超 3 亿。猎户星空 AI 智能服务机器人“豹小秘”还曾服务 2018 世界机器人大会、2018 世界人工智能大会、乌镇世界互联网大会、中国进口博览会等会议。

招财豹餐厅营销服务机器人也很有特色，忙时送餐，闲时揽客，一个顶俩。优秀的 3D 深度探测能力，降低了误入禁行区的风险。极速扫描周边环境，零延时回传感知信号。安全避障、平稳行进、准确导航。有效降

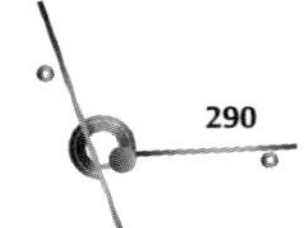

低人力成本，大幅提升服务效率。

未来，机器人将不仅仅局限于家庭服务领域，还将广泛应用于医疗、教育、制造、农业等多个领域。总之，与机器人同居共存的时代已经到来。在这个时代里，人们需要充分发挥 AI 和机器人的优势，推动生产方式的变革和生活方式的改变。AI 与机器人的结合正在引领人们进入一个崭新的人机共生新时代。

第六节　人工智能未来商业模式

从基础设施建设到行业应用，从技术创新到生态构建，AI 正逐步渗透到经济社会的每一个角落，引领着新一轮的科技革命和产业变革。本节将围绕提供人工智能新基建、数据与算法技术驱动 AI 服务、场景应用智能化解决方案、AI 赋能行业垂直领域深耕、智能体、全产业链生态构建与平台化运营六大核心模式，结合具体案例，深度阐述人工智能未来的商业模式。

一、提供人工智能新基建

1. 算力基础设施

数据是 AI 的“血液”，没有强大的算力支持，AI 就无法高效运行。因此，提供算力基础设施成为 AI 商业模式的重要一环。以阿里云为例，其通过构建大规模的云计算中心，提供了强大的算力支持，为 AI 应用的运行提供了坚实的基础。这些云计算中心不仅拥有高性能的服务器和存储设备，还配备了先进的散热系统和能源管理系统，确保了算力的稳定供应和高效利用。

2. 数据基础设施

数据是 AI 的“血液”，没有高质量的数据，AI 就无法进行学习和推理。因此，提供数据基础设施同样重要。腾讯云通过构建分布式的数据存储和处理系统，为 AI 应用提供了便捷的数据支持。这些系统不仅能够处理海量的数据，还能够进行高效的数据清洗、整合和分析，为 AI 模型的训练和优化提供了有力的保障。

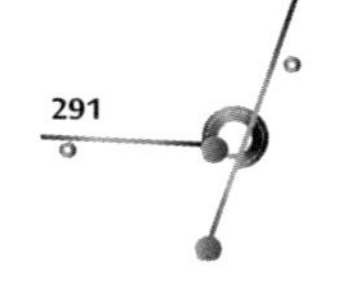

3. 算法基础设施

算法是 AI 的核心，提供算法基础设施能够降低 AI 应用的开发门槛。百度通过构建开放的 AI 平台，提供了多种算法模型和工具，帮助开发者快速构建和部署 AI 应用。这些算法基础设施的提供，加速了 AI 技术的普及和应用，推动了 AI 产业的快速发展。

二、数据与算法技术驱动 AI 服务

1. 数据采集与整合

数据是 AI 服务的基石，数据采集与整合则是数据驱动 AI 服务的首要环节。以京东为例，其通过电商平台、物流系统、社交媒体等多个渠道采集用户数据，并进行清洗、整合和存储。这些数据为京东提供了宝贵的用户画像和消费行为信息，为其后续的 AI 服务提供了有力的支持。

2. 算法创新与优化

算法是 AI 服务的核心，算法的创新与优化则是提升 AI 服务性能的关键。谷歌的 DeepMind 团队在算法创新方面取得了显著的成果，其研发的 AlphaGo 算法通过深度学习和强化学习，成功击败了人类围棋冠军。这一成果不仅展示了 AI 在复杂策略游戏中的强大能力，也为 AI 服务的算法创新提供了有益的借鉴。

3. 数据安全与隐私保护

在数据与算法驱动 AI 服务的过程中，数据安全与隐私保护是不可忽视的问题。华为通过构建全栈式的数据安全解决方案，确保数据在采集、传输、存储、处理等环节的安全。同时，华为还积极研发隐私保护技术，如差分隐私、同态加密等，以在保护用户隐私的前提下，充分挖掘数据的价值。这些措施为 AI 服务的可持续发展提供了有力的保障。

三、场景应用智能化解决方案

随着 AI 技术的不断发展和应用成本的降低，智能化的商业模式将成

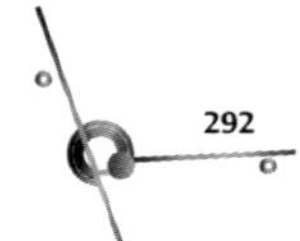

为未来商业的主流趋势。企业将利用 AI 技术优化业务流程、提升服务质量、实现商业价值。在智能化的商业模式中，AI 技术将渗透到企业的各个环节，如智能客服、智能风控、智能制造等，为企业的持续发展提供强大的支持。

1. 智慧医疗

在医疗领域，AI 的应用正在逐步深化。以医疗影像识别为例，通过训练深度学习模型，AI 能够自动识别和分析医疗影像中的病变区域，辅助医生进行诊断和治疗。这一应用不仅提高了医疗诊断的准确率和效率，还减轻了医生的工作负担，提升了医疗服务的质量。

2. 智慧教育

在教育领域，AI 的应用同样广泛。通过 AI 技术，可以实现个性化教学、智能评估等功能。以 Knewton 智能教育平台为例，其通过分析学生的学习数据，为每个学生提供个性化的学习计划和资源推荐。这种智能化的教学方案不仅提高了学生的学习效率，还激发了学生的学习兴趣和动力。

3. 智慧金融

在金融领域，AI 的应用正在改变金融行业的面貌。以智能风控为例，通过 AI 技术，金融机构能够实时分析用户的交易行为，识别潜在的欺诈风险，并及时采取措施进行防范。这一应用不仅提高了金融服务的安全性和稳定性，还提升了金融机构的运营效率和客户满意度。

四、AI 赋能行业垂直领域深耕

1. 制造业

在制造业领域，AI 的应用正在推动制造业的智能化升级。以智能制造为例，通过 AI 技术，可以实现生产过程的自动化、智能化管理。西门子的智能工厂就是一个典型的例子，其通过 AI 技术实现了生产过程的实时监控和优化，提高了生产效率和产品质量。这种智能化的生产方式不仅降低了制造成本，还提升了制造业的竞争力。

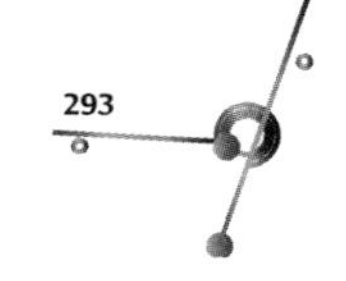

2. 零售业

在零售业领域，AI 的应用正在改变零售业的运营模式。以智能推荐为例，通过 AI 技术，零售商能够分析用户的购买历史和偏好，为用户推荐个性化的商品和服务。这种智能化的推荐方式不仅提高了用户的购物体验，还增加了零售商的销售额和利润。

3. 物流业

在物流业领域，AI 的应用正在提升物流服务的效率和质量。以智能配送为例，通过 AI 技术，可以实现配送路线的优化和配送时间的预测。这种智能化的配送方式不仅降低了物流成本，还提高了物流服务的可靠性和准时性。

五、智能体：智能软件硬件一体化

智能体（Agent）是指能够感知环境并采取行动以实现特定目标的代理体。它可以是软件、硬件或一个系统，具备自主性、适应性和交互能力。

1. 智能软件

智能软件是智能体的核心，它负责处理用户输入、执行任务、生成输出等。以苹果的 Siri 为例，其通过自然语言处理、语音识别等技术，能够理解用户的语音指令，并执行相应的操作。这种智能化的交互方式不仅提高了用户的使用体验，还推动了智能软件的发展和创新。

2. 智能硬件

智能硬件是智能体的载体，它负责与用户进行交互，并将用户的输入传递给智能软件进行处理。以亚马逊的 Echo 智能音箱为例，其通过内置的麦克风和扬声器，能够与用户进行语音交互，并将用户的语音指令传递给后台的 AI 系统进行处理。这种智能化的硬件设计不仅提高了用户的交互体验，还推动了智能硬件的发展和普及。

3. 软硬件协同

智能软件和智能硬件的协同工作是智能体实现高效、便捷交互的关

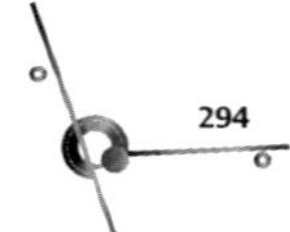

键。以小米的智能家居系统为例，其通过智能软件和智能硬件的协同工作，实现了家居设备的智能化控制和管理。用户可以通过手机 APP 或语音指令轻松控制家中的灯光、空调、电视等设备，享受智能化的家居生活。这种软硬件协同的工作方式不仅提高了用户的生活质量，还推动了智能家居产业的发展和壮大。

4. 案例分析：来画可视化 AI 智能体

来画基于自研的 SkinSoul 动画大模型，可为全行业打造可视化的 AI 智能体，提供 SDK，包含丰富的功能组件，为客户快速训练出专属人设的 AI 智能体。多款 AI 形象可选：包含卡通 IP、古今名人等，可根据需求和喜好，生成专属形象的 AI 智能体。支持智能对话：可实现连续、实时的互动对话，支持文本、语音等形式，秒变贴心 AI 助手。支持预设对话：可提前创建想要展示的内容，与用户精准对话，满足个性化互动需求。

六、全产业链生态构建与平台化运营

平台化商业模式是指企业通过构建一个平台，整合产业链上下游资源，实现共享经济。在 AI 时代，平台化商业模式将更加注重生态圈的打造和协同效应的发挥。通过开放 API、SDK 等工具，企业可以吸引更多的第三方开发者、供应商等参与平台生态圈的建设，共同推动商业模式的创新和升级。

1. 生态构建

构建 AI 生态是推动 AI 技术发展的重要途径。通过构建开放的 AI 生态，能够整合上下游资源，形成良性循环的商业生态。以腾讯的 AI 生态为例，其通过投资、合作等多种方式，与众多 AI 企业、研究机构等建立了紧密的合作关系。这种生态构建的方式不仅推动了 AI 技术的创新和应用，还促进了 AI 产业的快速发展和壮大。

2. 平台化运营

平台化运营是降低 AI 应用门槛、加速 AI 技术普及的有效方式。通过

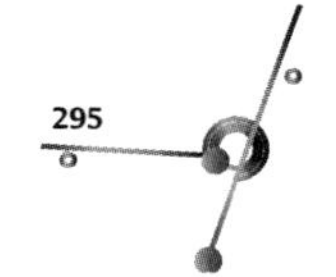

构建 AI 平台，能够提供一站式的 AI 解决方案，帮助开发者快速构建和部署 AI 应用。以阿里云的 AI 平台为例，其提供了多种 AI 能力和工具，支持开发者进行自定义模型和算法的开发。这种平台化运营的模式不仅降低了 AI 应用的开发门槛和成本，还加速了 AI 技术的普及和应用。

3. 全产业链协同

在全产业链生态构建与平台化运营的过程中，实现全产业链的协同至关重要。通过加强产业链上下游企业的合作与协同，能够共同推动 AI 技术的发展和应用。以智能汽车为例，其研发和生产需要涉及多个领域和环节，如传感器、芯片、整车制造等。通过加强这些领域和环节企业的合作与协同，能够共同推动智能汽车技术的创新和发展，实现全产业链的共赢和可持续发展。